U0012424

藍學堂

學習・奇趣・輕鬆讀

99.9%的人都會用的

4000句
文案
懶人包

バカ売れキーワード1000

堀田博和
張萍──譯

如果你不是靠文案維生，那麼你可以這麼「文案」

文｜許朝陽（小嚕）

　　我生涯有一半以上時間都在寫文案，目前偶爾也會教授文案，過去並不會閱讀這類書籍，因為覺得靠這種工具書寫文案相當「自甘墮落」！但在文案教學過程中，我也發現事實上相當多渴望學習文案的學員，平時都並非以「寫文案」維生，但他們都希望能寫出一句能吸睛，並進一步吸金的文案。

　　無論你是行銷人員、設計師或廣告投手，如果你並非專業文案人員，但有時必須寫寫產品文案或為廣告下個標，那這本書可能就是必備「工具書」。

　　做為一個組成比例 6 成行銷、4 成文案的工作者，文案對我來說就是與消費者「溝通」之工具；我對文案要求也相當簡單，就是說消費者聽得懂的「人話」。為了強化溝通效率，我們也會利用「符號」來縮短消費者理解文案所需的時間。

這是一本文案符號集

　　若真要我簡單介紹本書，我會說這是一本「文案符號集」。在行銷文案導入符號應用，主要便是透過消費者已習知內容來吸

引注意力並加速理解行銷訴求，而作者堀田博和便是彙整 1000 個「熱賣符號」於本書中。

這些「熱賣符號」除了常見於各種廣告文宣，消費者早已對其熟悉外，事實上也存在相當多「說服心理學」思路於當中。諸如排隊效應、分眾訴求、稀有性原理，書中所節錄許多金句都是建立於這些影響機制下。

舉例來說，當你看到「○○研究報告（第 350 則）」是否會認為內容提供專業資訊？而當你看到「○○嚴選（第 486 則）」又是否會覺得具有品質保障？

這就是非專業文案工作者使用本書方式，**先思考產品主要賣點為何、想如何影響消費者，再尋找適當「符號」置入文案**。作者堀田博和也相當詳盡說明每個字句該使用在什麼時機，又能產生哪些影響，相當適合文案新手入門。

閱讀本書過程其實相當有趣，好幾個字句都讓我打從心底會心一笑，心想：「啊！這個字我也用過！」

如果你每次被指派寫文案都想破頭，不知該如何下手，那麼不妨可以試試如何透過這本書更有效率寫出具基礎溝通效果的文案。如果真要我用書中內容現學現賣為這本書下個標，或許我會這麼介紹：令人怦然心動的一本書，原來寫文案可以那麼容易。

（本文作者為行銷武士道公司 顧問總監）

前言

本書原本是我在 2009 年 5 月出版《1000 個熱銷關鍵金句》的著作（13 刷，累計約 3 萬冊），現在以彩色修訂版之姿重新出版發行。如果你手邊有智慧型手機，可以在 Google 搜尋「熱銷關鍵 1000 句（バカ売れキーワード 1000）」、「感想」、「評價」等關鍵字。應該就能感受到許多人已經在網路銷售、零售、宣傳單等各式各樣的銷售方式上，有效運用了前一版的內容。此外，我也從許多實踐以及讀者的感想中得知運用的狀況，還發現了其他有趣或是更精彩的使用方法。

這本書介紹了超過 4000 個以上與銷售相關的關鍵金句，你可以直接、輕鬆地取用。依照使用方法不同，或許還能刺激你的大腦、幫助你產出更多的好點子。藉由數千個能量滿載的關鍵金句，往後應該還能出現更多帶有「副作用」等級的效果或是運用方法。

本書之所以會誕生是因為我察覺到「經常熱賣的東西」、「很會賣東西的人」、「會勾起購買欲望的東西」等經常與「熱銷關鍵金句」有關。在本書中粉墨登場的「關鍵 1000 金句」是我實際遇見或是察覺到「經常用於銷售的詞彙」、「會在不知不覺留下記憶的詞彙」、「不知為何會很在意的詞彙」、「會勾起購買欲望的詞彙」時所寫下的「關鍵金句」，再從這些不斷累積的龐大關鍵金句當中，反覆斟酌精選出的 1000 個金句。

為了讓讀者能夠妥善掌握運用每個關鍵金句，我將其分成 9

大類，並且進一步在每個關鍵金句旁附上「有效的運用方法」、「近似詞」。書中介紹的「熱銷關鍵金句」加上近似詞後，最後份量竟然龐大到超過 4000 句。

在此依序介紹我建議的使用方法。實際運用時必須先具體想像出「行銷情境」，然後試著依照以下的步驟進行：

1、想像一下你想行銷的事物（商品、服務）。

2、進一步具體想像出理想的顧客模樣。

3、想像目前正是最理想的行銷時機。

4、從想要行銷的事物具有的特殊價值中，想像能讓顧客感受到並且深植於腦中的最大價值。

5、在上述（1～4）的狀態下，瀏覽本書中的關鍵金句，勾選出能讓你靈光乍現或是突然映入腦海中的關鍵金句。

6、閱讀該關鍵金句中的「有效的運用方法」與「近似詞」，運用最令你怦然心動的關鍵金句組合，打造出「能讓顧客感受到最高價值的金句」。

怎麼樣？有想到什麼絕妙的表現方法了嗎？如果還不能在本書中找到適合的關鍵金句，請不斷重複挑戰。然後將完成的「文案」注入你的「靈魂」，再「大膽地推銷」給你的顧客。

但是，有一件事情要特別注意。那就是對顧客訴說的言語或是表現絕對不能造假。總之，希望各位都能夠運用本書「有效傳遞行銷的商品所具有的真正價值」。

99.9% 的人都會用的
4000 句文案懶人包

目 錄

Ⓐ【特色】 更有效地傳遞出 欲提供的事物特色

從想要行銷的事物（商品或服務）本身所擁有的幾項「特徵」中找出真正能讓顧客感受到價值的「特色」，並且明確描述出「與其他事物的價值差異」。

目前你手邊想要行銷的事物（商品或服務）本身應該會有幾項特徵。這裡所謂的「特徵」是指可以具體呈現出該想要行銷事物形象的重要條件。務必試著從該「特徵」中，找出明顯比其他競品優異的條件。比起其他事物有明確差異者，稱為「特色」。簡單來說，「特色」就是「一件可與其他事物產生差異化的優異特徵」。

讓顧客感受到該事物本身的「特色」差異，進而產生興趣。然而，在資訊氾濫之下，特色如果不夠明顯，往往難以讓顧客理解其中差異。

本章節從能讓顧客特別感受到的價值做為特色切入點，備齊「新鮮感」、「歷史性、傳統性、復古性」、「高品質」、「限量性、稀有性」、「簡便性、簡單性、輕鬆性」、「信賴感、安心感」等單元。請你務必運用這些關鍵金句，創造出有效的「特色」，讓商品得以狂銷熱賣。

A-1　強調新鮮感

　　新鮮感具有強烈吸引顧客的力量。聚焦在想要提供事物的嶄新內容，並且把「新鮮感」當做一個重點向顧客強調。只要能夠有效表達出其新鮮感，就能刺激顧客的購買意願。

A-1　強調新鮮感

001　最頂尖的○○

有效的運用方法 加入肉眼可親見的研究結果、進行的新嘗試、最新資訊等的臨場感，傳遞出一種「位於○○最頂尖」的感覺。

【例】　▶ 目光焦點！最頂尖的肌膚研究！為煩惱中的你捎來好消息！

　　　　▶ 最頂尖的人氣菜色！一定會讓你食指大動的餐點！

　　　　▶ 上班族最頂尖的第一手資訊！職場生存之道大集合！

近似詞 ➡ ○○最新資訊、○○當季資訊、熱騰騰的資訊、○○現場直擊

002　○○的新法則

有效的運用方法 「新鮮感」等相關詞彙可以提高顧客的關注度，再加上「法則」一詞，即可產生一種理所當然、恰到好處的印象。

【例】　▶ 邊吃邊瘦的新法則！

　　　　▶ 唯有料理才能讓人盡情享樂，這是未來○○的新法則

　　　　▶ 因應銀行即是服務業的新法則！未來將會○○

近似詞 ➡ ○○的新興法則、○○的新鐵則、○○新理論

003　早在○○年前就已××

有效的運用方法 藉由提示「數年前我們就曾預測會產生這樣變化」帶給顧客一種嶄新的印象。只要在提示「幾年」的部分做出一些變化，就可以擴大運用範圍。

【例】　▶ 早在 10 年前就已預見的新形態公寓○○

　　　　▶ 早在 3 年前就已預期。從今年夏天開始！還不算遲！

　　　　▶ 早在 1 年前就已啟動今年的防曬因應對策！一起○○吧！

近似詞 ➡ 領先○步進行××、○年前開始、搶在未來○○年之前

004　○○**革命者**

有效的運用方法　在想展現出「嶄新印象」時使用，可以帶給顧客強而有力的印象。如果能夠展現出與過去事物的差異點，會更有效果。

【例】 ▶ 殺蟲劑的革命者誕生！全新構思打造出的○○
　　　 ▶ 型男們引頸期盼的男性飾品革命者。男人香○○
　　　 ▶ OA 系統革命者！辦公環境從此改變！

近似詞 ➡ ○○革命！掀起○○革命、刷新○○、○○革新

005　**顛覆○○標準**

有效的運用方法　做出一個比較基準，給顧客一種「只要改變基準就會產生新變化」的印象。用一般事物當基準，會讓人更容易理解。

【例】 ▶ 顛覆獨棟建築標準的嶄新工法！未來的時代就交給○○
　　　 ▶ 顛覆防曬標準的新質地！遮瑕卻又○○
　　　 ▶ 顛覆創意料理的美味標準，刺激你的味蕾

近似詞 ➡ 改變○○的常識、超越○○的基準、從○○開始改革

006　○○**已經是基本條件**

有效的運用方法　藉由讓顧客想像這項事物未來的模樣，傳遞出更加新穎的狀態。同時將這才是「理想形態」的訊息傳遞至顧客腦中。

【例】 ▶ 美白已經是基本條件。新思維是○○
　　　 ▶ 滿足顧客已經是基本條件。我們所提供的是○○
　　　 ▶ 追求舒適感已經是基本條件。就是要○○

近似詞 ➡ ○○正在進化、○○的先驅者、下一世代的○○、所謂○○的未來

007　○○**新思維**

有效的運用方法　可以讓概念更有新意，並且有「理所應當」的感覺。

【例】 ▶ 壽險選擇新思維！未來一定會○○！
　　　 ▶ 得體的上班褲裝穿搭新思維！下班後也能給人好印象的○○
　　　 ▶ 手機標準配備新思維──行動電視。接下來就交給○○

近似詞 ➡ 改變○○的舊有思維、○○的新規格、○○的新法則！

008　○○首次××

【**有效的運用方法**】 在一定的範疇內，展現出前所未有的新意。重點是強調「第一次」。

【例】　▶ 今年春天首次上市！流行的○○現在開始預售！

　　　　▶ 首次登陸日本！眾多紐約超人氣品牌來勢洶洶！

　　　　▶ 首次現身外食產業！新形態燒烤店粉墨登場！你未曾經歷過的○○

近似詞 ➡ 從○○開始、○○是最初的、第一次的○○、最初的○○

009　刷新○○

【**有效的運用方法**】 帶有「以現在的東西為基礎，發展出新東西」的感覺。可以和眾所周知的一般事物搭配，藉此強調新的變化。

【例】　▶ 不斷刷新成功案例，是我們的實踐態度！

　　　　▶ 刷新設計思維的○○，打造○○嶄新感覺

　　　　▶ 刷新截至目前為止的形態，盡享奢華的○○

近似詞 ➡ 驚人的改變、一改○○、創新○○

010　新○○形態／之道

【**有效的運用方法**】 將新條件表現為「新的思考方式、形式等」，藉此刺激那些對新形態有興趣者的情緒。

【例】　▶ 令人感動的新待客之道！接下來的○○會是這樣！

　　　　▶ 忙碌的早晨，讓新飲食形態○○來幫你的忙

　　　　▶ 厭倦都市生活的你，在農村展開新生活形態

近似詞 ➡ 新○○架構、新的○○形態、○○的新形式

011　領先一步○○

【**有效的運用方法**】 加入「稍微領先」的感覺，展現出新鮮感。即使還不到嶄新，但有比較進步的感覺，是一個很方便的詞彙。

【例】　▶ 領先一步預測商機的○○

　　　　▶ 女性朋友必看！領先一步的減重食品使用技巧！

　　　　▶ 一流飯店都震驚不已！領先一步的○○待客之道

近似詞 ➡ 搶先一步進行○○、率先邁向○○、稍微領先○○

012 前所未見的○○

有效的運用方法 運用這個詞彙可讓新鮮感更加醒目。在表達與過去有明顯差異時,極具效果。

【例】
▶ 請實際感受那前所未見的肌膚觸感!
▶ 驚喜!前所未見的新口感!
▶ 在商業領域也相當受用!前所未見的讀書密技!

近似詞 ➡ 聞所未聞○○、從沒發生過的○○、史無前例的○○

013 劃時代的○○

有效的運用方法 在「令人眼睛為之一亮的變化」意義上,使用「劃時代的」一詞,更能強調其新穎性。

【例】
▶ 大發現!劃時代的人際關係改造計畫!只要這樣做即可○○
▶ 那麼,就讓我們親身體驗這個劃時代的差異吧!一接觸就秒懂的○○
▶ 來認識一些能讓人類生命更豐富的劃時代發明吧!

近似詞 ➡ 革命的○○、革新的○○、令人眼睛為之一亮○○、耳目一新的○○

014 近未來○○

有效的運用方法 想讓人感覺「將來或是在不遠的未來可能會發生一些新鮮事」時使用。可以在強調該事物具有未來形象時強調新鮮感。

【例】
▶ 等了又等!近未來的甜點登場!
▶ 能激發個性的近未來設計,即將擄獲你的心
▶ 致近未來的大叔們!從現在開始磨練○○吧!

近似詞 ➡ 朝向○○的未來、未來的○○、從現在起○○、從今以後○○

015 最新○○

有效的運用方法 直接強調資訊等「最新」。也可以用於通知顧客經常變動的事物、現在已經有「更新資訊」。

【例】
▶ 最新熱銷商品緊急進貨!別錯過這個好機會!
▶ 春季趨勢最新資訊!人氣品牌爭奇鬥豔!
▶ 採用集結最新技術的新興材料!未來的○○

近似詞 ➡ 最新&未來的○○、○○最新力作、○○最新常識、最新的○○

特色
引人注意
強調
人氣
情緒
真實感
賺到
目標
引導

016　嶄新○○

有效的運用方法 可以誇張地展現出「這具有從未出現過的新穎度」。「嶄新」是個相當方便的詞彙，可以直接傳達出「過去未曾掌握的新發想」。

【例】　‣ 嶄新設計熠熠發光的夢幻逸品！有個性的表情○○
　　　　‣ 用嶄新的想法努力過生活！ Survival ○○
　　　　‣ 大受好評的嶄新美食菜單登場！

近似詞 ➡ 醒目的嶄新○○、史無前例的○○、獨創的○○

017　新○○

有效的運用方法 想要單純傳遞出該事物擁有新意義時，只要加上「新」這個詞彙，即可有效傳遞新穎度。

【例】　‣ 冰箱剩餘物品的新活用術！只要一個想法就能○○
　　　　‣ 支援你的新生活！全新的○○心情
　　　　‣ 新產品展售會即將開幕！新○○就在這裡！

近似詞 ➡ 新型、新作、NEW！、新式、新開賣、NEW○○、新的○○

018　進化的○○

有效的運用方法 將「新的」與「未來樣貌」的意義合併表現。在傳達新鮮感的同時，也能傳遞出「對未來的期待感」。

【例】　‣ 再進化的基礎化妝品。這種○○感，真讓人招架不住
　　　　‣ 隨著時代進化的設計！瞄準將來的○○
　　　　‣ 現在彷彿已經進化至第二階段！

近似詞 ➡ 前進的○○、先進的○○、從現在起○○、從今以後○○

019　新感覺○○

有效的運用方法 這是一個很方便的詞彙，可以用來傳達「感覺上的新穎性」。適合展現給經常想要追求新意或是重視 feeling 者。

【例】　‣ 新感覺之旅！不可思議的旅程，招喚著神祕謎團！
　　　　‣ 潤澤新感覺！讓人按捺不住的○○感！
　　　　‣ 實現安穩的新感覺！前所未有的○○

近似詞 ➡ 新觸感的○○、新口感的○○、新感覺的○○

020　新時代的○○

有效的運用方法 帶有區隔意味的「時代」一詞，能夠在新鮮感上產生衝擊。用在舊有事物中包含「有新變化產生」的狀態。

【例】 ▶ 新時代的療癒空間！誕生！顛覆你想法的○○
　　　 ▶ 拉開新時代的序幕，未來的○○克服法！
　　　 ▶ 新時代的蔬食體驗！即使只有蔬菜，也能達到這種程度

近似詞 ➡ 新世代的○○、劃時代的○○、創造時代的○○

021　搶先○○

有效的運用方法 表現出「比預定提早進行」的狀態，藉此帶給顧客一種新意。可以與即將發生的狀況搭配使用。

【例】 ▶ 僅為熟客舉辦的搶先特賣會！在開賣之前搶先入手的好機會！
　　　 ▶ 趕在所有人之前的搶先試乘會！實際體驗傳說中的○○！
　　　 ▶ 在換季前搶先開賣！比所有人都更早○○

近似詞 ➡ 先○○、帶頭○○、率先○○

022　先進的○○

有效的運用方法 表現出「在些某些領域中較為先進的事物」的意思。適用於強調「技術面新穎性」的表現。

【例】 ▶ 集結先進技術的○○登場！世界先驅○○
　　　 ▶ 先進的衛生管理系統，把安心送到你手上！
　　　 ▶ 擁有先進設備的顧客休息室。最令人滿意的○○

近似詞 ➡ 進步的○○、前進的○○、更先進的○○、發展出的○○

023　○○大改革

有效的運用方法 運用「大改革」本身具有的形象，給予顧客一種可以「變得更新、更美好」的印象。

【例】 ▶ 裸肌大改革！重返裸肌年齡的○○！
　　　 ▶ 穿搭形式大改革！抓住男人心的○○
　　　 ▶ 早餐大改革！在忙碌的早晨也能輕鬆完成的菜色！

近似詞 ➡ 革新的○○、○○（大）改革、革新的○○、○○改革

特色
引人注意
強調
人氣
情緒
真實感
賺到
目標
引導

024　終於○○

有效的運用方法　在引人注意的同時傳達出一種全新登場感。與「具有期待感的詞彙」一起使用會更有效果。

【例】　▶ 期待已久的新米終於上市！新鮮直達你的餐桌

　　　　▶ 終於不用再等待，菜單終於完成！

　　　　▶ 完成了！秒殺的手工○○！盡情享受○○剛出爐的好滋味

近似詞 ➡ ○○終於完成、為了○○所開發的、登場○○

特色

引人注意

強調

人氣

情緒

真實感

賺到

目標

引導

A-2　強調歷史性、傳統性、懷舊性

　　具有歷史、傳統、有懷舊感的事物能讓人感到獨特的價值。只要包含歷史條件、能讓人感受到傳統、懷舊的形象條件，即可塑造出貴重的價值。

A-2　強調歷史性、傳統性、懷舊性

025　（知名地名）名門

有效的運用方法 搭配「知名的地名、在某些領域有淵源等的地名」，藉此展現出傳統的形象。

【例】　▶ 敬請親身體驗連築地名門壽司職人都讚嘆不已的優異食材
　　　　▶ 室內空間彷若京都名門料亭。○○讓人感到安心沉穩
　　　　▶ 伊勢名門糕點職人大展身手的○○

近似詞 ➡ 悠久歷史的○○、傳統的○○、名家的○○

026　受到○○喜愛

有效的運用方法 「利用知名人士、偉人等形象」能夠讓人感受到其在歷史上的價值。藉由搭配組合人物（形象）的歷史背景不同，改變整體形象與價值觀。

【例】　▶ 受到歷任總理喜愛的住宿地點、在○○度過奢侈的假日
　　　　▶ 受到文豪們喜愛的鋼筆，帶有沉穩感的○○
　　　　▶ 受到堪稱古老詩歌創作家喜愛的絕美景觀○○

近似詞 ➡ 眷戀○○、愛好○○、憐愛○○、○○愛用的

027　知名○○

有效的運用方法 將某些領域的知名事蹟融合歷史意義後呈現出來。也可輕鬆地與「知名度與高品質」結合。

【例】　▶ 在古色古香的庭院內，與高知名度的○○一起沉醉於名酒之中
　　　　▶ 嚴選○○御用的知名茶葉
　　　　▶ 敬請享受米其林 3 星與知名法式料理的風味

近似詞 ➡ 有聲望的○○、知名的○○、廣為人知的○○、歷史聞名

028　○○年

有效的運用方法 直接將年份展現出來，除了強調歷史感或是懷舊感，也可同時呈現出「數字帶來的真實感」。

【例】 ▶ 享受日益成熟的 10 年芳醇！歷經歲月的○○
　　　 ▶ 百年安心保證。未來將是可以安心購買真貨的時代○○
　　　 ▶ 歷經 10 年，才能展現出如此優美的色調

近似詞 ➡ ○○半世紀的東西、前一世代的○○、代代相傳的○○

029　一起前往○○的世界

有效的運用方法 給予一種「將導向過去曾有優異狀態」的感覺，同時伴隨著歷史淵源帶給顧客「某種價值原有的世界觀」。

【例】 ▶ 邀請你一同前往故事主人翁的世界！
　　　 ▶ 邀請各位貴客一起前往這歷史悠久的世界。跨世代熱愛的○○
　　　 ▶ 邀請你一起前往未曾見過的神話世界。具有神祕感的○○

近似詞 ➡ 邀請你踏上○○之旅、邀請你前往○○的國度、帶領你前往○○

030　受到○○風土民情淬鍊

有效的運用方法 表現出「在某場所或是地區受到經年累月的磨練」，帶給顧客一種「該事物受到歷史薰陶」的印象。

【例】 ▶ 受到北方風土民情淬鍊的芳醇滋味，令人著迷
　　　 ▶ 受到歐洲風土民情淬鍊的俐落設計！
　　　 ▶ 受到內陸國家自然與風土民情淬鍊的純樸誠意料理

近似詞 ➡ 受到○○培育、受到○○琢磨、代表性○○的風土民情

031　○○的殿堂

有效的運用方法 與帶有歷史以及豪華形象的「殿堂」一詞搭配使用，能夠展現出「該事物具有古代美好時代價值」的感覺。

【例】 ▶ 這種感覺彷彿進入了古老的殿堂○○
　　　 ▶ 大方邀請你進入中世紀的殿堂○○
　　　 ▶ 請盡情享受這美食的殿堂

近似詞 ➡ 進入○○的古城堡、進入○○殿堂、進入○○的龍宮城、進入○○的宮廷

特色

引人注意

強調

人氣

情緒

真實感

賺到

目標

引導

032　○○半世紀

有效的運用方法　使用會讓顧客聯想到長久歲月的「世紀（半世紀）」一詞，讓顧客對該事物產生「在長久歷史下持續」的感覺。

【例】　▶ 託各位的福，創業半世紀以來，○○一直受到各位愛戴

　　　　▶ 這半世紀以來持續受到顧客選用！理由是○○

　　　　▶ 銷售超過半世紀的長銷○○

近似詞 ➡ 中世紀的○○、世紀的○○、○○ 50 年、○○餘年

033　○○列傳

有效的運用方法　運用「列傳」這個本身具有「歷史以及著名形象」的詞彙，藉此讓顧客產生價值以及衝擊性的感受。

【例】　▶ 正宗博多拉麵，美味名將列傳

　　　　▶ 歷代皆名列手作列傳！萬物皆始於此

　　　　▶ 北海美味列傳！絕對○○的××就在這裡

近似詞 ➡ ○○傳、○○物語、○○記、○○傳記、○○武勇傳

034　刻劃出○○

有效的運用方法　使用時，帶有「慢慢累積某種價值」的意義。非常適合用來表現「耗費時間製作、耗費時間熟成」等意思。

【例】　▶ 仔細刻劃出美味的終極風味

　　　　▶ 堅持打造一個刻劃出安心與信賴的家

　　　　▶ 在誠心的待客之心上，刻劃出感動○○

近似詞 ➡ 將○○刻入、蓄積了○○、細細釀造的○○

035　○○回歸

有效的運用方法　表達出「過去曾受到歡迎的事物捲土重來、等待多年事物終於回來了」的期待感，同時傳遞出價值。

【例】　▶ 人氣商品回歸！曾經大缺貨的商品，重新推出○○

　　　　▶ 名車強勢回歸！你可以在此回顧夢幻的○○！

　　　　▶ 人氣菜單回歸！昭和懷舊祭典開鑼！

近似詞 ➡ ○○回來了、○○重新登場！、懷念的○○

036　傳承下來的○○

有效的運用方法 用於表現出「代代相傳的事物、歷經長久歲月傳承下來的事物」等歷史價值的詞彙。可以與「能夠和時間同步提升價值的事物」搭配使用。

【例】　▶傳承下來的傳統製造方法，現在也受到珍視
　　　　▶歷代祖先傳承下來的信賴證明。受到顧客喜愛的○○
　　　　▶超過半世紀傳承下來的祕傳醬汁，打造出絕妙好滋味

近似詞 ➡ 代代相傳○○、傳承的○○、繼承的○○

037　永遠的指標性○○

有效的運用方法 運用「具有歷史性的事實或背景」表現出「一直以來理所當然的品質或是價值」的意思。

【例】　▶型男首選，永遠的指標性商品！到了現代仍恆久不變的○○
　　　　▶怕曬黑就用這個！永遠的指標性品項大集合！
　　　　▶永遠的指標性義大利餐在這裡達到極致！所以推薦給各位○○

近似詞 ➡ 永遠的暢銷商品、恆久不滅的長銷商品、不變的指標性○○

038　恆久不滅的○○

有效的運用方法 含有「即使超越一定的時間，該物的價值也會持續存在」的意思，藉此展現出「從過去到現在，持續長存的價值」。

【例】　▶恆久不滅的品牌。能在無形中感受到價值的○○
　　　　▶真正的價值存在於恆久不滅的光芒之中
　　　　▶盡享心中恆久不滅的感動○○

近似詞 ➡ 永遠不變的○○、迄今不變的○○、永遠留存的○○

039　威信的○○

有效的運用方法 展現出該物品「隨著時間經過，能夠提升價值、具有成長性、重要性」。

【例】　▶只能說該外觀……充滿著威信。存在於自然界的○○
　　　　▶有威信的老店堅持的味道。充分運用食材風味的○○
　　　　▶塑造男人威信的○○、低調訴說○○的成年人魅力

近似詞 ➡ 有威望的○○、有權威的○○、有威嚴的○○、有格調○○

040　跨世代都喜愛的○○

有效的運用方法 可以將「從遙遠的過去到現在一直受到喜愛」這件事情表現出具有特殊價值。

【例】 ▶ 跨世代都喜愛的場景。甚至是歷史悠久的羅曼史○○
　　　 ▶ 跨世代都喜愛、百看不厭的設計。具有價值卻○○
　　　 ▶ 跨世代都喜愛、友禪染布的手感迄今也讓人○○

近似詞 ➡ 跨越時空仍受到愛戴的○○、受到各世代支持的○○

041　千年○○

有效的運用方法 利用從「代表長久歲月意義的詞彙」傳遞出的印象，強調「歷史性、時間性的價值」。使用其他能夠代表長久歲月意義的詞彙也會產生同樣的效果。

【例】 ▶ 身體完全浸泡在千年之湯中。打從心底舒暢的○○
　　　 ▶ 天空佈滿著千年光輝。在通透的夜空下○○
　　　 ▶ 洋溢著千年浪漫的○○。能讓人感受到歷史價值的○○

近似詞 ➡ 萬年的○○、百年的○○、古代的○○、遠古的○○

042　創業以來○○

有效的運用方法 聚焦在「在悠久的歷史中，自創業以來持續的事物」，可以讓顧客感受到「歷史的價值以及深切的堅持」。

【例】 ▶ 創業以來，一直堅守的祕傳滋味。即使時代轉換，也堅持使用相同製法○○
　　　 ▶ 創業以來堅持到現在。○○展現出敏銳的職人技巧
　　　 ▶ 創業以來，值得驕傲的○○

近似詞 ➡ 創業以來○○、開業以來○○、開始○○以來

043　蓄積而來的○○

有效的運用方法 強調一直以來堅持的事物以及經驗所產生的成果，藉此提升該價值。

【例】 ▶ 蓄積 20 年而來的技術，○○運用在商品上
　　　 ▶ 將蓄積而來的 KnowHow 極致呈現的○○就此誕生！
　　　 ▶ 將蓄積而來的研究成果進行○○

近似詞 ➡ 蓄積的○○、一直守護著的○○、不斷累積的○○

044　傳說中的○○

有效的運用方法 使用「傳說」這種會人感到神祕以及歷史印象的詞彙，可以傳遞出一種「傳承的價值或是自古流傳下來的價值」。

【例】
▸ 可以實際體驗到自遠古時代流傳下來、傳說中療癒效果的○○
▸ 到傳說村落進行一趟奢侈之旅。進入故事世界中○○
▸ ○○可以成為古代傳說中的主人翁。與歷史一起○○

近似詞 ➡ 傳承的○○、神話的○○、○○傳說、○○故事的

045　傳統薰陶的○○

有效的運用方法 焦點放在「堅守自古以來的傳統事物」，藉以傳達出巨大的價值。與「年代、年數」等詞彙搭配組合更能增加說服力。

【例】
▸ 採取傳統建築技法薰陶而建造的建築物。迄今仍屹立不搖○○
▸ 受到傳統薰陶的老店風味！藉由持續守護的事物深化○○
▸ 滿懷誠心迎向 50 年的傳統薰陶

近似詞 ➡ 傳統技法的○○、傳統○○、正統的○○、在傳統中誕生的○○

046　祕傳的○○

有效的運用方法 傳達出一種「默默持續珍惜、守護該事物的」印象。在珍愛的事物上，附加「祕傳的」等詞彙，藉此強調。

【例】
▸ 擅長的祕傳調味法。在口中擴散開來的○○
▸ ○○家的祕傳製法，請務必一試！
▸ 浸泡在攤販大叔祕傳醬汁內的○○

近似詞 ➡ ○○的祕訣、○○傳來的、傳說的○○、○○的祕訣

047　古○○的趣味

有效的運用方法 藉由展現出「欣賞古物、舊物魅力」的意思，傳遞出一種「古早味」的價值。

【例】
▸ 古代美術的趣味。隱藏在神祕樂趣中的意外○○
▸ 盡享古都趣味之旅。自古培育出的○○
▸ 祕藏的古酒趣味。釀造出好滋味的○○

近似詞 ➡ 享受古老的○○、懷舊的○○、熱愛古○○

048　美好舊時代的○○

有效的運用方法　讓顧客回想起「過去某個時期、時代曾有的事物」屬於高價值，藉此強調該時代事物所擁有的價值。

【例】▶ 這裡有許多會讓人想起美好舊時代中電影情節的家具
　　　▶ 現在也可以○○感受到美好舊時代的風情
　　　▶ 可以盡情體驗美好舊時代的○○

近似詞 ➡ 懷念中的○○、光榮時代的○○、復古的○○、輝煌年代的○○

049　一如往昔的○○

有效的運用方法　將「一直不變、受到喜愛的事物」價值放到現在，使其更加醒目，可藉此提升價值。

【例】▶ 一如往昔的手法，現在也持續發光發熱！○○就是現在
　　　▶ 實際感受到一如往昔的街景○○。令人懷念不已○○
　　　▶ 一如往昔的待人接物方式，讓人心情愉悅

近似詞 ➡ 懷念的○○、回想過去○○、懷念以往○○

050　踏上○○故事的舞台

有效的運用方法　能感受到古老或是神祕性的「故事」一詞，藉由引導顧客進入該世界，傳達出「古老的價值」。

【例】▶ 從窗戶眺望，就能讓你瞬間踏上故事的舞台
　　　▶ ○○踏上故事舞台之旅。親身感受歷史○○
　　　▶ 邀請你踏上古老的感動故事舞台

近似詞 ➡ 進入○○傳說中的舞台、進入古老故事的舞台○○、進入故事的世界○○

051　有歷史淵源的風格○○

有效的運用方法　運用會讓顧客覺得「截至目前為止，該事物具有優異歷史背景以及高度品格」的詞彙，提升價值。

【例】▶ 外觀讓人感覺有歷史淵源的風格
　　　▶ 請務必實際感受這具有歷史淵源的風格。用身體去感受○○
　　　▶ 帶有歷史淵源的風格，才能產生真正的價值

近似詞 ➡ 富有歷史感的品味、有品味的○○、有歷史淵源的風格

特色
引人注意
強調
人氣
情緒
真實感
賺到
目標
引導

052　充滿二手懷舊感

有效的運用方法 使用時含有這是「已使用過的舊物，具有特殊價值」的訊息。

【例】▶ 充滿二手懷舊感的配色令人興奮不已！
　　　▶ 充滿二手懷舊感的皮革風格，使用起來超順手○○
　　　▶ 新品卻充滿二手懷舊的氣派感。放在手上有○○的感覺

近似詞 ➡ 已經用習慣的○○、充滿使用感的○○、用舊的○○

053　名垂青史的○○

有效的運用方法 展現出「曾經是留存在歷史上的美好事物」的感覺。更加強調並且傳達出其具有歷史上的價值。

【例】▶ 名垂餐飲史的悠遠風味。讓人感受到時代的○○
　　　▶ 讓人想見一次那名垂青史的風景。富有歷史感的○○
　　　▶ ○○彷彿就像那台名垂青史的名車

近似詞 ➡ 歷史的○○、在歷史上留名的○○、名留史冊的○○

054　帶有懷舊感的○○

有效的運用方法 方便用來表示「懷舊的印象與氛圍」帶有一種特殊價值。使用該表現方法，可以表達出古老物品具有其一定的價值。

【例】▶ 帶有懷舊感的內裝反而具有新意。高品味的形象，迄今也○○
　　　▶ 帶有懷舊感的用色，喚醒了一種豔麗的感覺
　　　▶ 帶有懷舊感的木頭觸感，呈現出一種高級感

近似詞 ➡ ○○年代的、年代事物○○、懷舊調性的○○、有年限的○○

055　名品○○

有效的運用方法 「名品」有一種「該名稱已經廣為人知、是知名事物」的意思，更能夠提升該事物的價值。

【例】▶ 遠近馳名的名品齊聚一堂！
　　　▶ 進入北國名品殿堂的○○
　　　▶ 想要向各位介紹這款隱藏版名品。就是人氣超高的○○

近似詞 ➡ ○○名物、○○的夢幻逸品、廣為人知的○○、聞名的○○

A-3 強調高品質

顧客往往會根據其支付的價格，預期購買的事物以及其品質等級，並且經常要求對價以上的高品質。因此，必須強調該事物的品質會超過顧客預期的等級，藉此引發顧客的興趣。

A-3 強調高品質

056 ○○啾！一聲地濃縮

有效的運用方法 運用在想要傳達出「彙集了超越一般情形的條件」時。可以把擬態的「啾～一聲地」部分帶入各種變化，也會產生同樣的效果。

【例】
▶ 神戶牛的美味全都啾～一聲地！濃縮在這碗特製湯頭內
▶ 藥用成分全都啾～一聲地！濃縮在一起。傳說中的放鬆效果就是○○
▶ 各地木匠的技藝全都啾～地！一聲凝聚在這裡

近似詞 ➡ ○○「喀嚓」一聲地凝聚、○○完全凝聚、○○啾～一聲地緊密結合

057 ○○監製

有效的運用方法 強調「由在該領域被稱為專家的人，或是由受到一些德高望重者操刀、進行的事物」，以提升其在品質方面的價值。

【例】
▶ 由白金夫人監製的法式料理
▶ 由前空姐監製的○○待客法則
▶ 讀者模特兒監製的今夏流行○○

近似詞 ➡ ○○直接指導、○○指揮、○○加持

058 ○○地享受奢侈的時間

有效的運用方法 展現出「使用某項條件，度過奢侈的時間」的感覺，藉此強調出高品質。

【例】
▶ 想要華麗地享受一段奢侈的時間
▶ 奢華地享受一個奢侈的週末
▶ 遠離都會喧嘩，優雅地享受一段奢侈的時間

近似詞 ➡ ○○地享受優雅的時間、○○地享受華麗的時間、○○地享受奢華的時間

059 與○○同等級的××

有效的運用方法 與「大家公認的高品質事物」搭配組合，藉由展現出「同等、並列」，即可產生一種高品質的形象。

【例】▶ 目標達到與女藝人同等級的裸肌！令人欣喜的裸肌○○
　　　▶ 提供與高級 SPA 同等級的舒適空間。讓顧客感到滿意的○○
　　　▶ 實現與一流料亭同等級的美味。能夠感受到老店堅持的○○

近似詞 ➡ ○○同樣的、彷彿像是○○、讓人想起○○

060 ○○的真實價值

有效的運用方法 想要提升並且傳達出某些事物的價值時，把焦點擺在「該事物原有的價值」上，能夠給予顧客整體價值有所提升的印象。

【例】▶ 安全飲食生活的真實價值，由○○決定！
　　　▶ 教育的真實價值。大家都很關注，所謂真正的教育就是○○
　　　▶ 深色西裝的真實價值。持續受到選用的 3 大理由是○○

近似詞 ➡ 真正的價值、○○的價值、值得的○○、有價值○○

061 ○○的絕妙平衡

有效的運用方法 強調「某些條件搭配組合得宜的狀況」，藉此提升整體價值。也可組合表現為「○○與××的」。

【例】▶ 配色與香氣的絕妙平衡。希望你前來體驗○○
　　　▶ 對比的絕妙平衡感，療癒你的身體
　　　▶ 蔬菜本身甜味與梅子原有酸味的絕妙平衡

近似詞 ➡ ○○的最佳平衡、○○適當的調和、取得平衡的○○

062 運用○○美好／優勢

有效的運用方法 表示該事物呈現出的「美好」是因為受到了一些琢磨，使用該詞彙可以給予顧客比原有價值更高的印象。

【例】▶ 運用大自然美好的露天溫泉池帶來了絕佳美景。想要大自然就來○○
　　　▶ 運用手工美好的簡單風味
　　　▶ 運用地區優勢的導師制度

近似詞 ➡ ○○的美好受到矚目、運用○○的美好、○○讓人愉悅

063 高超○○的技術

有效的運用方法 使用起來帶有「擁有優異技術」的意思。加入「技術高超」的意思，更能提升該事物的價值。

【例】 ▶ 各式施展高超純熟技術的中國宮廷風料理

　　　 ▶ 由知名工匠發揮高超技術打造而成的日式空間。可以實際感受到細膩技術的○○

　　　 ▶ 工匠高超的細膩用筆技巧，顛覆了○○的印象

近似詞 ➡ 有技術的○○、熟知○○、連專家都會汗顏的○○

064 ○○家××的

有效的運用方法 在某些領域非常專業的「○○家」一詞，「展現出該領域專家的品質保證」。

【例】 ▶ 洗衣店家嚴選的家用清潔劑，所以○○

　　　 ▶ 肉舖專家嚴謹製作的特製可樂餅

　　　 ▶ 豆腐店家製作的大豆餅乾。選用大豆的○○

近似詞 ➡ ○○的專業人士說／做、因為是○○工房，所以辦得到、○○評定

065 歷經○○年的××

有效的運用方法 展現出「正因為經歷了長時間與歲月，所以品質較好」的形象。

【例】 ▶ 歷經 10 年共同開發的○○

　　　 ▶ 請務必品嘗這歷經 3 年才熟成的風味

　　　 ▶ 歷經長年歲月仔細培育出的○○。請你務必一試

近似詞 ➡ 耗時費工的○○、耗時淬鍊而成的○○

066 量身訂做／特製般的○○

有效的運用方法 給予顧客「這是特別訂做出來的事物」的感覺，運用「訂做／特製」一詞，也可強調其高品質的狀態。

【例】 ▶ 量身訂做般的手感○○

　　　 ▶ 呈現給各位色彩豐富、特製般的菜單

　　　 ▶ 量身訂做般的好用程度！

近似詞 ➡ 特別訂製的○○、特別訂購的○○、彷彿特別訂購的○○

特色
引人注意
強調
人氣
情緒
真實感
賺到
目標
引導

067　一流〇〇

有效的運用方法　使用時加入「這是在某些領域具有優異品質事物」的感覺。只要加上這個詞彙，就能讓高品質更加醒目。

【例】▶ 一流講師陣容龐大！
　　　▶ 大量使用一流素材
　　　▶ 由一流設計師一展長才的〇〇

近似詞 ➡ VIP〇〇、豪華〇〇、〇〇首屈一指的、選拔出來的〇〇

068　伴你一生

有效的運用方法　這個詞彙帶有「只要取得該事物一次，其價值可以持續一輩子」的意思。藉此提升其價值。

【例】▶ 一只手表，伴你一生！
　　　▶ 安心選擇要伴你一生的家具〇〇
　　　▶ 想要學習能伴你一生的技術，就趁現在！

近似詞 ➡ 傳家之寶、可以長久使用下去〇〇、珍寶

069　五星級的〇〇

有效的運用方法　做為高品質標準的「五星」一詞可以用在各式各樣的領域，藉此表達出高品質的感覺。

【例】▶ 五星級的自建住宅！符合你的需求
　　　▶ 嶄新豪華！五星級的燒烤宴會〇〇
　　　▶ 不可置信！甜度五星級的番茄！

近似詞 ➡ 最高等級的、正統的〇〇、最高級的〇〇、最高階級的〇〇

070　最高等級〇〇

有效的運用方法　針對想要強調的事物，加上帶有高級感的「最高等級（Executive）」一詞，可以提升其「階級感、等級感」。

【例】▶ 獨具一格的最高等級哈密瓜就此誕生！
　　　▶ 將最高等級設計發揮到極致的空間
　　　▶ 我們已將最高等級指甲保養納入基本服務

近似詞 ➡ 高規格的〇〇、高級的〇〇、奢華的〇〇

071 **不惜使用○○**

特色

有效的運用方法 既然「已經大量使用某項條件」，就要更加強調該部分，表現時會提升其中一項的品質價值。

【例】 ▸ **不惜使用當季食材的套餐**
　　 ▸ **本皂不惜使用對身體有益的天然原料**
　　 ▸ **不惜使用沖繩產黑糖，用料講究的甜點**

近似詞 ➡ 大量使用○○、豪邁地使用○○

072 **閃耀○○**

有效的運用方法 可以傳遞出「一些閃閃發光事物會帶來高品質形象」的感覺。

【例】 ▸ **奪回閃耀裸肌！現在就想開始○○**
　　 ▸ **邁向閃耀未來的第一步**
　　 ▸ **○○喚醒閃耀的青春年代記憶**

近似詞 ➡ 閃爍的○○、耀眼的○○、熠熠生輝的○○、燦爛的○○

073 **神乎其技的○○**

有效的運用方法 用「神乎其技」一詞表現出與眾不同的優秀技能或技術，更能強調該價值。

【例】 ▸ **神乎其技的搭配，瞬間讓人閃耀動人！**
　　 ▸ **神乎其技的切菜技巧，○○創造出細緻的口感**
　　 ▸ **神乎其技的講究農法，引爆蔬菜原有力量**

近似詞 ➡ ○○超凡的魅力、○○超能力、○○的鐵人

074 **完整呈現○○**

有效的運用方法 已達到理想目標、目標已經是完整形態等意思。藉此強調商品的高價值。

【例】 ▸ **無可挑剔、完整呈現的照片**
　　 ▸ **完整呈現的美味是人氣的祕訣**
　　 ▸ **連細節都完整呈現的待客之道**

近似詞 ➡ 完美的○○、圓滿達成○○、○○出類拔萃

引人注意
強調
人氣
情緒
真實感
賺到
目標
引導

075　高○○

有效的運用方法 雖然只是一種單純的表現方式，但是只要加上「高」這個詞彙即可輕鬆提升並且表現出事物價值。高○○、高級○○、高品質○○等的應用方式都很有效果。

【例】　▶ 追求容易操作的高機能○○
　　　　▶ **高品質的待客之道保證**
　　　　▶ **令人期待的高療癒效果○○**

近似詞 ➡ 高級的○○、High○○、高價的○○、高額的○○、上等的○○

076　極致○○

有效的運用方法 藉由「極致」一詞展現出在品質等方面的評價極高。進一步傳達出該商品更高的價值。

【例】　▶ 演奏出極致協調的○○
　　　　▶ **極致的口感，刺激你的食欲**
　　　　▶ **盡享伊勢志摩極致之旅**

近似詞 ➡ 幸福至極的○○、極高等級的○○、高品質的○○

077　高級○○

有效的運用方法 對於高品質的東西，顯示比原有價值更高的感覺，加上「高級」這個詞彙，可以強調該事物的高價值。

【例】　▶ 請盡情享受高級的放鬆感！
　　　　▶ **高品質的多汁果肉，差異立見**
　　　　▶ **高級空間演繹出的特別夜晚**

近似詞 ➡ 高品質的○○、有價值的○○、高級○○、上好的○○

078　職人製作的○○

有效的運用方法 將「被稱作職人（專家）經手的事物」做為「高品質保證」的表現。只要將「製作人」表現為「職人」即可輕鬆表現。

【例】　▶ 由技術純熟的職人打造出的木製家具。你可以親身感受實品的質感○○
　　　　▶ **傳統技藝代代相傳，由職人製作的古早味梅干**
　　　　▶ **日式糕點職人製作的當季鮮果凍**

近似詞 ➡ 帶有職人氣質的○○、由專家大顯身手的○○、注入職人技術的○○

特色
引人注意
強調
人氣
情緒
真實感
賺到
目標
引導

079　精練○○

有效的運用方法　將擁有高段技術，單純地以「精練」一詞表現，連結出較高價值的感覺。

【例】　▸ 精練的美容師們聚集在此互相較勁！

　　　　▸ 由精練的教練仔細指導

　　　　▸ 精練主廚讚譽有加的○○。○○絕妙好滋味

近似詞 ➡ 精明幹練的○○、專業技術○○、專業級的成品、○○的黑帶

080　極致奢華○○

有效的運用方法　表現出「沒有其他事物會比這些更奢華了」的意思，可以傳遞出一種格外崇高的高級感。

【例】　▸ 熱帶樂園中，極致奢華的水樂園。讓人打從心底○○

　　　　▸ 附贈極致奢華的名人體驗！一生一次的○○

　　　　▸ 極致奢華的龍蝦全餐。享受當季食材○○

近似詞 ➡ ○○的寶物、○○的珠寶箱、帶有富裕感○○

081　世界通用的○○

有效的運用方法　表現出「不論世界各地都能充分符合的程度」，藉此強調該程度的高度。

【例】　▸ 實踐世界通用的英語教育！行遍全球的○○

　　　　▸ 凝聚成世界通用的技術！

　　　　▸ 世界通用的待客之道就是心。令人景仰的○○

近似詞 ➡ 世界標準的○○、○○世界級、全世界通用○○

082　帶有俐落洗鍊感的○○

有效的運用方法　以「俐落洗鍊的」一詞表現出「為了讓事物更美好而耗時、鑽研琢磨的印象」。也可同時傳遞出「優美且高品質的形象」。

【例】　▸ 帶有俐落洗鍊感的和風摩登風格，非常帥氣

　　　　▸ 帶有俐落洗鍊感的外牆設計，○○（呈現出）都會印象

　　　　▸ 時尚且帶有俐落洗鍊感的料理

近似詞 ➡ 敏銳的○○、俐落的○○、優雅的○○

083　遙不可及般的○○

有效的運用方法 給人一種「似乎是無法取得的高價事物」的感覺。並且利用顧客認為「價格越高,品質越高」的感受來表現。

【例】　▶ 遙不可及般的松阪牛排,現在只要這個價格!

　　　　▶ 這裡有滿滿的、遙不可及般的高級食材!

　　　　▶ 遙不可及般的進口家具,以破盤價聚集在此!

近似詞 ➡ 理想的○○、憧憬的○○、難以遇見的○○

084　實在的品質

有效的運用方法 綜合前後文,表現出「對品質保證有信心」的意思。藉此強調高品質。

【例】　▶ 因為有實在的品質與製程,所以才能實現○○

　　　　▶ 具有低價且實在的品質,所以不斷再上市!

　　　　▶ 實在的品質才能獲得高評價

近似詞 ➡ High Quality的○○、品質本位的○○、上等品質的○○

085　專家認可的○○

有效的運用方法 用「專家認可」一詞表現出「精通該領域的人都會不假思索地認可」的形象,藉此傳遞出高級的感覺。

【例】　▶ 專家認可的美味與濃郁感讓人食指大動!專家喜愛的○○

　　　　▶ 葡萄酒專家認可的○○。請來試試這會上癮的味道

　　　　▶ 秘湯專家認可的山麓溫泉。在遠離人群之處靜謐地○○

近似詞 ➡ 專業人士喜愛的○○、高達藝術品等級的○○、○○通(專家)都會這麼選

086　高品味的○○

有效的運用方法 用「高品味」一詞展現出「俐落洗鍊的品味(興趣與喜好)」。藉此強調出較高的品質價值。

【例】　▶ 用高品味的設計,打造出放鬆舒適的空間

　　　　▶ 米蘭的室內裝潢,帶有一種高品味感

　　　　▶ 為了犒賞自己,當然要選擇高品味的商品

近似詞 ➡ 展現高尚氣質的○○、有品味的○○、充滿品味的○○

087　**虛幻的**○○

有效的運用方法　可以表現出「因為虛幻所以細膩、價值較高」的印象。與一些帶有細緻感的詞彙搭配會更有效果。

【例】　▶ 虛幻且細膩的肌膚觸感，更加吸引人○○

　　　　▶ 醉心於這景色虛幻的美麗○○

　　　　▶ 這酸甜的滋味彷彿虛幻的戀情，擴散在口中

近似詞 ➡ 難以割捨的○○、隱約的○○、彷彿要消逝的○○、細膩的○○

088　**專家親授的**○○

有效的運用方法　直接表現出「在某些領域、在某個行業的專家或是熟練的專業人士親自傳授的事物」具有特殊的價值，並且傳達出對品質的要求。

【例】　▶ 由居家設計專家親授的聰明居家選擇

　　　　▶ 由提案專家親授的簡報講座

　　　　▶ 由色彩運用專家親授的配色技巧○○

近似詞 ➡ 由○○傳授、專家推薦的○○、達人傳授的○○

089　**依嚴格標準**○○

有效的運用方法　只要有「可以提升品質或是確保一定品質的嚴格標準」存在，即可彰顯出該獨特的嚴格標準，藉此表達出高品質。

【例】　▶ 使用依嚴格標準篩選的原料○○

　　　　▶ 依標準培養出來的水果，希望你細細品嘗

　　　　▶ 不斷經歷依嚴格標準進行的面試

近似詞 ➡ 專家也認可的○○、嚴選的○○、通過嚴格標準○○

090　**正宗**○○**風味**

有效的運用方法　針對食物味道，與「因味道正統而聞名或是具有代表性的地方以及地區名稱」搭配組合，藉由「正宗○○風味」的表現，表達出該味道的厲害之處。

【例】　▶ 盡享正宗築地風味的○○

　　　　▶ 完美重現正宗中國風味！

　　　　▶ 盡享正宗北海道風味的居酒屋！在當地也享有高人氣的○○

近似詞 ➡ 美食的○○、料亭等級的○○、一流的○○味道

091　真正的○○

有效的運用方法　各式各樣的類似商品不斷推陳出新,直接告訴顧客這是真貨,藉此強調高品質。

【例】　▶ 因為是高價物品,所以要選擇真正的時鐘

　　　　▶ 真正手工打造的房子,連細部都很講究

　　　　▶ 這才是真正的馬鈴薯!

近似詞 ➡ 不造假的○○、道地的○○、真正的○○

092　上流社會人士○○

有效的運用方法　以「有錢人們」一詞代表「具有優異選擇眼光或是獨特講究的富裕階層」。藉此表現出高品質或是講究程度。

【例】　▶ 能讓上流社會人士趨之若鶩的法式料理,味道如何?

　　　　▶ 上流社會人士療癒身心時會選擇的留宿點○○

　　　　▶ 上流社會人士熱愛的特殊待客之道○○

近似詞 ➡ 宮廷御用的○○、演藝人員專用的○○、富豪的○○(動作)

093　餘裕╱寬敞╱廣闊的○○

有效的運用方法　針對某項條件表現出非常寬裕的感覺,藉此傳遞出價值方面也非常有餘裕的感覺。

【例】　▶ 在有餘裕的生活裡,講究的○○

　　　　▶ 讓人慵懶地忘卻時間,寬敞的空間○○

　　　　▶ 去地方寬廣的故鄉旅行!度過一段奢侈的時間○○

近似詞 ➡ 有餘地的○○、帶有高級感的○○、餘裕感的○○

A-4　強調限定性、稀有性

顧客會對限定的、具稀有性的事物感到強烈價值。可以應用這種心理，表現出限定的／讓顧客產生稀有感覺，藉此提升價值。

A-4　強調限定性、稀有性

094　○○限定

有效的運用方法 明確表現出「數量以及處理的地點有所限制」，以提升其稀有性。

【例】 ▶ 北海道限定銷售的濃厚牛奶巧克力
　　　 ▶ 期間限定商品，抱歉已銷售一空！
　　　 ▶ 5 週年限定，特別拍賣活動舉辦中！

近似詞 ➡ 限○○、僅○○、○○止、○○數量稀少

095　在○○找到××的

有效的運用方法 藉由難以尋找，展現出價值較高的印象。使用時，可以將地點與特色一起搭配會更好。

【例】 ▶ 在小巷弄找到的隱藏店家
　　　 ▶ 在產地找到的優異厚質梅肉都○○
　　　 ▶ 在專門店找到的稀世珍品茶器全堆滿在這裡○○

近似詞 ➡ 在○○選到的、從○○嚴選的、在○○發現的

096　只有在○○才能取得

有效的運用方法 用「只有在○○才能取得」表現出只有在特別的地方才能取得該事物的意思，藉此提升其稀有性。再者，如果取得的地點非一般常見的地方，會更有效果。

【例】 ▶ 只有業者才能取得的○○清潔劑
　　　 ▶ 只有當地才能取得、夢幻等級的當地酒
　　　 ▶ 直接收購只有在義大利才能取得的手工！

近似詞 ➡ 只有在○○才能買到、只能取得部分的○○

097 ○○是無法取得的

有效的運用方法 展現出「經由一般管道無法取得」。藉此強調難以取得，以提升其稀有價值。

【例】 ▶ 零售店無法取得！業者專用的○○

　　　▶ 通常一般民眾無法取得！千載難逢的機會○○

　　　▶ 全日本只有這裡才能取得！

近似詞 ➡ ○○沒在賣、○○沒有銷售、一般無法取得

098 未曾曝光的○○

有效的運用方法 在內容中加上「未曾曝光的○○」，可以給顧客一種「資訊不公開，僅對有限的成員公開」的印象，藉此提升其稀有性。

【例】 ▶ 啊！令人驚訝、未曾曝光的資訊！僅限本場○○

　　　▶ 未曾曝光的珍寶悄悄銷售！

　　　▶ 未曾在媒體曝光的人氣住宿地點，可以盡情地輕鬆享受

近似詞 ➡ 不曾在○○公開！、一般沒有流通○○

099 無法再次取得

有效的運用方法 如果錯失這個機會就會結束銷售，或是因為庫存有限等原因，明確表現出「無法再次取得」，更能提升其稀有性。

【例】 ▶ 無法再次取得的頂級商品

　　　▶ 之後無法再次取得的原創包

　　　▶ 無法再次取得的特 A 級芒果，限定釋出！

近似詞 ➡ 這是最後的○○、本期是最後的○○、無法到手的事物

100 專屬於你的○○

有效的運用方法 藉由表現出該事物僅限定某些人物，展現出「衝擊性與限定感」，藉此提升「原創感、稀有性」。

【例】 ▶ 在專屬於你的私人海灘，盡情享受○○

　　　▶ 在專屬於你的療癒空間，好好享受美食○○

　　　▶ 請前來體驗專屬於你的調味！

近似詞 ➡ 此處專屬的○○、女友專屬的○○、家人專屬的○○

101 售罄就只能說抱歉了

有效的運用方法 傳達出數量有限、預計可能會立刻銷售一空的意思。

【例】 ▶ 售罄就只能說抱歉了！高甜度栗子南瓜○○
　　　▶ 售罄就只能說抱歉了！雜誌高人氣下半身衣物新進貨！
　　　▶ 售罄就只能說抱歉了！暑假人氣住宿地點○○！

近似詞 ➡ 售完也只能說抱歉了！、限定商品！、僅剩現貨！、不斷銷售一空！

102 熟客限定

有效的運用方法 表現出這是「經常來購買的顧客的限定商品」，藉此傳遞出稀有性。

【例】 ▶ 成立熟客限定之專屬網頁！
　　　▶ 開賣前的熟客限定特賣會，請別錯過！
　　　▶ 熟客限定！特別贈品大放送，特賣會開鑼了！

近似詞 ➡ VIP限定、熟客感謝企畫、熟客限定

103 導覽手冊上找不到的○○

有效的運用方法 傳達一種在各個領域的導覽手冊中「沒有記載，但是其實該事物非常優異」的感覺，藉此強調其稀有性。

【例】 ▶ 不容錯過！導覽手冊上找不到的隱藏版人氣住宿地點
　　　▶ 想要吃導覽手冊上找不到的地方名產！
　　　▶ 導覽手冊上找不到的講究名店

近似詞 ➡ 內行人才知道的○○、拒絕採訪的○○、隱藏版的人氣○○

104 僅限特定人士○○

有效的運用方法 表現出「有限定銷售對象」。藉此強調限定性、提升其價值。

【例】 ▶ 搶在一般銷售前！僅限特定人士開搶！
　　　▶ 悄悄試吃僅限特定人士的隱藏版菜單
　　　▶ 僅限特定人士的特殊規格，在此公開

近似詞 ➡ 會員限定的○○、特殊人士限定的○○、僅限特別來賓的○○

特色
引人注意
強調
人氣
情緒
真實感
賺到
目標
引導

105　數量有限

有效的運用方法　如果想要行銷的事物數量有限，藉由「強調該限定數量」，訴諸其稀有性。

【例】　▸ **進貨量少，銷售數量有限！**
　　　　▸ **售貨數量有限，請加快腳步！**
　　　　▸ **數量有限！售罄就抱歉了！**

近似詞 ➡ 數量限定的○○、有限量！、僅限前○○本（個）

106　稀有的○○

有效的運用方法　直接表現出該事物本身為稀有事物的意思。

【例】　▸ **混合稀有的咖啡豆**
　　　　▸ **只收集稀有品項的○○**
　　　　▸ **因為是使用稀有天然木材的○○**

近似詞 ➡ 稀世珍品○○、獨一無二○○、僅有一點點○○

107　緊急○○

有效的運用方法　包含「有緊急性、若這次機會溜走，今後將無法再取得」的意思。更能傳遞出限定感。

【例】　▸ **緊急特別企畫！反映先前銷售狀況，追加銷售的超人氣商品！**
　　　　▸ **緊急！特別銷售通知！趁這個機會○○**
　　　　▸ **緊急進貨！現在正好剛進貨！**

近似詞 ➡ 本次限定的○○、最後機會、緊急快報！

108　當地○○

有效的運用方法　帶有「在這片土地上才能擁有的東西、該土地的名產」等意思。透過「地點的條件」帶出一種限定感。

【例】　▸ **當地人氣事物特輯！不到當地買不到的○○**
　　　　▸ **希望各位深入享受當地美食！**
　　　　▸ **在此介紹當地多彩多姿的收藏家**

近似詞 ➡ 地方的○○、地域的○○、地方的○○、現地的○○

109　除此之外沒有其他○○

有效的運用方法　直接表現出「只有這個存在、只有這個機會」等的意思，藉此提升其稀有價值。

【例】　▷ 除此之外沒有其他申請機會了！

　　　　▷ 現在能購買的地方就剩這裡，除此之外沒有其他地方了！

　　　　▷ 除此之外沒有其他更夢幻的燒酒了！

近似詞 ➡ Only One的○○、世界唯一的○○、僅此於此的○○

110　收藏版○○

有效的運用方法　「具有收藏家（收集者）會喜愛且收集的稀有價值」的意思。可以藉此提升其稀有價值。

【例】　▷ 夢幻級的珍藏版商品進貨了！

　　　　▷ 難以入手款！珍藏版手表極秘銷售中！

　　　　▷ 據說是列入珍藏版的稀有品項

近似詞 ➡ ○○收藏！、超想收藏的○○

111　庫存有限

有效的運用方法　這詞彙表現出「現在一旦沒有庫存，就會結束銷售」的「限定感」。與一些可以顯現緊急性的詞彙搭配會更有效果。

【例】　▷ 現貨庫存有限！先到先贏！

　　　　▷ 庫存有限、下次進貨時期未定！

　　　　▷ 庫存有限！別錯過這次機會！

近似詞 ➡ 這是最後了！只有這裡有、沒有多餘的庫存

112　重新登場！

有效的運用方法　表現出不會經常販賣、過去曾經結束銷售，因為受到好評而再次登場（銷售）的意思。可以藉此強調限定感。

【例】　▷ 先前完售的商品重新登場！趁這好機會○○

　　　　▷ 人氣商品重新登場！現在正是○○

　　　　▷ 挾帶傳說中的過往人氣，重新登場！

近似詞 ➡ 再次登場！重新銷售！重新企畫

特色

引人注意

強調

人氣

情緒

真實感

賺到

目標

引導

113 　神祕○○

有效的運用方法 在該事物給人「非普通事物、一種超現實的事物、不可思議的事物」的形象中，再加上珍奇性與稀有性的表現。

【例】　▶ 彷彿從神祕國度中栽培出的水果○○

　　　　▶ 實現神祕的肌膚觸感！

　　　　▶ 彷彿有神祕香氣飄出的絕佳美景，直達內心深處○○

近似詞 ➡ 奇蹟的○○、神祕的○○、不可思議的○○

114 　全世界唯一的○○

有效的運用方法 「世界僅存一個」的意思。原創的事物或是完全手工的事物，可以給予顧客一種稀有感。

【例】　▶ 全世界唯一的手工家具

　　　　▶ 被全世界唯一的絕佳美景迷住○○

　　　　▶ 贈送全世界唯一刻有你名字的杯子

近似詞 ➡ 僅有一個○○、唯一的○○、只有一個○○

115 　無與倫比的○○

有效的運用方法 表現時給予顧客一種「無從比較的稀有珍貴事物」印象。與能夠表現出「才能或技術」的詞彙搭配會更有效果。

【例】　▶ 經由無與倫比的感受性，設計出的○○

　　　　▶ 足以誇耀、無與倫比的美麗景觀

　　　　▶ 運用無與倫比的染色技術○○

近似詞 ➡ 無法比擬的○○、絕世的○○、沒有更強的○○

116 　經由特殊管道○○

有效的運用方法 表現出該事物「無法經由一般的管道（路徑），必須經由特殊管道取得」，藉此強調其稀有性。

【例】　▶ 經由特殊管道調貨而來的業務用強力清潔劑

　　　　▶ 特別經由特殊管道取得的頂級商品

　　　　▶ 經由獨有的特殊管道直接銷售！

近似詞 ➡ 經由特殊的方法○○、經由特別管道○○、經由特別的方法○○

117　特別保存版

有效的運用方法 展現出「有特別保存的必要性」，藉此產生限定感，並且提升其做為特殊事物的價值。

【例】　▸ 特別保存版！附有豪華 DVD 贈品
　　　　▸ 為你準備具有冬季氛圍的特別保存版套餐
　　　　▸ 特別保存版菜單，重現正宗風味！

近似詞 ➡ 特別版、豪華保存版、○○紀念保存版、Premium Package（超值組合）

118　日本尚未販售！

有效的運用方法 利用「日本國內尚未販售的商品」這種稀有性，呈現出一種醒目、價值很高的感覺。

【例】　▸ 這是傳說中日本尚未販售的品項！
　　　　▸ 在海外相當有人氣！日本尚未販售的最新模型，獨家銷售中
　　　　▸ 日本尚未販售！粉絲必見的限定小物！

近似詞 ➡ 日本尚未進貨、尚未進入日本的品項、日本國內無法取得的○○

119　取得困難

有效的運用方法 「相當難以取得的事物、入手非常困難的事物」，直接表達出「只有這些就相當有價值」。

【例】　▸ 取得困難！超稀有！總之，請你立即確認！
　　　　▸ 取得困難！少量進貨的夢幻級黃金米！
　　　　▸ 取得超級困難！傳說中的幸運商品限定銷售中

近似詞 ➡ 取得不易、相當難以取得○○、入手困難○○

120　僅剩少許庫存

有效的運用方法 用於表達「商品庫存因為人氣或是稀有性，所以所剩不多」的意思。與一些可驅使行動的詞彙搭配使用更有效果。

【例】　▸ 人氣商品、僅剩少許庫存！現在請立刻提出申請！
　　　　▸ 僅剩少許庫存！完售就不好意思了！
　　　　▸ 僅剩少許庫存！沒有預計下次進貨時間！快！○○

近似詞 ➡ 僅剩些許、剩餘庫存還剩一點點、庫存稀少、幾乎沒有庫存

特色
引人注意
強調
人氣
情緒
真實感
賺到
目標
引導

121　先搶先贏

有效的運用方法 用於表達「因為是人氣商品,所以如果不立刻下手,商品就會銷售一空」的意思。

【例】 ▸ 夢幻等級的神戶牛排先搶先贏!每日限定 30 份
　　　 ▸ 先搶先贏,久違的商品重新登場!
　　　 ▸ 超熱銷品項他先搶先贏!

近似詞 ➡ 趁早○○、依先後順序○○、在消失之前,快手刀來搶!

122　最終○○

有效的運用方法 用於表達「這次是最後的購買機會,錯過這次是你的損失」的意思。

【例】 ▸ 最終特賣!不論幾家歡樂幾家愁,都是最後了!
　　　 ▸ 本期最終企畫!
　　　 ▸ 最終 Final Sale!目前庫存有限的是○○

近似詞 ➡ Last○○、○○最後機會、最終企畫○○

123　簡直是挖寶

有效的運用方法 把「偶然發現的、非常貴重的事物」的印象,展現為既划算又具有稀有性的感覺。

【例】 ▸ 大發現!簡直是挖到寶了!這裡一定有你想要的東西!
　　　 ▸ 極品!簡直是挖寶市集!
　　　 ▸ 簡直是挖到寶的物件,萬歲!

近似詞 ➡ 找到的東西!、在○○偶然發現、夢幻逸品

124　本日限定的○○

有效的運用方法 某些事物今天就會結束,所以直白地用「本日限定」來表現,藉由「強調限定性」來提升其價值。

【例】 ▸ 本日限定的超划算特賣
　　　 ▸ 本日申請限定!敬請加緊腳步!
　　　 ▸ 用本日限定的豪華菜色款待你

近似詞 ➡ 到今天結束!、○○今日限定、今日結束的○○

125　夢幻級○○

有效的運用方法 表現中含有「不太確定是否真正存在，能夠遇見非常難得」的意思。藉此強調其稀有價值。

【例】 ▶ 夢幻級品項，現在剛入手！
　　　 ▶ 用夢幻級水源孕育出的美味○○
　　　 ▶ 知名糕點職人打造的夢幻級蛋糕

近似詞 ➡ 稀有的○○、彷彿快要消失的○○、如夢般的○○

126　終於保證有貨○○

有效的運用方法 「難以取得的事物，終於到手」的意思，藉此強調取得的困難度。可以提升事物的稀有性。

【例】 ▶ 雜誌上的人氣配件，終於保證有貨！
　　　 ▶ 店家不斷銷售一空，持續缺貨的品項，終於保證有貨！
　　　 ▶ 等待進貨的○○終於保證有貨！

近似詞 ➡ 終於到手、終於進貨、終於確保有貨、終於到貨

127　Rare & Cult（稀有且流行）的○○

有效的運用方法 「該事物非常稀有，且具有狂熱的人氣」的意思。將「Rare（稀有）」、「Cult（流行）」這兩個強力的詞彙搭配表現這種情境。

【例】 ▶ Rare & Cult 的時鐘都聚集在此！粉絲必見！
　　　 ▶ Rare & Cult 的品項到齊！
　　　 ▶ Rare & Cult 的設計全彙集在此

近似詞 ➡ Cult（流行）的○○、○○收藏家必見、粉絲狂熱的○○

128　稀有度滿分

有效的運用方法 如果該事物相當稀有，表現時可用「稀有度」強調。

【例】 ▶ 稀有度滿分！講究的皮質外套
　　　 ▶ 令人憧憬的限定商品！稀有度滿分！
　　　 ▶ 稀有度滿分的特別菜單

近似詞 ➡ 優異的稀世珍品○○、稀有度100%、新奇的○○

A-5　強調簡便性、簡易度、輕鬆度

更簡單、更便利、更輕鬆，存在著能讓顧客感受到高價值的事物。確實展現出其簡便性，即可刺激顧客的情緒。

A-5　強調簡便性、簡易度、輕鬆度

129　○○**的瞬間××**

有效的運用方法　在某項行動開始時，該行動往往會掀起一些反應。讓顧客感覺那是非常「自然的現象」的感覺。

【例】　▶ 吃一口的瞬間就讓人漾出微笑○○
　　　　▶ 接觸到肌膚的瞬間就能感受到緊實感
　　　　▶ 打開門的瞬間，彷彿來到另一個世界的感覺

近似詞 ➡ 只要○○就會立刻××、與○○同時××

130　**只要○○**

有效的運用方法　雖然表達出「非常簡單」的意思，但可以強調為了達到某種結果，只需要「一種必要的行動即可」。

【例】　▶ 只要吃飯前喝，即可實際感受到○○
　　　　▶ 只要塗抹即可華麗變身！
　　　　▶ 只要讀過就能學會○○

近似詞 ➡ 只要一點○○，就能○○！只要這樣就可以××、只要○○

131　○○，**隨時××**

有效的運用方法　「只要遇到前述條件，就會經常發生一些事」的意思。自然而然展現出輕鬆簡單的感覺。

【例】　▶ 早餐吃麥片，就能隨時感到清爽！
　　　　▶ 芬芳的香氣，打造令人隨時感到安穩的空間！
　　　　▶ 胸口的裝飾品，讓人隨時充滿華麗感

近似詞 ➡ 用○○經常××、只要○○就能隨時××、用○○每天××

132　○○**的訣竅就在此！**

有效的運用方法　「即使是困難的事物，只要知道訣竅就會變得很簡單」，把焦點放在「簡單的訣竅」，藉此傳遞出輕鬆簡單的感覺。

【例】▶ 悄悄減重的訣竅就在此！

　　　▶ 美味的訣竅就在此！希望你務必一試！

　　　▶ 每天舒適好眠的訣竅就在此！因為是每天都要用的東西，更要好好挑選！

近似詞 ➡ ○○只要有這個就OK！、○○只要××就足夠！

133　○○的即戰力

有效的運用方法 表現出只要取得某種事物，「能夠立即有效，或是成為強力的武器」。

【例】▶ 裸肌力量復甦的即戰力！

　　　▶ 掌握戀愛即戰力吧！

　　　▶ 能夠成為商務英語即戰力的實踐英語會話

近似詞 ➡ ○○最給力的隊友、○○的神隊友、立刻可用於○○

134　○○秒懂

有效的運用方法 表現出一般來說會覺得很困難，但是卻可以「立即知道、輕鬆理解」。

【例】▶ 秒懂，時尚的彩妝術！

　　　▶ 只要按下一鍵，秒懂購屋重點！

　　　▶ 秒懂義大利料理，從今晚開始你也能成為知名大廚！

近似詞 ➡ ○○簡單上手、○○立刻理解！、○○接受理解

135　只要一個○○就××

有效的運用方法 表示「只要一個行動（Action）或是條件就可以完成」的意思。強調輕鬆感。

【例】▶ 只要一只平底鍋就可以做出豪華級的菜色○○

　　　▶ 只要一通電話，當日配送！

　　　▶ 只要一鍵，即可立即下單！

近似詞 ➡ 只要一個○○、只要這一根、用一張○○、只要用這個○○

136　○○（朝向某個目標）的捷徑

有效的運用方法 運用顧客只要有「可以持續前往目標的路徑」，就會想要走更輕鬆捷徑的心理。

【例】 ▶ 任何人都嚮往的理想身材捷徑！

▶ 成功打造一個新家的捷徑，就在這裡！

▶ 考上大學的捷徑，取決於升學補習班！

近似詞 ➡ 成為○○的直達航道、邁向○○捷徑、快速朝向○○的通道

137　○分鐘就能學會

有效的運用方法　「用具體數字顯示極短的時間」，讓顧客產生實際的感受，藉此表現出「在短時間內即可以簡單完成」的意思。

【例】 ▶ 5 分鐘就能學會的待客禮儀

▶ 每天 30 分鐘就能學會的實踐商務英語

▶ 只要 10 分鐘就能學會的中古車選擇重點！

近似詞 ➡ ○分鐘即可、○分鐘就足夠！、○分鐘就能理解！、○秒就懂！

138　一○就可以／也沒關係

有效的運用方法　為了表達某些事物非常簡單，所以與「一回、一次、一人等具體的數字」搭配組合，藉此表現出執行的容易度。

【例】 ▶ 一次就學會的正統料理教室

▶ 一個人就可以完成的選單！

▶ 只來一次也沒關係！小學生室內 5 人制足球！

近似詞 ➡ 第一次就可以○○、第一天就可以○○、一個就可以○○

139　可自由○○的

有效的運用方法　讓該對象表現出「非常簡單就可以完成的」印象。

【例】 ▶ 可自由搭配的豐富午餐菜色！

▶ 可自由組合的獨特風格家具

▶ 可自由中途加入的輕鬆派對

近似詞 ➡ 自由自在地○○、很自由地○○、有彈性地○○

140　隨時隨地都○○

有效的運用方法　用「隨時」、「隨地」這兩個詞彙搭配組合，表現出「沒有時間或是地點制限」的狀態。

【例】 ▶ 隨時隨地都可以學習！

▶ 隨時隨地都可以訂購！

特色

引人注意

強調

人氣

情緒

真實感

賺到

目標

引導

▶隨時隨地都可以免費體驗！

近似詞 ➡ 到處都可以○○、隨時都可以○○、不須選擇地點○○

141　傳授○○術

有效的運用方法　「傳授可以輕鬆完成某件事情的方法或技術」的意思。給予顧客一種可以立即輕鬆完成的印象。

【例】　▶傳授立即可用的簡單收納術！

　　　　▶向你傳授專業穿搭術

　　　　▶傳授一種可讓學習能力蒸蒸日上的育兒術

近似詞 ➡ 簡單○○法、立即可行的○○術、○○的KnowHow

142　生活當中○○

有效的運用方法　「存在於日常生活周邊」的意思，藉由「生活」一詞，讓顧客感覺該事物更靠近自己。

【例】　▶生活當中近在咫尺的風險

　　　　▶生活當中，更希望擁有一個喘息的空間

　　　　▶真正必要的事物就在生活當中

近似詞 ➡ 生活之中○○、隨時的○○、就在身旁的○○

143　輕巧的○○

有效的運用方法　將帶有比一般常見體積更小型意思的「輕巧」一詞與其他詞彙組合，讓顧客更能感受到「輕鬆的感覺」。

【例】　▶輕巧的體積，讓操作變得更輕鬆

　　　　▶輕巧好配置！

　　　　▶輕巧的體驗課程也很充實

近似詞 ➡ 小型○○、單純○○、最小值○○

144　在家○○

有效的運用方法　表現出「在家中即可完成，而且非常簡單」的意思。

【例】　▶在家只要 3 分鐘！簡單輕鬆！正宗的義大利料理

　　　　▶在家就能擁有天然溫泉的氣氛！每天都能享受來自溫泉勝地的入浴劑！

　　　　▶在家享受！吃盡日本海的冬季海產

近似詞 ➡ 在家○○的簡單技巧、在家即可輕鬆○○

145　立即可用○○

有效的運用方法　為了給予顧客更簡單的印象，直接用「立即」一詞來表現。也可以與會讓顧客感受到「立即可用」的詞彙搭配更有效果。

【例】　▶ **買回家當天就立即可用！**
　　　　▶ **贈送立即可用的實用點子集！**
　　　　▶ **立即可用的中文基礎講座**

近似詞 ➡ 明天就可以用○○、立即○○、只要這樣就可行

146　全世界最容易的○○

有效的運用方法　理解的難易度會因為個人主觀上的判定而有所差異，因此只要用最誇大的方式去強調「理解的容易度」，即可讓顧客對「容易度」產生衝擊性。

【例】　▶ **全世界最容易的作文技巧**
　　　　▶ **全世界最容易的處理方法就在這裡！**
　　　　▶ **全世界最容易的說明就在這裡**

近似詞 ➡ 讓人秒懂、世界第一簡單的○○、超級好懂的○○

147　立即○○

有效的運用方法　傳遞出一種立刻可以達成的意思。與一些詞彙搭配組合後，即可給予顧客一種能夠輕鬆完成的印象。

【例】　▶ **證照考試問題，立即掌握**
　　　　▶ **夏季美白成果立即見效的費洛蒙**
　　　　▶ **剛進貨的新鮮食材，立即料理！**

近似詞 ➡ 即席○○、即日○○、敏捷○○、快速○○

148　每個人都是○○高手

有效的運用方法　表現出「任何人都可以處理得很好」的意思。藉此加強簡單程度。

【例】　▶ **只要有這一張，每個人都是協調高手！**
　　　　▶ **每個人都會成為料理高手──夢幻級醬油**
　　　　▶ **傳授每個人都會成為銷售高手的說話技巧！**

近似詞 ➡ 每個人都可以○○得很好！、每個人都可以○○

149　**比任何人都更快○○！**

有效的運用方法　「如果顧客強力要求要盡快完成」，只要強調該部分，就能強力傳達出該輕鬆程度。

【例】 ▸ **比任何人都更快瘦身！想要感受速度就要○○**
　　　 ▸ **比任何人都更快能夠流利對話！從今天開始也可以**
　　　 ▸ **比任何人都更快曬黑！引進最先進的室內曬黑機！**

近似詞 ➡ 比任何人都更能○○（正面的詞彙）、快到令人驚訝的○○、快速地○○

150　**不論幾次都○○**

有效的運用方法　用於「不論幾次都可以很輕鬆地完成」的意思。與表達希望的詞彙組合，更能強調其程度。

【例】 ▸ **不論幾次都覺得很有趣的度假小島**
　　　 ▸ **不論幾次都還想再訪的住宿點**
　　　 ▸ **不論幾次都吃不膩的好味道**

近似詞 ➡ 不論幾次都可以○○、好幾次都○○、不論幾次都會○○

151　**睡覺時○○**

有效的運用方法　「可於睡覺時進行」的意思。強調什麼都不用多做，就可以達成的輕鬆程度。

【例】 ▸ **睡覺時滲透至肌膚的○○**
　　　 ▸ **睡覺時在體中燃燒○○**
　　　 ▸ **睡覺時注入活力的○○**

近似詞 ➡ 早上起床就會○○、睡覺時就能○○、睡一覺就會○○

152　**第一次的○○**

有效的運用方法　為了給予顧客輕鬆的印象，表現時帶有「即使第一次也沒關係」的意思。

【例】 ▸ **第一次的海外旅行！所以安心○○（交給我們）**
　　　 ▸ **第一次進行美容美體課程，也不用擔心！**
　　　 ▸ **從頭開始認識！第一次的賽馬**

近似詞 ➡ 即使是第一次的人也○○、即使是第一次也○○、因為是第一次所以
　　　　○○

153　便利○○

有效的運用方法　「某項事物非常輕鬆地就可以完成」的意思。藉此強調便利性。

【例】▶ 海外旅行便利手冊
　　　▶ 只有防災便利商品才是必需品！
　　　▶ 即時料理便利商品全都聚集在此！

近似詞 ➡ 好用的○○、重要的○○、機靈的○○

154　每天○○

有效的運用方法　為了給予顧客「更日常且輕鬆的印象」，所以表現出「每天都這樣」。與每天都能開心進行的詞彙組合，會更易於表達。

【例】▶ 只要有○○，就能舒適每一天！
　　　▶ 每天都享有日式料亭的氣氛！餐桌大改造！
　　　▶ 每天都像是住在溫泉旅館裡！直接使用各地溫泉成分調配！

近似詞 ➡ 每天持續○○、每天都一直○○、一如往常○○

155　三天捕魚、五天曬網也沒關係

有效的運用方法　使用「三天捕魚、五天曬網」這種詞彙表達出一種厭煩感，反而可以帶出「即使是容易厭煩的人，也會長期使用的簡單程度」。

【例】▶ 三天捕魚五天曬網也沒關係！只要踏出最初那一步
　　　▶ 三天捕魚五天曬網也沒關係！每天早晨一粒，輕輕鬆鬆！
　　　▶ 只要有洗澡就行，三天捕魚五天曬網也沒關係！

近似詞 ➡ 容易覺得厭煩也沒關係！、覺得厭煩也OK、長期持續○○

156　快速變／擁有／成為○○

有效的運用方法　給予顧客「什麼都不用多說，就算置之不理，也能產生變化」的印象，藉此強調輕鬆簡單。

【例】▶ 快速變纖細！驚人的減重方法
　　　▶ 能更快速擁有女性魅力的秋天風格大衣

> ▶ 你看！快速成為裸肌美人的○○

近似詞 ➡ 瞬間變成○○、只要注意，就會變成○○

157　**不用遷就○○**

有效的運用方法　對於一些在意的事情，表現出「因為不需要勉強自己，所以很輕鬆」的感覺。

【例】　▶ 不用遷就工作，先把基礎打好！

　　　　▶ 不用遷就家計，我們有分期付款制度，方便你還款！

　　　　▶ 不用遷就，帶著孩子也能輕鬆參加

近似詞 ➡ 自然成形、自然而然地○○、理所當然地○○

158　**輕鬆○○**

有效的運用方法　展現出「某項行動可以輕鬆完成」。與一些可以顯示行動或是動作的詞彙搭配使用會更有效果。

【例】　▶ 輕鬆申請！一通電話就完成

　　　　▶ 即使是對機械很棘手的女性朋友也能輕鬆組裝！

　　　　▶ 想要改變擺設時也能單手輕鬆移動！

近似詞 ➡ 輕輕鬆鬆○○、開開心心○○、輕鬆愉快○○、無所顧慮○○

159　**彷彿身處自己家的○○**

有效的運用方法　「自己家」這個詞彙，可以給予顧客一種放鬆的印象，傳達出更舒適的感覺。

【例】　▶ 彷彿身處自己家的居家款待

　　　　▶ 彷彿身處自己家的料理教室

　　　　▶ 彷彿身處自己家的理想展示屋

近似詞 ➡ 居家的○○、就像是在自己的房子裡○○、在自己家中就可以○○

A-6　強調信賴感、安心感

　　在決定購買商品或是服務的條件中，往往會包含「信賴感」或是「安心感」。最重要的是如果無法讓顧客感受到信賴或安心，顧客就會在下決定時，把該商品或是服務從選項中剔除。所以必須傳遞出能讓顧客更信賴、更安心的重大價值。

A-6　強調信賴感、安心感

160　〇〇專屬的

有效的運用方法　表現出這些事物是由「值得信賴的人」或是「被公認為一流人士」所使用的意思，藉此提高信賴感。

【例】　▶ 蘆屋名人專屬的正宗茶葉，味道如何？
　　　　▶ 藝人專屬的入浴劑
　　　　▶ 白金夫人專屬的牛奶洗臉皂

近似詞 ➡ 世界知名人士都〇〇、〇〇所使用的、〇〇愛用

161　既然〇〇就要××

有效的運用方法　明確表現出「因為基於這樣的理由，所以想要選擇某個項目」的意思，給予一種安心感。

【例】　▶ 既然一輩子只買一次，就要選擇可信賴的品牌
　　　　▶ 既然要受人矚目，就要選流行的事物
　　　　▶ 既然是紀念日，就要選特別的店

近似詞 ➡ 因為〇〇所以選××、既然這樣，請選擇〇〇

162　大家熟知的〇〇

有效的運用方法　使用「大家熟知〇〇」一詞表現出在某些領域眾所皆知、知名，藉此提高信賴感。

【例】　▶ 在雜誌電視上，大家熟知的超便利料理小工具
　　　　▶ 夢幻甜點中，大家熟知的〇〇
　　　　▶ 提供感動服務且大家熟知的〇〇飯店

近似詞 ➡ 眾人皆知的〇〇、信賴的品牌〇〇、說到〇〇就是

163　○○的證明

有效的運用方法 把「足以顯示顧客信賴與安心感的事物」搭配組合，藉此展現出安心的保證。

【例】 ▶ 長期持續信賴的證明○○

　　　 ▶ 請確認顧客滿意的證明

　　　 ▶ 銷售數量即是顧客愛用的證明

近似詞 ➡ ○○的證據、○○的證明、真實的○○、信賴的○○

164　讓我幫你○○！

有效的運用方法 直接表現出「想要幫助顧客完成心中所需」的心情，藉此傳遞出一種安心感。

【例】 ▶ 讓我幫你找一個家！

　　　 ▶ 讓我幫你清潔浴室！

　　　 ▶ 讓我幫你做出一道不輸專家的義大利麵！

近似詞 ➡ 想成為○○的力量、○○交給我、請把○○交給我

165　○○的實績

有效的運用方法 強調具有「可以傳遞出信賴感的具體實績」。

【例】 ▶ 50 年的實績與資歷是真貨的保證

　　　 ▶ ○○領域業績第一！這個數字是值得信賴的實績！

　　　 ▶ 收集來自各方人士的喜悅實績！

近似詞 ➡ ○○的實證、○○的業績、○○的效果、○○的成果

166　長銷型的○○

有效的運用方法 掌握人類心理，不論任何事物「只要持續長銷，就會讓人失敗較少且安心的感覺」。

【例】 ▶ 永存不滅的長銷型商品！不知為何就會想買一個

　　　 ▶ 長銷型的藥用護手霜

　　　 ▶ 職業選手也愛用的長銷型網球鞋

近似詞 ➡ 受到喜愛的○○、長壽商品、迄今依然熱銷

特色

引人注意

強調

人氣

情緒

真實感

賺到

目標

引導

167　○○保證

有效的運用方法 藉由表現出「保證顧客會喜歡」，給予顧客一種安心感。加入一些購買後的保證條件會更有效果。

【例】　▶ 無條件退貨保證！如果不喜歡，請退貨
　　　　▶ 顧客滿意度保證！絕對讓你滿意
　　　　▶ 30 年長期維修保證！大小事都歡迎諮詢

近似詞 ➡ 約定○○、約定○○！、○○掛保證！

168　○○是熱賣的理由

有效的運用方法「直接表現出熱賣的理由」可以傳遞出一種安心感。該熱賣的理由如果能夠符合「顧客正在尋覓的需求」會更有效。

【例】　▶ 良好的材質是熱賣的理由
　　　　▶ 使用方便度是熱賣的理由！
　　　　▶ 顧客實際感受到的居住舒適度是熱賣的理由

近似詞 ➡ ○○是受到熱愛的理由、○○是受到支持的理由

169　持續受到愛用的○○

有效的運用方法 用「持續愛用」這個詞彙來表達「長期真正受到顧客選擇的證據」，能夠藉此產生信任感。

【例】　▶ 持續受到愛用，將近 10 年
　　　　▶ 持續受到顧客愛用，品質是關鍵
　　　　▶ 世界各地名人迄今依然愛用的巧克力

近似詞 ➡ 持續熱賣的○○、持續受到支持的○○、持續受到熱愛的○○

170　只要一通電話○○

有效的運用方法 表現出「會立刻趕至、立刻因應」等的形象。藉此強調安心感。

【例】　▶ 只要一通電話，30 分鐘內抵達！
　　　　▶ 申請簡單！只要一通電話即可下單
　　　　▶ 換修只要一通電話

近似詞 ➡ 只要一張傳真○○、一通電話就○○、撥通電話就○○

171 比較後，要選就選○○

有效的運用方法 確實傳遞出「仔細比較各種狀況後選擇了這個」的信賴感。

【例】 ▶ 比較後，要選就選這個！

　　　 ▶ 仔細比較後的重點是，要選就選寬敞度

　　　 ▶ 比較後決定了！要選就選這間房子！

近似詞 ➡ 仔細選擇的話○○、最後選擇的是○○、比較後的話○○

172 敬請放心

有效的運用方法 直接表達出「放心」，再列舉出「可以讓人放心的依據與理由」，藉此產生信任。

【例】 ▶ 敬請放心！連接日本全國的網絡！

　　　 ▶ 敬請放心！24小時皆有線上專業客服人員服務

　　　 ▶ 長期保證，敬請放心

近似詞 ➡ ○○就安心、安心的○○、安心的保證、因應○○

173 實力派的○○

有效的運用方法 藉由「在某些領域有實力」的表現，產生信賴感。再加上「能夠展現實力的具體條件」會更有效果。

【例】 ▶ 由海外公認的實力派料理長一展長才

　　　 ▶ 讓人想再次到訪的住宿地點，實力派的○○

　　　 ▶ 實力派的滲透成分能夠深入肌膚底層

近似詞 ➡ 有專業能力的○○、有力量的○○、有實績○○

174 一輩子的○○

有效的運用方法 為了傳達出「持續一輩子的長期信用」，因而表現為「一輩子的○○」。

【例】 ▶ 保證可以讓你充實一輩子

　　　 ▶ 想要擁有可以住一輩子的舒適空間

　　　 ▶ 學會可以用一輩子的真正英語能力

近似詞 ➡ 可以用一輩子的○○、生涯的○○、伴你一生的○○

175　世界公認的○○

有效的運用方法 展現出「受到世界認可的」的意思。強調了強烈的信任感。

【例】 ▶ 世界公認的高品質○○
　　　 ▶ 世界公認的美味！
　　　 ▶ 世界公認的美景

近似詞 ➡ 世界認可的○○、把全世界當做○○對象、在世界大顯身手○○

176　由專業人員○○

有效的運用方法 明確表現出「有專業人員存在，或是由專業人員因應」藉此傳遞出安心感。

【例】 ▶ 由專業人員說明
　　　 ▶ 由專業人員回答顧客的詢問
　　　 ▶ 由專業人員擔任設計

近似詞 ➡ 由專業人員進行○○、由客服部人員○○

177　確實有感

有效的運用方法 直接表現出「可以用身體確實感受到的真實感」，藉此更能提高信賴感。

【例】 ▶ 隔天早晨醒來，確實有感！
　　　 ▶ 確實有感，讓人超開心！
　　　 ▶ 重要時刻的那份安心，讓人確實有感！

近似詞 ➡ 證明○○的實感、可以實際感受到○○、實感○○！

178　地方關係密切的○○

有效的運用方法 如詞彙所示，傳遞出一種「該事物已深根於該地區」的意思，藉此提高安心感。

【例】 ▶ 地方關係密切的支援制度
　　　 ▶ 讓人欣喜的地方關係密切型服務
　　　 ▶ 地方關係密切的企業，備受信賴！

近似詞 ➡ 地方的○○、直接○○、地方超人氣的○○

179　強力支援

有效的運用方法 在無微不至的支援上，增加「強力」一詞，更能傳遞出安心感。

【例】 ▶ 即使是些微小事也會給予強力支援
　　　 ▶ 專業人員會給你強力支援！
　　　 ▶ 能夠給予強力支援，是本公司的魅力所在

近似詞 ➡ 整體協助、無微不至的支援、○○的機動力

180　屹立不搖的人氣

有效的運用方法 表達出「人氣一直不墜」的意思。藉此排除對於「選擇對象事物的不安」。

【例】 ▶ 在當地屹立不搖的人氣豆腐店
　　　 ▶ 集結屹立不搖的人氣商品！
　　　 ▶ 屹立不搖的人氣！是值得選用的好理由！

近似詞 ➡ ○○龐大的支持、○○不變的支持、○○不變的信任

181　賭上自尊與榮譽

有效的運用方法 顯示出「賭上自尊與榮譽來挑戰」的強烈意志，藉此給予顧客信賴感。

【例】 ▶ 賭上自尊與榮譽，持續作戰
　　　 ▶ 賭上自尊與榮譽，不斷挑戰居家設計！
　　　 ▶ 賭上自尊與榮譽！持續守護這個味道

近似詞 ➡ 對○○的挑戰、賭上尊嚴○○、有自信地○○

182　○○滿意度宣言

有效的運用方法 擁有「能讓顧客滿意的內涵」，藉由明確的表現，提高信賴感。

【例】 ▶ 滿意度100%宣言！一定讓你滿意！
　　　 ▶ 舒眠滿意度宣言！○○給你熟睡的環境
　　　 ▶ 顧客滿意度倍增宣言！

近似詞 ➡ ○○全都是為了顧客、○○主義、○○滿意保證

特色
引人注意
強調
人氣
情緒
真實感
賺到
目標
引導

183　請看清楚

有效的運用方法　「只要有所比較就能實際感受到該事物的美好」，因此可以很有自信地告訴顧客「希望你看清楚」，藉此帶出安心感。

【例】　▶ 購買之前，請確實看清楚！
　　　　▶ 請看清楚！這種肌膚觸感差異所代表的意思
　　　　▶ 請看清楚！室內寬廣度與整體的平衡感

近似詞 ➡ 真的○○、請比較看看、請比對看看

184　行家嚴選○○

有效的運用方法　運用「行家」一詞，表示「這是已經由該領域當中，得以判斷真偽優劣的人士所嚴選出的事物」，藉此提高信賴感。

【例】　▶ 行家嚴選，適合請客的餐廳
　　　　▶ 行家嚴選，正宗的沖繩料理餐廳
　　　　▶ 行家嚴選，對身體最有效的○○

近似詞 ➡ 準沒錯的○○、絕不失敗的○○、專家嚴選的○○

Ⓑ【引人注意】 讓眼前的顧客注意到你

不論顧客本身是否「已經注意到」或是「沒有注意到」自己的欲望或是需求（必要的事物），都要給予顧客能夠「察覺」自己心中的契機。

　　顧客會明確區分對自己而言，「有意義的資訊」以及「沒有意義的資訊」。該資訊的分類行動有時會在有意識下進行，也可能會在無意識下進行。顧客只會從這兩種資訊中，汲取對自己而言最有意義的資訊。

　　在銷售情境下，最重要的是必須提供眼前顧客有意義的資訊，並且引起顧客注意。能夠讓顧客注意到的方法有：單純告知事物的價值／刺激顧客心中的欲望與不安等手法。再者，甚至還有一些可以讓顧客思考混亂的方法。

　　本章節從引起顧客注意、引發顧客興趣為切入點，準備「喚醒、引人注意」、「運用第三方的意見、顧客的評價」、「刺激欲望、快感、願望」、「運用不滿、不安的條件」、「刺激求知慾、知識好奇心」、「運用反話表現」的關鍵金句。期望各位讀者妥善運用本章節所介紹的關鍵金句，並且讓顧客察覺到這些資訊都是有意義的事物。

B-1 喚醒、引人注意

　　顧客可能「沒有發現商品的存在」，或者「其實已經注意到該商品，但是沒有發現該商品的必要性」。這時必須直接喚醒顧客、讓顧客注意，讓顧客感受到該商品的必要性，或是讓顧客回想那些遺忘的資訊，即可提升顧客對該商品的關注度。

B-1　喚醒、引人注意

185　○○變成××時

有效的運用方法 將一些令人在意的條件表現為「可以讓顧客想像出某個不安的狀況」。該狀況越貼近自己的生活，衝擊性就越強。

【例】 ▶ 夏季裸肌發出哀號時
　　　 ▶ 我們的孩子上小學時，有些事情並不是不知道就沒事
　　　 ▶ 在意口臭問題時，○○可能會是原因

近似詞 ➡ ○○成為××的話、變成○○時、變成○○了嗎？

186　一定會有○○

有效的運用方法 藉由想要的東西一定會出現的「斷定表現」，提高衝擊性、吸引顧客的目光。

【例】 ▶ 那裡一定會有幸福！
　　　 ▶ 孩子一定會有笑容的！
　　　 ▶ 一定有你要找的東西！

近似詞 ➡ ○○在這裡、○○會變成這樣！、○○一定會變成這樣

187　○○大幅提升／改善

有效的運用方法 對於想要變好的事物表現出一種「幅度很大且急速變好」的印象，藉此吸引顧客的目光。

【例】 ▶ 集中力大幅提升！
　　　 ▶ 肌膚彈力大幅提升！
　　　 ▶ 可以實際感受到○○腸胃狀況大幅改善！

近似詞 ➡ ○○不斷地改善、快速成為○○

188　○○**很重要**

有效的運用方法　將重要的條件用簡短的詞彙表達出來，反而會更加醒目，藉此強力傳達出「該項條件其實很重要」的訊息。

【例】　▶ 起點很重要！從基礎開始○○

　　　　▶ 每天的保養很重要，所以希望你從明天就要開始！

　　　　▶ 鈣質很重要！輕鬆彌補不足，只需這個！

近似詞 ➡ ○○是重點、相信○○、○○很珍貴

189　**問問○○**

有效的運用方法　發出「詢問、或是被問」這種提問式的訊息。讓顧客打從心裡開始在意。

【例】　▶ 問問生活有多困難，因為我們還得度過漫長的時間

　　　　▶ 問問是否容易理解！○○的選擇是很複雜的……

　　　　▶ 問問這樣的安心感！在 24 小時營業制度下○○

近似詞 ➡ 詢問○○、○○的明暗、會變得如何呢？○○

190　○○**就能夠左右未來**

有效的運用方法　「這件事物能夠影響接下來發生的事情」，藉由明確表示出這種方向性，引發顧客興趣。

【例】　▶ 每天早上一杯，就能夠左右未來！

　　　　▶ 牙刷就能夠左右未來

　　　　▶ 按摩臉部就能夠左右未來！藉由每天的保養讓○○甦醒

近似詞 ➡ ○○就從××開始、○○決定未來！

191　○○**了就懂**

有效的運用方法　給予顧客「因為做了某個行動，所以出現可以接受的結果」的印象，讓顧客對該行動產生興趣。

【例】　▶ 試乘就懂！不搭搭看，不會知道○○

　　　　▶ 吃了就懂！真正美味的博多拉麵就是○○

　　　　▶ 用了就懂！擦在肌膚上的感覺，與過去完全不同！

近似詞 ➡ ○○超滿足！、用○○輕鬆取勝！、○○的實際感受、感謝○○！

特色

引人注意

強調

人氣

情緒

真實感

賺到

目標

引導

192　○○的人與不○○的人

有效的運用方法　明確表示做某項行為的人與不做某項行為的人之間，會有很大的差異，讓顧客注意到該行為本身。

【例】　▶ 結婚的人與不結婚的人，差在哪裡呢？
　　　　▶ 會英語的人與不會說英語的人，差異就在這裡！
　　　　▶ 讀書的人與不讀書的人。你是哪一種？

近似詞 ➡ ○○（動作）嗎？還是？、○○（動作）還是不做？

193　○○就好了嘛！

有效的運用方法　對於一些「還在猶豫」是否要進行該行為的人，用「若無其事的表現」呼籲他們展開行動。

【例】　▶ 試試就好了嘛！一週只要一次○○
　　　　▶ 比較一下就好了嘛！那裡有很多的○○資訊
　　　　▶ 去看看就好了嘛！那裡的樂趣是○○

近似詞 ➡ ○○比較好唷、○○會很好唷

194　目標零○○

有效的運用方法　藉由「讓在意的事情消失，或是減少」這種淺顯易懂的表現，吸引在意者的關注。

【例】　▶ 目標零中性脂肪！從每天的飲食生活進行根本的○○
　　　　▶ 目標肌膚零暗沉！女人從 30 歲開始的○○
　　　　▶ 目標零落髮！賦予頭髮活力

近似詞 ➡ 不需要○○！、似乎可以減少○○、似乎可以消除○○

195　○○，是真的嗎？

有效的運用方法　拋出「直接與特色綁在一起的問題」，藉此吸引顧客注意，問完該問題後，再引導出「我們想要提出的解決因應對策」。

【例】　▶ 會忘記時間，是真的嗎？舒服度日的方法○○
　　　　▶ 低熱量，是真的嗎？明明是糕點，但食材卻是○○
　　　　▶ 能夠看到富士山，是真的嗎？感動的晨昏景色都讓人印象深刻

近似詞 ➡ ○○是真的？、為何會變成○○？、真的○○嗎？

196　似乎可以在○○時大顯身手

有效的運用方法　表現出「或許會想在某種情況下露一手」的訊息，讓顧客在腦海中浮現出自己可以在該狀況下大顯身手的情境。

【例】　▶ 似乎可以在露營時大顯身手！可以摺疊到很小的便利○○

　　　　▶ 似乎可以在澡堂內大顯身手。令人欣喜的光線放鬆效果○○

　　　　▶ 似乎可以在夏季的辦公室大顯身手！腳底禦寒因應對策中的○○

近似詞 ➡ 用○○最有用、想在○○受到重視、○○就很方便

197　○○決定一切

有效的運用方法　對於還在猶豫的顧客提出可以讓他們下定決心的「關鍵決定性」事物，讓顧客注意。

【例】　▶ 紅色熱情決定一切！這就是今年秋天的顏色

　　　　▶ 美味決定一切！令人著迷的味道

　　　　▶ 氣氛決定一切！讓女友陶醉

近似詞 ➡ 用○○決定！、帥氣的○○、自我磨練○○

198　用○○拚輸贏

有效的運用方法　運用「輸贏」一詞，讓某個條件更加醒目，帶給顧客一種「想贏的勇氣或契機」。

【例】　▶ 用空間寬廣度拚輸贏！即使人很多，也都能來這裡放鬆

　　　　▶ 用熱度拚輸贏！當今最熱門的品項皆聚集在此

　　　　▶ 用外在肌膚拚輸贏！不需要猶豫！

近似詞 ➡ 用○○挑戰、用○○征服、用○○來競爭

199　○○可以嗎？

有效的運用方法　把一些會讓顧客感到不安的條件搭配組合後，直接提出質疑，吸引顧客去關注那些原本沒注意到的事情。

【例】　▶ 雙下巴可以嗎？想減重現在還來得及○○

　　　　▶ 這麼輕量可以嗎？主體輕量但是很耐用的○○

　　　　▶ 帶小孩來可以嗎？這裡有許多全家人都可以一起放鬆的設施

近似詞 ➡ ○○也沒關係嗎？、你的○○還好嗎？、有○○的必要嗎？

200　○○**必問的××**

有效的運用方法 藉由「聚焦在某些領域的問題」，喚醒當事人的「問題意識」，讓關鍵點更加醒目。

【例】　▶ 選擇住宅必問的節能因應對策！
　　　　▶ 暑假必問的家中自學法是？
　　　　▶ 學習製作糕點必問的基本技巧！

近似詞 ➡ 在○○所追求的××、詢問○○、在○○必要的××

201　**如果覺得○○**

有效的運用方法 藉由讓原本刻畫在心中的願望或是不滿等浮現出來的表現，讓顧客感到在意或是對解決方法有興趣。

【例】　▶ 如果覺得難以消除疲勞，就要從體內開始改善
　　　　▶ 如果覺得想要安靜地度過，就要來這遠離塵世的○○
　　　　▶ 如果覺得厭倦了普通的步調，就找一間帶有娛樂感的餐廳

近似詞 ➡ 想要○○的話、如果○○就××、○○的事實

202　**不要先入為主覺得○○！**

有效的運用方法 基於某些理由，針對「放棄、被舊有觀念束縛住的人」，給他們再次思考機會的表現。

【例】　▶ 不要先入為主覺得自己趕不上！現在開始還來得及○○
　　　　▶ 不要先入為主覺得自己無法穿短版衣服！一切取決於搭配○○
　　　　▶ 不要先入為主覺得不可能帶孩子來！這裡的遊戲空間相當完善

近似詞 ➡ 還可以○○、要不要再○○一次呢？

203　**只要有○○就沒問題了**

有效的運用方法 表現出解決問題的因應對策，給顧客一種可以從原本在意的不安條件中解放出來的印象。

【例】　▶ 只要有○○修車服務就沒問題了！車子的事就交給○○
　　　　▶ 只要有一間大自然風的小屋就沒問題了！透過野外體驗學習○○
　　　　▶ 只要有○○旅行社就沒問題了！從惱人的護照申請到○○為止

近似詞 ➡ 值得信賴的○○、感謝○○、有○○就OK！

204　全都交給○○

有效的運用方法　針對在某些領域的相關知識或資訊較少者，表現出一種「交給專家比較正確」的形象。

【例】▶ 住宿期間的大小事情，全都交給客服部人員
　　　▶ 全都交給家具規畫師！從使用方法到材質的專業知識都○○
　　　▶ 全都交給講師！初學者也不用擔心的○○

近似詞 ➡ 由○○承接、請依賴我們（請對我們任性）、將××託付給○○

205　你會覺得○○嗎？

有效的運用方法　不論是否有意識，針對某項條件，「詢問會不會有什麼感覺」，即可讓顧客在有意識下特別注意。

【例】▶ 你會覺得肌膚乾燥嗎？ 30 歲開始○○
　　　▶ 你會覺得開車時腰痛？附有正宗溫泉設備的○○
　　　▶ 你會覺得足部浮腫嗎？站立工作造成的○○

近似詞 ➡ ○○怎麼樣呢？、如果○○要怎麼辦呢？、不覺得該○○嗎？

206　對○○有興趣嗎？

有效的運用方法　藉由詢問是否對某些事物有興趣或是關心，引起顧客注意。利用人們在被詢問的瞬間開始思考的心理。

【例】▶ 對奢華旅行有興趣嗎？偶爾來點輕名媛氣氛的○○
　　　▶ 對手工製木屋有興趣嗎？
　　　▶ 對減重有興趣嗎？

近似詞 ➡ 你知道○○嗎？、○○怎麼樣呢？、有沒有被○○撩撥到呢？

207　不要變成○○！

有效的運用方法　強烈表現出不想變成某種狀況的意志，對那些會感到在意的顧客洗腦。

【例】▶ 不要變成大媽！身心都煥然一新的○○
　　　▶ 今年不要變黑！不會曬黑的○○
　　　▶ 不要再不安了！去除那些會讓人不安的○○

近似詞 ➡ 不要被○○騙了！、討厭○○！、○○不行！

208 ○○是有理由的

有效的運用方法 表現出該事物所擁有的「特色有相當重大的存在理由」，藉此吸引顧客的目光。

【例】 ▶ 價格雖高，但是是有理由的！搭配三大特殊成分

▶ 雖然口感較苦，但是是有理由的！綠黃色蔬菜的營養

▶ 最棒的香氣是有理由的！因為我們嚴選原料

近似詞 ➡ ○○是有價值的、○○的高價值、有價值的○○

209 ○○特別通知

有效的運用方法 直接表現出想讓顧客知道的事實，先聚集目光，再引導顧客去看「我們想要告知的內容」。

【例】 ▶ 緊急特別通知！必須仔細確認的內容是○○

▶ 划算商品特別通知！此價格不容錯過

▶ 新品特別通知！熱騰騰剛進貨的○○

近似詞 ➡ ○○的資訊、○○的通知、○○的引導、○○的報告、○○報告

210 ○○都××

有效的運用方法 把「理想的事物與某些事物有很深的關係」這件事情單純地用詞彙表示，藉此吸引顧客的目光。

【例】 ▶ 成功女性都愛用！善用小工具

▶ 人氣店家都很堅持！食材好才是美味的○○

▶ 苗條的身材都會一直燃燒！從體內開始燃燒的○○

近似詞 ➡ 用○○××生活、運用○○就會××

211 ○○就趁現在！

有效的運用方法 藉由「顯示行動的詞彙」以及會讓人意識到「現在」是一個絕佳時機的感覺，讓顧客在意並且提供做出該行為的契機。

【例】 ▶ 要試就趁現在！住了才會知道○○

▶ 想要療癒就趁現在！下定決心才能○○

▶ 想修復就趁現在！讓受損的秀髮○○

近似詞 ➡ ○○Start、現在我能做的事情就是○○、你也快點來○○吧！

212 ○○就在這裡

有效的運用方法 表現出「理想的事物或是想要探尋的事物就存在於此」的意思，藉此聚集顧客目光。

【例】 ▶ 理想的居住環境就在這裡，從構思到設計○○
　　　 ▶ 療癒的名湯就在這裡，在深山處靜謐地○○
　　　 ▶ 合格的祕訣就在這裡！由達人偷偷傳授

近似詞 ➡ 重點這裡就是！、○○的祕訣是、○○的訣竅是

213 ○○會變得如何呢？

有效的運用方法 拋出一個「讓人必須去預測未來」的問題，讓顧客意識到接下來的狀況。

【例】 ▶ 新鮮牛奶會變得如何呢？要考量的是新鮮度管理的○○
　　　 ▶ 30 歲才結婚會變得如何呢？接下來要○○年齡的差距
　　　 ▶ 大型液晶面板會變得如何呢？畫面鮮明度是○○

近似詞 ➡ 該怎麼辦？、接下來會變成什麼模樣？、○○的未來是？

214 對○○充滿著不安

有效的運用方法 直接強調容易讓人感到不安的條件，讓顧客有機會思考這些其實很貼近自己。

【例】 ▶ 對單獨海外旅行這件事情充滿著不安，所以就要○○
　　　 ▶ 對開車這件事情充滿著不安，緊急時期的備用○○
　　　 ▶ 對換工作這件事情充滿著不安，由專業諮詢師○○

近似詞 ➡ 滿是不安的○○、被瞄準的○○、無法安心的○○

215 ○○要特別注意

有效的運用方法 藉由呼籲「要特別注意」的表現，讓顧客感到在意，再引出解決方法或是說明。

【例】 ▶ 即使沒有濕氣也要特別注意！尤其是墊子下方看不到的地方○○
　　　 ▶ 要特別注意肌膚乾燥問題！空氣乾燥造成的影響是○○
　　　 ▶ 要特別注意蚊蟲叮咬問題！皮膚露出部位較多的夏季

近似詞 ➡ 注意○○！、警告○○、要考量○○、要顧慮一下○○

特色
引人注意
強調
人氣
情緒
真實感
賺到
目標
引導

216　為○○加油

有效的運用方法　表現出想要協助顧客的心情，讓顧客心中有一種得到支援、覺得很欣喜的感覺，進而吸引顧客注意。

【例】　▸ 為冬天被凍僵的身體加油！從體內暖和起來
　　　　▸ 為工作中的女性朋友加油。短時間就足夠○○
　　　　▸ 為早晨的餐桌加油！身體必要的營養就是○○

近似詞 ➡ 幫助○○、協助○○、伸出援手○○

217　讓我們一起○○

有效的運用方法　將「讓一群人共享相同感覺」這件事情，用「一起」這種輕鬆的方式吆喝顧客。

【例】　▸ 讓我們一起回憶，那美好的遇見與時光
　　　　▸ 讓我們一起舉辦感動的婚禮！給你專業級演出
　　　　▸ 讓我們一起進入那奇幻的世界，偶爾要放開胸懷

近似詞 ➡ 一起○○、一同○○吧、一齊○○！

218　↓（箭頭）

有效的運用方法　「利用↓（箭頭）或是記號」在文章中做出變化，藉此吸引顧客注意並且引導他們去看。用手寫的方式也會很有效果。

【例】　▸ 接下來，→是重點！
　　　　▸ 應該選擇哪一個？→→→比較設計的自由度
　　　　▸ 申請手續就是這麼簡單↓↓↓！

近似詞 ➡ ★（星號）、○（圈）、◎（雙圈）

219　不需要放棄

有效的運用方法　用「不需要放棄」這個詞彙來呼籲，可以引起顧客注意，之後再提出「從現在開始還可以再做些什麼的內容」。

【例】　▸ 不需要放棄！從幾歲開始都可以
　　　　▸ 不需要放棄！可以依照你期望的支付方法○○
　　　　▸ 不需要放棄！不擅長運動的人也可以○○

近似詞 ➡ 還可以的、不用放棄也可以的、別放棄○○

220　啊！○○

有效的運用方法　在文章開頭使用「驚訝時會從嘴巴發出的一些聲音詞彙」，後面再接續「可以表現感情的部分」，藉此吸引顧客的目光。

【例】　▶ 啊！傳言是真的啊！

　　　　　▶ 啊！竟然這麼簡單！

　　　　　▶ 啊，好舒服！從這種感覺開始

近似詞 ➡ 欸、嗚、咦、喔、哦、啥、哈、哇

221　有的話就好了，○○

有效的運用方法　用「有的話就好了」這種詞彙來呼籲，後續連接「可以實現願望的或是想要的事物」，藉此引發顧客的興趣。

【例】　▶ 有的話就好了，在那樣的家庭裡，不論說什麼都會有人回應

　　　　　▶ 有的話就好了，冬季美食吃到飽！撐到超滿足

　　　　　▶ 有的話就好了，不裝模作樣的優良店家，可以讓人敞開心房好好玩樂的○○

近似詞 ➡ 有的話就太好了○○、想要的○○、有○○就好了

222　你會是哪一種人呢？

有效的運用方法　將顧客心中考慮的問題從「東西的良莠」引導成「對喜好等的選擇判斷」。當顧客被詢問時，往往會回答出我們所期望的答案。

【例】　▶ 你會是哪一種人呢？葡萄酒族？還是燒酒族？哪一種比較好呢？

　　　　　▶ 如果要購屋，你會是哪一種人呢？獨棟？還是公寓？

　　　　　▶ 夏天準備去旅行時，你會是哪一種人呢？海邊還是山上？

近似詞 ➡ 會選哪一個呢？、哪一個比較好呢？、哪個好呢？

223　為非常時期做的○○

有效的運用方法　讓「非常時期」的畫面出現在顧客腦海裡，使其注意到該事物的「必要性」。

【例】　▶ 為非常時期做的準備，等到木已成舟就來不及了

　　　　　▶ 為非常時期培育出的鑑識方法，一些簡單的確認重點

　　　　　▶ 為非常時期實施 6 個月的檢查！

近似詞 ➡ 非常時期的○○！、○○不得不注意、○○就安心了

224　絕不後悔的○○

有效的運用方法　表現時利用「人類基本上不希望失敗或是後悔」的心理，更能吸引顧客注意。

【例】　▶ 絕不後悔的家電選擇密技○○
　　　　▶ 絕不後悔的一件物品，就選這只手表
　　　　▶ 絕不後悔的新年禮盒，絕不失敗的精選○○

近似詞 ➡ ○○（動作）真是太好了、○○不後悔！、○○準沒錯

225　為了○○的笑容

有效的運用方法　讓顧客想像「較弱勢者的笑容」，再導入一些情緒，給予顧客一個「想為那個對象付諸行動」的契機。

【例】　▶ 為了孩子的笑容，這是我們現在應該做的
　　　　▶ 為了情人的笑容！義無反顧地開始○○
　　　　▶ 為了那吃得很滿足的笑容，媽媽會努力的！那樣美好的○○

近似詞 ➡ 為了○○的幸福、為了○○的喜悅、想看到面帶笑容的○○

226　這就是○○

有效的運用方法　藉由「斷定的表現」吸引顧客注意，強調原本想要傳遞的內容。搭配簡短的詞彙，更能產生爽快俐落的效果。

【例】　▶ 這就是口感！酥脆口感讓人上癮
　　　　▶ 這就是絕景！一見難忘的風景
　　　　▶ 這就是霜降！因為是夢幻等級的松阪牛

近似詞 ➡ 果然是○○、一定是○○、完全就是○○、除此之外再也沒有！

227　既然有機會○○

有效的運用方法　表現出「反正都要行動，那就這樣比較好唷」的提議。引導顧客進行有目的性的行動。

【例】　▶ 既然有機會就試試吧！不親身感受就不知道
　　　　▶ 既然有機會就吃一口看看吧！入口即化的口感
　　　　▶ 既然有機會就想要有質感的生活！清新俐落的設計○○

近似詞 ➡ 如何？要不要○○？、既然都要那就○○、不用考慮太多就○○

228　步步逼近的○○

有效的運用方法 藉由表現「有些狀況逼近中」，傳遞出一種緊迫感，給予顧客進入下一個行動的契機。

【例】　▶ 步步逼近的新制度！舊制度近期將截止
　　　　▶ 截止日期步步逼近！現在還來得及，所以○○
　　　　▶ 步步逼近的夏季燦爛陽光！從現在開始打造不會曬黑的肌膚

近似詞 ➡ 馬上就到了○○、迫近中○○、會達到○○地步

229　糟糕！○○了！

有效的運用方法 強調即將「發生很嚴重的事情」，藉此吸引顧客注意。並且在文章後方加入「因應對策」等，會更有效果。

【例】　▶ 糟糕！快要關門了！在那之前一定要去一趟
　　　　▶ 糟糕！皮膚變得乾巴巴的！週末要集中保養
　　　　▶ 糟糕！好心動呀！令人憧憬的讀者模特兒○○

近似詞 ➡ 大事件！、○○讓人心驚肉跳、危險啊！就要○○了（負面狀況）

230　當然會○○

有效的運用方法 藉由「之所以選擇某項東西，其實是有理由的」，展現出最後的結論，並且引導顧客對該理由表現出關心。

【例】　▶ 當然會接受！這種美味與價格！
　　　　▶ 當然會要選這個！經過各種比較，果然還是○○
　　　　▶ 當然會是鑽石最好！因為要陪伴你長長久久，所以○○

近似詞 ➡ 也就是說○○、原來如此○○、基於那樣的理由○○、理由是○○

231　你知道正確的○○方法嗎？

有效的運用方法 藉由詢問「如果想做某件事，你知道正確方法或是技巧嗎？」引起顧客興趣。再與有利、划算的資訊連結就會很有效果。

【例】　▶ 你知道正確的義大利麵料理方法嗎？聞所未聞的○○
　　　　▶ 你知道正確的「洋蔥式」穿法？不知道的話，損失可大了○○
　　　　▶ 你知道正確的演講方法嗎？零失敗的○○

近似詞 ➡ 知道○○的正確答案嗎？、知道正確的○○嗎？

特色
引人注意
強調
人氣
情緒
真實感
賺到
目標
引導

232　因為是○○的東西嘛

有效的運用方法　用一種溫柔又撒嬌的方式表現出該物品的「特色」，即可在展現真實風味的同時強調情感。

【例】　▸ 因為是很甜的東西嘛！令人驚豔的新鮮度○○
　　　　▸ 因為是很好用的東西嘛！操作性是選擇重點
　　　　▸ 因為不挑地點嘛！所以很好整理

近似詞 ➡ 是○○的東西、不就是因為○○嘛、○○所以沒辦法

233　好用○○

有效的運用方法　用「好用」一詞強調該事物的價值，並且呼籲顧客。後方可以接續一些價值相關的說明來引導顧客。

【例】　▸ 好用的廚房小工具！有了它就很方便○○
　　　　▸ 好用！可以隨身攜帶，所以不須在意場合問題的○○
　　　　▸ 好用！梅雨時可因應潮濕問題的超強物品！

近似詞 ➡ 可行的○○、有用的○○、有幫助的○○、優秀的○○

234　終於完成○○

有效的運用方法　給予顧客「期待已久的事物終於完成了呀！」的印象，引發顧客的期待感。

【例】　▸ 終於完成的新滋味！把當季水果放入○○沖繩炒飯內
　　　　▸ 獨立露天溫泉終於完成！可以盡情享受溫泉樂趣
　　　　▸ ○○終於完成！今年的白米量終於解禁！

近似詞 ➡ ○○準備好了、○○完成了、○○完工

235　為何無法○○呢？

有效的運用方法　對於那些「想做卻一直辦不到」的事物，提出「為什麼不能呢？」的疑問，藉此引導顧客對達成目的之必要事物或是提出解決方法的興趣。

【例】　▸ 為何無法結婚呢？男人結不了婚的 5 大通用○○
　　　　▸ 為何無法及格呢？考試的必備條件就是○○
　　　　▸ 為何無法信賴呢？因為○○沒有充分的資訊與知識

近似詞 ➡ 為什麼不能○○呢？、為什麼不○○呢？、不○○嗎？

特色

引人注意

強調

人氣

情緒

真實感

賺到

目標

引導

236　你會用什麼標準做選擇呢？

有效的運用方法 拋出「選擇的標準為何？」的詢問，讓顧客有機會認真思考「選擇標準」等問題。

【例】　▶ 你會用什麼標準做選擇呢？避免損失的○○

　　　　▶ 你會用什麼標準做選擇呢？用長遠的眼光來看是划算的○○

　　　　▶ 你會用什麼標準做選擇呢？對敏感肌也很溫和的○○

近似詞 ➡ 用怎樣的標準選擇？、與什麼比較？、你的選擇標準是？

237　就開始吧！○○革命

有效的運用方法 含有「想要展開革命性的、嶄新事物」的意思，呼籲顧客並且給他們一個行動契機。

【例】　▶ 那麼，就開始吧！沐浴革命！洗完就能有驚人的改變○○

　　　　▶ 就開始吧！體質革命！改變做為一切基礎的體質

　　　　▶ 就開始吧！物流革命！使用 IT 技術的高效率配送就是○○

近似詞 ➡ 就開始吧！○○改革、就開始吧！○○變革、就開始吧！○○改良！

238　沒想到○○

有效的運用方法 伴隨著驚訝，表現出「不應該會有那樣的事情」的意思，即可瞬間抓住顧客目光。

【例】　▶ 沒想到竟然這麼好吃！這麼美味的東西就在○○

　　　　▶ 唉，沒想到竟然是疾病……。就別在意繼續進行○○

　　　　▶ 沒想到竟然會做到這種地步。超越感動的盛情款待

近似詞 ➡ 竟然○○、無預期的○○、真不敢相信竟然會○○

239　你還不知道嗎？

有效的運用方法 藉由「還不知道、沒有用過，簡直就是丟臉」的表現，吸引顧客關注。

【例】　▶ 這位媽媽，你還不知道嗎？我們這些小學生正要面臨的是○○

　　　　▶ 咦，你還不知道嗎？正是熱議話題的○○

　　　　▶ 你還不知道嗎？線上動畫體驗型○○

近似詞 ➡ 你不知道？、還沒用過嗎？、還沒做過嗎？

240　還來得及的○○

有效的運用方法　藉由呼籲「現在開始還來得及」，給予顧客安心感，並且連結接下來的行動契機。

【例】　▶ 還來得及的新陳代謝因應對策！別放棄，從今天開始○○
　　　　▶ 還來得及的經營改革！突破業績不振的○○
　　　　▶ 還來得及的意識改革！每天都要放在心上的○○

近似詞 ➡ 現在立刻就想要○○、真希望可以早一點○○、勉強安全上壘

241　試過了嗎？

有效的運用方法　用一種「如果還未體驗過，要不要試試看呢？」的輕鬆提案方式呼喚顧客。

【例】　▶ 試過了嗎？○○大型企業導入實績，信任有保障
　　　　▶ 試過了嗎？寶寶肌膚也適用的○○
　　　　▶ 試過了嗎？試試看就會發現意外地簡單！

近似詞 ➡ 用過了嗎？、吃過了嗎？、買過了嗎？

242　你忘了嗎？

有效的運用方法　藉由直接提問，讓顧客「注意到自己忘了一些事情」，並且察覺到「忘記會造成的危險性」。

【例】　▶ 你忘了嗎？這種時期我們應該要○○
　　　　▶ 你忘了嗎？必須為緊急時刻做準備
　　　　▶ 你忘了這麼重要的事情嗎？想要安居，必須○○

近似詞 ➡ 想起來了嗎？、你不記得了嗎？

B-2　運用第三方的意見、顧客的評價

顧客都希望盡量收集該商品相關的資訊。但無法輕易相信賣方的資訊。因此，運用賣方以外第三方的感想、其他顧客的評價，即可有效提供「想要傳遞給顧客」的資訊。

B-2　運用第三方的意見、顧客的評價

243　○○認證的

有效的運用方法 給予顧客「這是受到知名人士或是在某些領域活躍的特定人士認可的事務」，所以應該是很有價值的印象。

【例】 ▶ 演藝圈人士認證的高級運動俱樂部
　　　 ▶ 世界名人認證的高級品牌皆聚集在此
　　　 ▶ 因為是職業棒球選手認證的整形外科，所以○○

近似詞 ➡ 被視為人氣○○、專業○人推薦、○○公認的、○○認可的

244　經○○認證的××效果

有效的運用方法 藉由表現出「知名人士等的實際感受」，進一步提高信賴感。

【例】 ▶ 添加經政府機關認證的新成分效果
　　　 ▶ 經運動選手認證的營養補給效果○○
　　　 ▶ 經知名補習班講師認證的完全背誦效果○○

近似詞 ➡ ○○效果實證、○○認為有效、實際感受到○○效果

245　做的○○果然××

有效的運用方法 搭配「因為有這樣的原因，所以產生那樣的結果」，並且表現出「使用感想與經驗談」，藉此提高說服力。

【例】 ▶ 花時間製作的東西果然美味！
　　　 ▶ 長時間熟成的東西果然芳醇！完全可以理解○○
　　　 ▶ 集結最新技術的東西果然美麗！

近似詞 ➡ ○○果然就是××、○○的東西果然××

246　○○會注意到的

有效的運用方法　介紹「會受到某些特定人士或是族群矚目的事物」，進一步提升該事物本身所擁有的價值。

【例】　▸ 社會菁英都會注意到的義大利品牌

　　　　▸ 投資家悄悄注意到的新創事業○○

　　　　▸ 家有幼兒的媽媽朋友都會注意到、可以做一些家庭料理的○○

近似詞 ➡ 被○○注意、受到○○的支持、受到○○的關心

247　據說○○

有效的運用方法　將該事物所擁有的特色用「來自第三方評論」的口語辭彙表現出來，藉此強調該事物的特色。

【例】　▸ 據說會比實際年齡看起來更年輕。試用後逐漸有感覺

　　　　▸ 據說清晨時會有舒爽的好心情。清晨的太陽光線與峽谷的○○

　　　　▸ 據說夜景非常棒。滿天星空遼闊的○○

近似詞 ➡ 據說會變成○○、經指出將會○○

248　○○中得知。所期望的××是

有效的運用方法　妥善運用「顧客意見或是調查」，表現為「有證據顯示我們所提供的事物正是顧客所期望的」。

【例】　▸ 從意見調查中得知。○○所期望的旅館是對早餐很講究的

　　　　▸ 從顧客的意見中得知。期望的空間條件是○○

　　　　▸ 透過諮詢的案件中得知。期望的成屋條件

近似詞 ➡ 由○○判斷！必要的是××、因為○○，所以××變得明確

249　○○與××的組合／搭配太棒了！

有效的運用方法　加入情緒，傳遞出「把兩樣事物搭配組合，會產生更高價值」的感覺。

【例】　▸ 水果與糕餅的組合太棒了！意外的口感讓人忍不住食指大動！

　　　　▸ 旅行與冒險的組合太棒了！在南方小島度過○○

　　　　▸ 髮型與妝容的搭配太棒了！站在流行前端的超人氣沙龍

近似詞 ➡ ○○與××最速配！、○○與××最麻吉

特色
引人注意
強調
人氣
情緒
真實感
賺到
目標
引導

250　最後選擇的是○○

有效的運用方法 展現出「這是某人思考到最後做出的選擇」，藉此將顧客目光聚集在該選擇內容上。

【例】 ▶ 最後選擇的是買下附有庭院的獨棟建築，契機是○○
　　　 ▶ 最後選擇的是當個素食主義者！真正了解蔬菜益處的是
　　　 ▶ 最後選擇的是 NO ！回答 NO 的人是○○

近似詞 ➡ 抉擇○○、判斷○○、執意○○

251　與○○差異很大

有效的運用方法 傳遞出一種與其他事物比較起來，彷彿「差異非常之大，連第三方都能感受得到」。

【例】 ▶ 與都會區差異很大！只要往外走出一步，就能盡情感受大自然
　　　 ▶ 與仿製品差異很大！可以實際感受到正版才具有的存在感
　　　 ▶ 與過去的清潔劑差異很大！可以實際感受到潔白程度的差異

近似詞 ➡ 與○○完全不同、與○○有很大的差異、與○○是不同東西

252　○○形象的××

有效的運用方法 表現出「第三方所感受到的印象」。並且引導出具體的理由或是說明。

【例】 ▶ 極致奢華形象的飯店，醞釀出的特殊感
　　　 ▶ 輕快形象的大廳設計符合都會意象
　　　 ▶ 能讓人感受到宮殿形象的區域○○

近似詞 ➡ 各種角度看都○○、外觀看起來○○、○○的形象

253　○○的餘韻迴盪著

有效的運用方法 由第三方表現出「一些悄悄地、竊竊私語的詞彙或是內容」，藉此提高對該事物的評價。

【例】 ▶ 甜美的餘韻迴盪著。推薦給想要療癒一下的淑女們○○
　　　 ▶ 幸福的餘韻迴盪著。要珍惜溫暖的家人○○
　　　 ▶ 有質感的餘韻迴盪著！老店職人至今依然講究○○

近似詞 ➡ ○○的印象迴盪著、○○正直的聲音

254　我們詢問了○○！

有效的運用方法　「收集來自第三方的意見，從該意見內容中連結出特色」，賦予其具有衝擊性的表現，藉此吸引顧客的目光。

【例】▸ 我們詢問了 100 名在超商採買的女性朋友意見！
　　　▸ 我們詢問了一些小學生！他們期望父母能夠○○
　　　▸ 我們詢問了在東京丸之內區上班的上班族！他們今後會想學○○

近似詞 ➡ 問○○！、○○要這樣看！、向○○提問！

255　○○真是正確選擇

有效的運用方法　將某項事物融入「因為選擇的結果沒有失敗，或是因為選擇所以獲得好處」等實際感受加入喜悅的情緒。

【例】▸ 這間傳說中的餐廳真是正確選擇！相當擅長表現食材的風味
　　　▸ 灰白色真是正確選擇！可以融入周圍景色的○○
　　　▸ 地熱地板真是正確選擇！竟然這麼好用

近似詞 ➡ 還好是○○、還好做了○○、選到○○真是太好了

256　○○很重要

有效的運用方法　藉由展現出「能讓特色部分顯得很重要的情境」，強調並且傳遞出好的評價。

【例】▸ 忙碌的早晨很重要，可以自由搭配組合的○○
　　　▸ 考生的宵夜很重要，只需微波一下，即可輕鬆呈現正宗的○○
　　　▸ 在難以選擇時，顯得很重要，避免損失的○○確認

近似詞 ➡ ○○很方便！、○○很有幫助、○○很剛好

257　收到○○的支持與鼓勵

有效的運用方法　具體表現出受到支持的內容，藉此傳遞出「有受到第三方支持」的事實。

【例】▸ 收到顧客的支持與鼓勵，接下來我們也會繼續努力○○
　　　▸ 收到表達感謝的支持與鼓勵，我們會經常挑戰更新的服務
　　　▸ 收到表達謝意的支持與鼓勵，我們在當地的銷售實績是○○

近似詞 ➡ 回應○○的聲援、收到來自○○的聲音，我們××、○○是最好的讚譽！

258　○○的平衡倍受好評

有效的運用方法 以第三方評價的方式表現出「兩種特色完美結合而受到很高評價」的感覺。

【例】▶ 居住空間內的明暗平衡倍受好評！光線切換營造出的○○
　　　▶ 配色與香氣的平衡倍受好評！療癒系的泡澡沐浴粉就要○○
　　　▶ 講究品質與價格之間的平衡倍受好評！有機農業○○

近似詞 ➡ ○○的平衡極具魅力、○○的最佳平衡、○○完美協調

259　**不可思議的○○**

有效的運用方法 藉由表示「第三方感到不可思議」，引導顧客對該不可思議本身具有的真正意義產生興趣。

【例】▶ 不可思議的紫色，植物原有的紫色素○○
　　　▶ 不斷重複推出到不可思議，大家真的非常想要○○
　　　▶ 不可思議的銷售 TOP 實績？從顧客期望的○○

近似詞 ➡ 對○○感到驚訝、百思不解的○○、為何會變成○○

260　○○**已經是過去式了**

有效的運用方法 藉由表現出「曾經在身邊的流行事物，現在已經落伍」，讓顧客產生一種現在介紹的事物才是最新事物的感覺。

【例】▶ 義式炒飯已經是過去式了，這個時代就是要吃○○飯！
　　　▶ 擁有一棟別墅已經是過去式了，未來到全國各地皆可入住○○
　　　▶ 擁有一部愛車已經是過去式了，現在我們可以隨意轉乘換搭○○

近似詞 ➡ ○○已經太古老了、○○已經落伍了、○○已經是過去的事了

261　○○**都愛用**

有效的運用方法 藉由展現出「第三方非常喜歡使用的事物」，提升該介紹對象物的價值。第三方如果是知名人士會更有效果。

【例】▶ 知名主廚都愛用的壓力鍋，可以買一個回家？
　　　▶ 教師們都愛用的大考專用參考書
　　　▶ 連女性朋友都愛偷用的男性香水

近似詞 ➡ ○○也會欣喜、○○們也喜愛、甚至連○○都愛不釋手

262　想要用一輩子的○○

有效的運用方法　「如果可以，想要用一輩子」，藉此表現出對美好事物的極高評價。

【例】　▶ 想要用一輩子的手動上鍊式手表！具有沉穩的設計感○○

　　　　▶ 想要用一輩子的護手霜！只要用過一次就會知道它與眾不同

　　　　▶ 想要用一輩子的除毛夾！能夠輕鬆除毛，讓人愛不釋手

近似詞 ➡ 想要一直使用下去的○○、受到多年愛戴的○○、想一輩子使用的○○

263　顧客雀躍的聲音○○

有效的運用方法　藉由第三方表示感激的聲音，引導顧客進入該評價的內容。

【例】　▶ 顧客雀躍的聲音不絕於耳！持續熱賣是有理由的

　　　　▶ 彷彿可以聽到顧客雀躍的聲音！一直不斷聽到感動聲音的○○

　　　　▶ 顧客雀躍的聲音正是人氣的祕密！在完售之前○○

近似詞 ➡ 從顧客的反應就知道○○、欣喜的聲音○○、感謝的○○

264　客人會自己送上門的○○

有效的運用方法　藉由「顧客會自然而然地靠近」，表達來自顧客的高度評價，並且引導出理由。

【例】　▶ 客人會自己送上門的鄉村名店，迄今未曾改變○○

　　　　▶ 客人會自己送上門的老店風味！歷代祖先代代相傳的○○

　　　　▶ 客人會自己送上門的知名住宿地點，女老闆娘的人品是人氣的祕密

近似詞 ➡ 不知不覺就被○○吸引、吸引客人的○○

265　身體也會很開心的○○

有效的運用方法　在該範圍內有經常被視為很珍貴的、「對健康有益的條件」存在。

【例】　▶ 身體也會很開心的餐廳！重點不僅是口味

　　　　▶ 身體也會很開心的商務旅館！把舒適好眠當做關鍵字的○○

　　　　▶ 身體也會很開心的放暑假！暑假不能只是玩樂

近似詞 ➡ 對身體友善的○○、○○身體就會健康！、讓身體快樂

266　**結果讓人嚇一跳**

特色
引人注意
強調
人氣
情緒
真實感
賺到
目標
引導

有效的運用方法 展現出「實際測試、實驗結果超出想像來得更好」的形象。

【例】 ▶ 結果讓人嚇一跳！超強效果讓工作人員都譁然！
　　　 ▶ 結果讓人嚇一跳！顯示數據令人驚訝的○○
　　　 ▶ 結果讓人嚇一跳！超越想像的長時間持續保濕作用

近似詞 ➡ 驚人的結果、成品讓人嚇一跳、○○效果令人驚豔！

267　**這樣看起來也不過就○○**

有效的運用方法 藉由反話表現出「比外觀看起來更有價值的感覺」，更能提升其價值。

【例】 ▶ 這樣看起來我也不過就四十幾歲！讓人察覺不出年齡的○○
　　　 ▶ 這樣看起來也就是個初學者吧！即使是初學者也○○
　　　 ▶ 這樣看起來其實就是個二手貨！卻不被認為是二手貨○○

近似詞 ➡ 比外表看起來更○○、意外地○○（形容詞）

268　**好喜歡這裡**

有效的運用方法 明確表現出喜愛的重點。在後方接續口語式的詞彙表達出「喜歡的理由」會更有效果。

【例】 ▶ 好喜歡這裡！充分利用有限室內空間的○○
　　　 ▶ 好喜歡這裡。充滿可愛雜貨的賣場就是○○
　　　 ▶ 好喜歡這裡。可愛的背影讓人愛不釋手

近似詞 ➡ 這裡太棒了！、這個太好了！、這真是太難得了！

269　**竟然會有這樣的○○呀！**

有效的運用方法 表現出「不小心發現有特色的事物或是部分」的驚訝情緒，藉此強調該特色。

【例】 ▶ 竟然會有這樣的景色呀！CP 值超高的○○
　　　 ▶ 竟然會有這樣的使用方法呀！偷偷告訴你這種驚人的運用方法○○
　　　 ▶ 竟然會有這樣的居酒屋呀！請務必親自來看看

近似詞 ➡ 竟然有○○、這樣的○○可是頭一遭啊、這樣的經驗是第一次

270　不會讓人覺得過時的○○

有效的運用方法　表現出「雖然是古老的事物，但是卻完全感受不到過時感」的評價。

【例】　▶ 不會讓人覺得過時的內裝設計！讓當時的感覺重新發光

　　　　▶ 不會讓人覺得過時的經營手法迄今長存！代代傳承的○○

　　　　▶ 使用一些不會讓人覺得過時的嶄新顏色，反而帶來新鮮感

近似詞 ➡ 超越世代喜愛的○○、不被時代影響的○○

271　對了！去問問○○！

有效的運用方法　呼籲顧客「可以去請教對該領域很了解的人，請他們告訴我們真正的價值」，藉此引發興趣。後面可以再加上該內容或是說明。

【例】　▶ 對了！去問問買家的建議！買了就知道○○

　　　　▶ 對了！去問問專家！專家眼光嚴選的素材○○

　　　　▶ 對了！去問問侍酒師的意見！能夠搭配餐點的葡萄酒是○○

近似詞 ➡ 如果是○○的話，該選哪一個呢？、對○○的質問、問問○○吧！

272　所以我選擇了它

有效的運用方法　最終的判斷相當明確，同時堂堂正正地表現出來。「顯示一個堂堂正正的選擇結果」更能提升顧客該對象事物所感受到的價值。

【例】　▶ 所以我選擇了它。可以感受到真正舒暢寬裕的○○

　　　　▶ 所以我選擇了它！能夠充分感受到全家人想法的○○

　　　　▶ 因為親切仔細，所以我選擇了它。讓一開始顯得不安的我○○

近似詞 ➡ 所以我選了它、所以我買下它

273　非常好用，所以○○

有效的運用方法　表現出「非常好用」的意思，可以加上「使用起來很方便，會帶有哪些好處」的註解。

【例】　▶ 非常好用，所以上癮了！用了之後根本無法放手

　　　　▶ 非常好用，所以很有人氣！操作簡單得讓人超開心○○

　　　　▶ 非常好用，所以讓人驕傲！一個不小心就太得意了○○

近似詞 ➡ 好用度超群、隨便用都好用、使用的感覺很○○

274 還好有用用看○○

有效的運用方法 直接表現出「原本只是想試用看看，結果卻覺得很棒」，用自己的心情去強調該價值。

【例】 ▸ 還好有用用看！感覺可以快速變成○○

▸ 還好有用用看！口耳相傳的話題性肌膚保養品○○

▸ 還好有用用看！容我在此介紹這項嬰兒商品！絕對是新手媽媽的神隊友

近似詞 ➡ 還好有試用看看、還好有利用看看、這樣用才是正解

275 想告訴各位○○

有效的運用方法 表現出「想要告訴大家這些自己親自用肌膚去感受到的、感動的事情等」的心情。引發顧客興趣，再導入解說或是說明。

【例】 ▸ 想告訴各位這份感動！那是個忘我的假期

▸ 想告訴各位這動人的景色。初次映入眼簾的無數美景○○

▸ 想告訴各位蔬菜原有的味道！○○引出食材的美味

近似詞 ➡ 想和大家說○○、我只想說一件事、希望大家能聽我說○○

276 果然沒有○○還是不行

有效的運用方法 將「有，才是王道」這件事情用「沒有，就不行」來表現。

【例】 ▸ 果然沒有露天溫泉還是不行！旅行的醍醐味是特別顯著的○○

▸ 果然沒有要有天窗還是不行。有開闊感的○○天窗

▸ 果然沒有單獨套房還是不行。○○享受舒暢的時光

近似詞 ➡ 有○○呢、○○還是必要的呢、不可或缺的○○

B-3 刺激欲望、快感、願望

不論顧客心中，是否已經注意到該事物，都會有各式各樣的欲望或是願望存在。藉由一些詞彙刺激他們心中的欲望或是願望，讓顧客注意並且開始關心我們想要行銷的商品。

B-3 刺激欲望、快感、願望

277 展現出○○風情

有效的運用方法 「將有特色的事物比擬成一種風情」，可在沉穩的形象上撩撥顧客芳心、刺激顧客欲望。

【例】 ▶ 展現出的優雅風情，刺激著男人的欲望
　　　 ▶ 展現出的女人香風情，○○創造出新價值
　　　 ▶ 展現出義大利風情的家具，呈現出有質感的空間

近似詞 ➡ 有風韻的○○、惹人憐愛的○○、飄散出○○、○○的氣味飄盪著

278 對○○效果有所期待

有效的運用方法 讓「如果能夠達到這樣的效果就好了的理想效果」更加引人矚目，並且藉由表現出期待該效果，刺激顧客的願望。

【例】 ▶ 對美白效果有所期待！在可以隱藏肌膚的冬天徹底進行肌膚護理！
　　　 ▶ 對體內排汗效果有所期待！只要餐前飲用○○
　　　 ▶ 對溫泉的效果有所期待！效果可以慢慢到達體內○○

近似詞 ➡ ○○效果超群、○○是目標、期待○○的效果

279 ○○重現

有效的運用方法 表現出「過去那些事物雖然很令人滿意，但是隨著時間卻成為令人不滿的原因，現在已經重生」，藉此刺激顧客的希望。

【例】 ▶ 輕鬆開闊重現！遠離都會生活的○○
　　　 ▶ 彷彿新建案重現！地基沿用，但是也從該處開始改變！
　　　 ▶ 光滑肌膚重現！一週密集護理最有效！

近似詞 ➡ 再次○○、想再成為○○一次、○○復活

280　想○○

有效的運用方法 藉由「直接表達出願望或是希望做的事情」吸引顧客注意，再導入詳細內容。

【例】　▶ 想要時尚的生活！因為是每天都想放鬆的地方○○

　　　　▶ 我想來個夏之旅！在太陽下把所有壓力蒸發掉！

　　　　▶ 想翻修房子！符合目前生活形態的○○

近似詞 ➡ 好～想○○、○○希望！、想要○○！、期望○○

281　變得想○○

有效的運用方法 藉由想要的狀態，達到吸引顧客注意的目的，並且加上情緒表現。

【例】　▶ 突然變得想要出去走一走，油畫風格的春季洋裝

　　　　▶ 變得想要和心中重要的人一起用餐的隱藏版料亭

　　　　▶ 進入想要好好打扮的季節！展開戀愛的預感

近似詞 ➡ 變得想要○○、變得想買○○、變得想去○○

282　光是○○是無法滿足的

有效的運用方法 藉由顯示「東西不夠，或是無法滿足的事物」引發顧客對「能令人滿意的方法或是想法、能實現願望的提案」產生興趣。

【例】　▶ 光是用餐是無法滿足的！充滿著墨西哥氣氛

　　　　▶ 光是按摩是無法滿足的！也能打從心裡放鬆○○

　　　　▶ 太普通是無法滿足的！稍微不一樣的商品○○

近似詞 ➡ 無法忍耐○○、不能認同○○、對○○不滿

283　進入○○的季節

有效的運用方法 表現出這是「實現願望最好的時機或是季節」，在感情上讓顧客注意到這件事情。

【例】　▶ 進入適合戀愛的季節！柑橘類的清爽香氣○○

　　　　▶ 進入讓內心煥然一新的季節！從一開始就○○

　　　　▶ 進入可以盡情享受夏天的季節！從抗紫外線開始保護肌膚○○

近似詞 ➡ 進入○○的時節、進入○○的瞬間、進入○○的最佳時機

284　希望一直都○○

有效的運用方法　將第三方所描繪的理想狀態具體化，給予顧客願望、使其注意，藉此引導出「能夠變成理想狀態的方法」。

【例】　▶ 希望一直都那麼棒！和年齡無關，只要使用○○

　　　　▶ 希望一直都很健康！每晚睡前一粒○○

　　　　▶ 希望大家一直都有笑容。可以看到家人動態的居住環境

近似詞 ➡ 一直○○、維持○○、希望就一直這樣○○

285　提升○○度

有效的運用方法　將接近理想的事物用「一種比例」來表示，藉此引發顧客興趣。

【例】　▶ 提升好感度的清潔方式

　　　　▶ 提升矚目度！讓男人的視線全盯在你身上的○○

　　　　▶ 提升耀眼度！不論幾歲都希望看起來很年輕！

近似詞 ➡ ○○向上！、○○提升！、○○變得很好！

286　想讓別人說：「○○！」

有效的運用方法　直接表現出「想讓他人這樣看待自己、想變成那樣的願望」，藉此刺激顧客的情緒。

【例】　▶ 想讓別人說：「你真漂亮！」滿足女人心的○○

　　　　▶ 想讓別人說：「真棒的家呢！」開始期待迎接客人的○○

　　　　▶ 想讓別人說：「真會講話呢！」從溝通基礎技巧開始○○

近似詞 ➡ 想讓人○○看待自己、成為○○的第一步、想成為○○

287　嚮往○○的生活

有效的運用方法　藉由表現出「嚮往的生活形象」，刺激顧客產生「對生活懷抱的願望」。

【例】　▶ 嚮往安穩的生活，就到偏遠鄉村去旅行

　　　　▶ 嚮往緩慢步調的生活，試著挑戰種菜！

　　　　▶ 嚮往任性的生活，選擇可以自由配置家具的房間！

近似詞 ➡ 有○○的生活真好、想要過○○的生活、憧憬的○○生活

288　想要○○的人生

有效的運用方法　讓顧客想像「理想的人生樣貌」，並且注意到自己的期望、進而引發興趣。

【例】▶ 想要豐富的人生。從現在開始活出輕鬆悠閒感○○
　　　▶ 想要甜美的人生！生活被充滿愛的人們包圍著○○
　　　▶ 想要有個性的人生！享受喜愛的事物○○

近似詞 ➡ 想活成○○、想有○○的生活方式、想過○○的生活

289　變身／變出○○

有效的運用方法　透露出「可以變成理想的狀態」，再將其具體化，藉此刺激顧客內心深處的「變身願望」。

【例】▶ 變身成為最棒的自己！讓自己格外閃耀的○○
　　　▶ 變身獨特的時尚造型！清新俐落的搭配○○
　　　▶ 變身為男模特兒！用○○，打造男人的滑嫩肌膚

近似詞 ➡ ○○Change！、變化成○○、變成○○樣貌、完全轉變為○○

290　聰明利用○○

有效的運用方法　刺激每個人都會希望「任何事都不要有損失、盡量聰明利用」的心理。再提供划算的資訊，會更有效果。

【例】▶ 聰明利用銀行！不知道可就虧大了的銀行○○
　　　▶ 聰明利用保險公司！只要依照方法，竟然這麼划算！
　　　▶ 聰明利用忙碌的早晨時間！只要 3 分鐘就可以○○

近似詞 ➡ 利用○○聰明生活、妥善利用○○、相當擅於○○

291　決定就要○○！

有效的運用方法　表現出「可以用某項條件贏得勝利」的感覺，藉此刺激顧客想要擁有該條件的心情。

【例】▶ 夏天，決定就是要帥！在露很大的夏天裡，更要○○
　　　▶ 決定就要打造一個專屬的紀念日！安排一個能夠留在記憶裡、最棒的紀念日
　　　▶ 決定就要戀愛！給人與平時不同的○○形象

近似詞 ➡ 決定就是○○！、完全斷定！○○、用○○

292 刺激○○的××

有效的運用方法 單純表現出「受到刺激時,也會有一些不錯的東西刺激到令人欣喜的部分」。

【例】 ▶ 刺激大腦的資訊滿載○○
　　　 ▶ 充滿可以刺激男人心的費洛蒙○○
　　　 ▶ 刺激童心!辦公室內也可使用的○○

近似詞 ➡ 刺激的○○、用○○魅惑、精力充沛的○○

293 能夠完全享受到○○

有效的運用方法 意思是「可以充分享受到原本憧憬的事物或是想要取得的事物」。藉此刺激顧客的願望。

【例】 ▶ 能夠完全享受到大自然!靜靜佇立在湖畔的○○
　　　 ▶ 能夠完全享受到最新機能!薄型電視的未來面貌就是○○
　　　 ▶ 能夠完全享受到地中海的氛圍!○○用餐時肌膚還能感受到海風

近似詞 ➡ ○○超級滿足、充滿隨心所欲的○○、飽嘗○○、○○玩到膩

294 打造○○

有效的運用方法 明確表現出「理想的事物狀態」,吸引一些能夠感受到該理想事物魅力的人。

【例】 ▶ 打造完美女人!光有外表還不夠當個完美女人!
　　　 ▶ 打造舒適的家!象徵人生勝利組的美好居家○○
　　　 ▶ 打造可以熟睡的環境!進入深層睡眠的○○

近似詞 ➡ 成為○○、著手進行○○、進行○○、產生○○

295 獨占○○

有效的運用方法 意思是「現在可以去獨占那些平時無法獨占的事物」。藉此刺激顧客的願望。

【例】 ▶ 獨占街頭傳說!擁有最流行的○○吧!
　　　 ▶ 獨占白沙海灘!在私人海灘的奢華○○
　　　 ▶ 獨占男人們的視線!決定要用超有氣勢的修長美腿!

近似詞 ➡ 獨享○○、個人專屬的○○、無人可以打擾的○○

296　**想要找回○○**

有效的運用方法　呼喚那些「曾經失去的事物或是憧憬的事物」。表現時與「可以幫忙找回的方法」搭配組合，最具效果。

【例】　▶ 想要找回與家人之間的羈絆！與家人一起輕鬆度過的○○
　　　　▶ 想要找回嬰兒般的肌膚！彈力的肌膚○○
　　　　▶ 想要找回緊緻的身材！趕在夏天來臨前短期集中訓練！

近似詞 ➡ 取回○○、找回○○、奪回○○

297　**撩撥○○心**

有效的運用方法　藉由強調能夠刺激「某人內心深處的願望」引發顧客興趣。

【例】　▶ 撩撥少女心的商品特賣會！甚至連某牌○○人氣商品都來了
　　　　▶ 撩撥熱情心的異國之旅！情緒滿溢的○○極具魅力
　　　　▶ 撩撥冒險心的男人夢幻逸品，可以偷偷使用的○○

近似詞 ➡ 刺激○○心、讓○○悸動不已、讓○○悸動不已

298　**想試一次看看**

有效的運用方法　引人注意、喚醒想要付諸行動的情緒。

【例】　▶ 想試一次看看！是男人就想○○！
　　　　▶ 想試一次看看！夏季的北海道自駕之旅
　　　　▶ 想試一次看看！女子單獨旅行！歡迎單身入住

近似詞 ➡ 追求的○○、想○○一次也好、務必一試！

299　**想知道更多令人憧憬的○○資訊**

有效的運用方法　直接表現出「想知道更多自己所憧憬事物的資訊」的心理，藉此引人注意，並且吸引顧客關注該資訊。

【例】　▶ 想知道更多令人憧憬的豪華客船旅行資訊！
　　　　▶ 想知道更多令人憧憬的度假飯店資訊！經常被預約埋沒的○○
　　　　▶ 想知道更多令人憧憬的業界資訊！現在業界○○的熱門話題

近似詞 ➡ 想前往憧憬的○○、想要憧憬的○○、想知道！○○

300 想讓你瞧見○○

有效的運用方法 表現出可以讓顧客產生一種「這才是理想樣貌」的感覺。引導顧客對於如何達到理想狀態的方法產生興趣。

【例】 ▶ 想讓你瞧見這種美！只要使用簡單的顏色，就能意外地搶眼
　　　 ▶ 想讓你瞧見這魅力的必備品牌
　　　 ▶ 想讓你瞧見知性的紳士模樣。善用小配件○○

近似詞 ➡ 讓你○○、彷彿○○般

301 不論幾歲，都想○○

有效的運用方法 直接投出「不論幾歲都想成為那樣」的「理想樣貌」詞彙，藉此刺激顧客「對未來的期望」。

【例】 ▶ 不論幾歲，都想當個美魔女。經常有意識地○○（維持）美貌
　　　 ▶ 不論幾歲，都想變漂亮。○○給超過 40 歲的你
　　　 ▶ 不論幾歲，都想當情人。兩人一起○○度過假日

近似詞 ➡ 不論何時都想像○○一樣、不論何時都想成為○○

302 只要用過一次○○

有效的運用方法 把「試用一次後可以實際感受到、很優質的事物」與「使用後的實際感受」搭配組合表現。

【例】 ▶ 只要用過一次就會上癮！這種恰到好處的感覺根本不容他人追隨
　　　 ▶ 只要用過一次就會著迷！有助於縮短忙碌的早晨時間，所以○○
　　　 ▶ 只要用過一次就可實際感受到！Q 彈的果凍狀奶霜○○

近似詞 ➡ 只要去過一次○○、只要使用一次○○、只要吃過一次○○

303 不論何時都想○○

有效的運用方法 把「接下來想要一直這樣做」的理想樣貌直接表現成為願望。

【例】 ▶ 不論何時都想放空，忘卻都會的喧嘩○○
　　　 ▶ 不論何時都想留下回憶，留下做為紀念的○○
　　　 ▶ 不論何時都想要健康，囊括這般願望的○○

近似詞 ➡ 想要一直○○（動作）、想要就這樣一直○○（動作）

304　**愉悅／舒服感○○**

有效的運用方法　用「愉悅感」一詞吸引顧客注意，再詳細表現出「心情是如何美好」。

【例】　▶ 這種愉悅感讓人愛不釋手！接觸肌膚的瞬間就開始慢慢滲透○○

　　　　▶ 重點是愉悅的舒適感！能夠有效解決疲憊雙眼的○○

　　　　▶ 外觀看起來就覺得舒服，讓女人變得更美！找回閃閃發光的自己

近似詞 ➡ 痛快○○、○○讓人很開心！、滿足感○○、○○超喜悅

305　**舒適○○**

有效的運用方法　讓顧客產生一種「生活周邊有一些能令人感到舒適的部分」即是「理想狀態」的感覺。

【例】　▶ 舒適的居住計畫！○○決定了居家的舒適度！

　　　　▶ 這是空間寬廣帶來的舒適性！通風良好的○○

　　　　▶ 舒適的航空旅程，從選擇航空公司開始！

近似詞 ➡ 理想的○○環境、舒服的○○、爽快的○○、心情美好的○○

306　**危險氣味的○○**

有效的運用方法　表現出「被危險事物吸引」會刺激內心深處的欲望。

【例】　▶ 安排一場與危險氣味的邂逅，度過成人的○○時間

　　　　▶ 成為充滿危險氣味的男人！金色○○（散發出）的魅惑光線

　　　　▶ 充滿危險氣味的設計，刺激著男人的心！

近似詞 ➡ 刺激好奇心○○、有氣氛的○○、魅惑的○○

307　**心情就像是○○**

有效的運用方法　直接表現出舒適愉悅的狀態，藉此刺激顧客的欲望。

【例】　▶ 心情就像是公主！從有人迎接自己開始○○

　　　　▶ 心情就像是在西班牙！充滿熱情的舞蹈與西班牙料理○○

　　　　▶ 心情超棒！享受泡澡的絕佳○○

近似詞 ➡ 徹底成為○○！、彷彿就像○○、心情是○○、○○的心情

308　**和去年完全不同**

有效的運用方法　表示「某項行動與 1 年前完全不同」的意思。藉由刺激欲望、引發顧客興趣。

【例】 ▶ 容貌和去年完全不同！改變讓人變得更自信
　　　 ▶ 和去年完全不同！連膚況都徹底改變○○
　　　 ▶ 和去年完全不同的身體曲線！等不及夏天的到來○○

近似詞 ➡ 與一年前不同、期待明年、改變未來

309　讓人想戀愛的○○

有效的運用方法 甜美到讓人難以割捨、熱情的「戀愛」一詞帶有的感覺在心中迴盪。

【例】 ▶ 讓人想戀愛的魅力所在！閃閃發光○○
　　　 ▶ 讓人想戀愛的可愛設計！撩撥著少女心○○
　　　 ▶ 讓人想戀愛的絕佳景色！想隨時與心愛的人一起○○

近似詞 ➡ 彷彿墜入情海的○○、點燃想偷情的熱火○○

310　盡情享受所愛的○○

有效的運用方法 藉由刺激顧客「想要享受喜愛的事物」的願望，讓他們對於「可以用來達成該願望的條件或是方法」產生興趣。

【例】 ▶ 盡情享受所愛的度假生活！能符合個別需求的○○
　　　 ▶ 盡情享受所愛的時間，沉浸在自己的世界裡○○
　　　 ▶ 能盡情享受所愛的基本條件，居家設計就是要○○

近似詞 ➡ 因為喜愛所以享受○○、只要喜愛就能享受○○

311　性感的○○

有效的運用方法 運用可以表達性魅力的「性感的」一詞，「給予一種會讓人心跳不已、集中目光、極具魅力的感覺」。

【例】 ▶ 男人也想要性感臀部！能讓人看見優美體型的○○
　　　 ▶ 性感的皮革配件，讓人有一種成熟感、帶有光澤質感的○○
　　　 ▶ 使用性感的顏色，極具魅力！就由它決定今年的流行！

近似詞 ➡ Sexy & Cute、大膽決定○○、Cute○○

312　最想擁有的○○

有效的運用方法 藉由直接表現出想要的事物與理想的樣貌，讓顧客感受到欲望或是願望的同時，提升該事物的價值。

【例】 ▶ 最想擁有的燦爛素顏！找回 **20 歲**的感覺！

▸ 最想擁有的人氣店甜點！來自不停銷售一空的人氣店家○○

▸ 一直想擁有的傳說中舒眠小物都在這裡！

近似詞 ➡ 想用用看的○○、絕對想要○○、希望你一定要有○○

313　**偶像劇般的○○**

有效的運用方法　把一般來說很難經歷到的狀況，表現為「偶像劇般的」，讓顧客對這些事物留下絕佳的印象。

【例】▸ 一生一定要享受一次偶像劇般的風景！從窗戶就能看到的是○○

　　　▸ 過著偶像劇般的生活，位於市中心的電梯大樓○○

　　　▸ 像偶像劇般地一家團圓，舒適的空間○○

近似詞 ➡ 電影般的○○、就像○○小說、將電影情節○○

314　**美女○○**

有效的運用方法　藉由「美女」一詞本身帶有「絕佳的外表以及從中散發出的清新俐落印象」，刺激顧客的願望。

【例】▸ 過美女的生活吧！日常生活中的○○

　　　▸ 吃美女餐變漂亮！以有機蔬菜為主的自然風味日本料理餐廳

　　　▸ 美女的珠寶首飾，飾品讓人更增添美貌

近似詞 ➡ 身心都美的○○、清楚的○○、有品味的○○

315　**會讓人認真○○**

有效的運用方法　藉由表現出「認真」，刺激顧客的願望或是欲望，給予顧客一種「越認真，該事物的價值越高」的印象。

【例】▸ 會讓人認真想當個女人的決勝服裝！今晚不是平常的我！

　　　▸ 會讓人願意學習的補習班！一改快速學習的樣貌

　　　▸ 會讓人認真的味道！拋開原有堅持的新口感！

近似詞 ➡ 認真模式的○○、打開認真模式開關○○、對○○著迷

316　**以為看錯○○**

有效的運用方法　將「與平常樣貌完全不同」的「理想樣貌」這件事情表現為「看錯」。藉此刺激對理想樣貌的期望。

【例】▸ 美到以為看錯！可以實際感受到那燦爛的美麗

　　　▸ 外觀豪華到以為看錯，已經無法想像過去的模樣○○

▶ 以為自己看錯的透明度！過去的煩惱彷彿像是謊言○○

近似詞 ➡ 看走眼○○、180度不同○○、判若兩人○○

317　魅惑人心的○○

有效的運用方法　表現出該對象事物會讓顧客有「被魅惑、心跳不已」的感覺。

【例】　▶ 魅惑人心的手工作品，那細緻的手工藝品彷彿有神明加持

　　　　▶ 擁有這魅惑人心的美麗！已經不需要用年輕一決勝負了！

　　　　▶ 魅惑人心的旋律在心底想起！週末就要在這飄散著成人氣氛的餐廳度過

近似詞 ➡ 誘惑的○○、對○○著迷、心被迷惑的○○

318　快速（發展）○○

有效的運用方法　不需要辛苦才能慢慢提升成果，藉此刺激「想要像發出聲音般，快速提升成果」的欲望。

【例】　▶ 快速流利的英語學習法！

　　　　▶ 快速改善腹部狀況！堅持自然的○○

　　　　▶ 在家就能快速提升料理能力！一流主廚的簡單菜單

近似詞 ➡ 速速○○、迅速地○○、不斷地○○

319　目標是達到○○

有效的運用方法　讓顧客想像一下「理想的形象」，藉由呼籲「朝向目標！」，引導顧客進行該目標行動。

【例】　▶ 目標是達到時尚型！懂得收放自如○○

　　　　▶ 目標是達到美麗型！色彩鮮豔的秀髮足以改變整體氛圍

　　　　▶ 目標是達到不易發胖型！減重後不復胖○○

近似詞 ➡ 瞄準了○○、瞄準目標○○！、目標○○！

320　想再○○一次

有效的運用方法　刺激顧客對某些事物產生「想要再一次」的願望，或是讓顧客回想「還想再試一次的事物」的情緒。

【例】　▶ 想再挑戰一次！適合你程度的○○

　　　　▶ 想再回訪一次的溫泉旅館，回訪者不絕於後○○

特色

引人注意

強調

人氣

情緒

真實感

賺到

目標

引導

▶想再品嘗一次大海的滋味，因應各位的期望○○

近似詞 ➡ 想再○○、想再來一次○○、再一次也好

321　**更加燦爛的○○**

有效的運用方法　藉由一種「迎向光線、光輝耀眼的印象」，讓顧客自行想像出理想的樣貌。

【例】▶邁向更加燦爛的人生！現在開始還來得及○○

　　　▶成為更加燦爛的女人方法，讓磨練自己這件事情變得更愉快○○

　　　▶用更加燦爛的笑容過生活！全家人都充滿著笑容的○○

近似詞 ➡ 光輝燦爛的○○、迷人的○○、閃閃發光○○、受到矚目○○

322　**大受歡迎的○○**

有效的運用方法　刺激出「想要受到歡迎這樣的欲望」，接著再具體表示出「有些方法可以讓人受歡迎」。

【例】▶大受歡迎的潮流風格，由此決定！能強化第一印象的○○

　　　▶大受歡迎的餐廳！今晚就此成為美食專家

　　　▶大受歡迎的電腦運用法！因此○○成為公司內部的英雄

近似詞 ➡ 人氣○○、成為大人物○○、對○○產生好印象、受人愛慕的○○

323　**讓人焦急等待○○**

有效的運用方法　直接表現出「希望長時間等待是有價值的」，藉此吸引顧客注意，更能提升該事物的價值。

【例】▶讓人焦急等待的新作品終於到貨！

　　　▶讓人焦急等待，傳說中的燒酒！人氣爆發的稀世珍寶價格是……

　　　▶能在讓人焦急等待的結婚典禮中，更錦上添花的歡樂小物

近似詞 ➡ 等了又等○○、祕藏的○○、渴望的○○

B-4 運用不滿、不安的條件

某項條件或是狀況有時會讓顧客感到不滿或是不安。這時，我們可以假設顧客對於那些不滿或是不安相關資訊比他人更為敏感。因此藉由會聯想到不滿或是不安的表現，引發顧客的關心。

B-4 運用不滿、不安的條件

324 瞬間消除○○

有效的運用方法 將「不安的條件、不滿的條件」與「瞬間消除○○」搭配表現。可以帶給顧客「該不滿的條件可以輕鬆消除」的感覺。

【例】 ▶ 瞬間消除壓力！把舒爽的汗水全都擦乾○○
　　　 ▶ 瞬間消除口腔煩惱！每次刷牙都能實際感受到○○
　　　 ▶ 瞬間消除臉部鬆弛問題！沐浴後的肌膚護理○○

近似詞 ➡ STOP！The○○、○○的煩惱一掃而空！、○○立刻解決

325 ○○會不夠唷！

有效的運用方法 讓「不足的事物或是帶有不安條件的事物」更加醒目，讓顧客覺得有不足感，藉此導出相對應的對策。

【例】 ▶ 鈣質會不夠唷！補充女性朋友最容易不足的鈣質
　　　 ▶ 資金會不夠唷！與銀行融資洽談都要仔細地○○
　　　 ▶ 運動量會不夠唷！一週必須要有一次適度運動

近似詞 ➡ ○○會不足唷、沒有○○唷、○○很少唷

326 不需要○○！

有效的運用方法 提出原本讓顧客不滿的條件「變得沒必要」或是「不用在意也沒關係」，藉此吸引顧客注意。

【例】 ▶ 不需要定期維護！會有專業人員親訪
　　　 ▶ 不需要麻煩的清潔工作！機器內部的洗淨功能○○
　　　 ▶ 不需要麻煩的申請程序！單次需求者可以輕鬆○○

近似詞 ➡ 不用○○！、因為可以省卻○○、沒有○○的必要！

327　擊退○○！

特色

引人注意

強調

人氣

情緒

真實感

賺到

目標

引導

有效的運用方法　帶有「可以完全去除不滿條件」的意思，將「表現出不滿的條件」與「擊退」一詞搭配使用。

【例】 ▶ 擊退不斷出現的繼承問題！由繼承專業諮詢人員○○

　　　 ▶ 用熱呼呼的火鍋，擊退感冒！從體內暖和起來

　　　 ▶ 擊退痘痘！溫柔對待肌膚的化妝水○○

近似詞 ➡ 擊沉○○、減輕○○、阻擋○○、攻擊○○

328　○○症候群

有效的運用方法　將「同一時期大量發生的症狀」用「症候群」這個醫學用語來表現。讓顧客注意到該狀況。

【例】 ▶ 肥胖症候群急遽增加中！接下來也會○○

　　　 ▶ 週末症候群，享受從工作中解放的樂趣○○

　　　 ▶ 不要成為新人憂鬱症候群的一員！商務人士必備的○○

近似詞 ➡ ○○Syndrome、○○的徵兆、危險○○的訊號

329　○○大改造

有效的運用方法　藉由「瞬間改變原本覺得不滿的部分」的意思，表現出衝擊性。

【例】 ▶ 體質大改造！趁冬天改變體質！

　　　 ▶ 客廳大改造！完全改造成舒適的空間

　　　 ▶ 管理系統大改造！讓麻煩的輸入作業減半

近似詞 ➡ ○○大作戰、○○改造計畫、重做○○、○○大改革

330　只○○會來不及

有效的運用方法　藉由直接表現出「會造成不足（不滿）的條件」，讓顧客感覺到不足問題其實很貼近自己。

【例】 ▶ 只吃維他命會來不及！用食物補充身體必要營養素！

　　　 ▶ 只擦防曬油會來不及！○○抗 UVT 恤

　　　 ▶ 只看說明書會來不及！24 小時接受電話諮詢！

近似詞 ➡ ○○是不夠的、只○○是沒意義的、○○沒意義

331　只要○○就安心了嗎？

有效的運用方法　藉由「詢問只要有這些事物就安心了嗎？」，讓顧客注意到一些「沒有注意到的不安條件」。

【例】　▶ 只要上補習班就安心了嗎？真正的學力養成是在家中○○

　　　　▶ 只要有照片就安心了嗎？可以親眼看到並且接觸實品的○○

　　　　▶ 只要交給居家清潔服務就安心了嗎？肉眼看不到的○○

近似詞 ➡ 真的只要○○就好了嗎？、只要○○就不會不安了嗎？

332　避免受到○○侵害

有效的運用方法　將「因為某些事物造成的傷害或是產生的不愉快感」，藉由「侵害」一詞來強調，並與「接下來可以幫忙守護的事物」等文案連結。

【例】　▶ 避免受到夏季紫外線侵害的防曬噴劑！抗 UV 效率○○

　　　　▶ 避免受到風雨侵害的外牆完成！從戶外開始守護最重要的居住環境

　　　　▶ 避免受到放熱侵害！吸熱材質可以友善○○（因應）

近似詞 ➡ 不可輕忽，與○○戰鬥、從○○脫離、不要靠近○○

333　○○實在太浪費

有效的運用方法　將「不那樣做的話會後悔」的意思，用「太浪費」一詞來表現。

【例】　▶ 只限一次實在太浪費！可以實際感受到真正效果的是○○

　　　　▶ 被當做 B 級品，實在太浪費！只是形狀不齊而已，味道還是一樣！

　　　　▶ 扔掉實在是太浪費！只要配置得宜就能完美變身！

近似詞 ➡ 只○○太浪費、○○沒意義、○○並不是本意

334　與其煩惱○○倒不如××

有效的運用方法　藉由「直接提出一些會讓人煩惱的事」吸引顧客注意，並且藉由提示「該煩惱的解決因應對策」引導顧客進行行動。

【例】　▶ 與其煩惱育兒，倒不如多增加與孩子相處的時間！與孩子一起學○○

　　　　▶ 與其煩惱換工作，倒不如先冷靜地找到自己！

> ▶ 與其自己煩惱如何選擇購屋，倒不如接受免費諮詢！輕鬆接受專家建議

近似詞 ➡ 如果煩惱○○就××、如果苦於○○就××、如果因為○○煩惱

335　○○的維他命

有效的運用方法　將「該目標事物的存在方便給予困擾或是煩惱的事物支援」意思，表現為「維他命」。

【例】　▶ 社會新鮮人的維他命！補充溝通能力的○○
　　　　▶ 消除夏季精神不振的維他命！○○因暑氣而疲憊的身體
　　　　▶ 心靈疲憊時的維他命！讓人療癒的小物

近似詞 ➡ ○○的特效藥、消除○○！、○○的良藥、○○的維生素

336　○○發出的警訊

有效的運用方法　含有「總覺得可能是要發生重大變化前兆」的意思，讓顧客察覺到這些不安的條件。

【例】　▶ 老化發出的警訊！35 歲開始○○
　　　　▶ 房貸高漲發出的警訊！可與趨勢專家諮詢
　　　　▶ 壓力發出的警訊！為了改變心情，所以○○

近似詞 ➡ 偷偷靠近○○、迫近自己○○、○○的警報！、○○注意報

337　○○是××的天敵

有效的運用方法　在認為很重要的事物上，加入「某項條件，可能會帶來危險」的意思。藉此強調會造成該危險的條件。

【例】　▶ 紫外線是肌膚的天敵！在陽光下守護重要的肌膚○○
　　　　▶ 白蟻是居家的天敵！預防的新思維
　　　　▶ 打瞌睡是安全駕駛的天敵！刺激的味道直衝腦門！

近似詞 ➡ ○○是××的標的、成為○○的原因、○○是強勁的對手

338　○○的處理祕訣

有效的運用方法　公開截至目前為止都是祕密、「為了消除某些不滿的因應方法」，藉由此形象吸引顧客注意。

【例】　▶ 蚊蟲叮咬的處理祕訣！保護被蚊蟲叮咬後的肌膚○○
　　　　▶ 小紅疹的處理祕訣！不留疤痕、恢復原有美麗的治療○○

特色
引人注意
強調
人氣
情緒
真實感
賺到
目標
引導

▸ 肩頸僵硬的處理祕訣！自己就可以藉由按摩○○

近似詞 ➡ 有效於○○、迎戰○○的方法！、擊退○○的祕訣

339　想要制伏○○就是××

有效的運用方法 具體表現出「想要消除討厭的事物或是煩惱等，有一些可以完美解決的方法」。

【例】　▸ 想要制伏夏天，適合裸肌的就是○○！
　　　　▸ 想要制伏今年的設計就是要和風的○○
　　　　▸ 想要制伏成熟市場就是要聚集革命性新技術的○○

近似詞 ➡ ○○的答案、○○的救世主、成為○○的力量、○○的正解

340　重新建立／調整／修護○○

有效的運用方法 表現出「欲解決、改善目前會讓人感到不滿、不安條件的事物」。

【例】　▸ 重新修護受損髮質！讓秀髮潤澤的○○
　　　　▸ 重新建立歪斜的組織！掌握經營的本質○○
　　　　▸ 重新調整家計的新節約方法！每天使用○○

近似詞 ➡ ○○重生！、○○再生、重新磨練○○

341　○○關機重來（Reset）

有效的運用方法 表現出「可以讓已經沒救的事物重新回到原本良好的狀態」，並引導出該方法。

【例】　▸ 讓終日的壓力 Reset！用全新的心情 Start
　　　　▸ 讓歪斜的身體關機重來！讓因姿勢不良導致歪斜的身體○○
　　　　▸ 將錯誤的讀書方法 Reset！重新評估目前為止的方法

近似詞 ➡ 把○○恢復原位、讓○○接近正常狀態、讓○○回到原本的樣子

342　抗○○

有效的運用方法 將「抗」與「會令人感到不滿的條件」搭配使用。藉由傳遞出「堅決與不滿條件敵對」，強調那些令人不滿的條件。

【例】　▸ 抗老化！隨著年齡差距越來越大的○○
　　　　▸ 抗日曬！美白的肌膚有魅力地反映出○○
　　　　▸ 抗肥胖！感受到那種輕鬆的○○

特色

引人注意

強調

人氣

情緒

真實感

賺到

目標

引導

近似詞 ➡ 抵抗○○、（搖頭）不願意○○、超討厭○○、反對○○！

---

343 要持續到何時？○○

有效的運用方法 藉由「懷抱著不滿的狀態究竟會持續到何時？」的表現，讓不滿的情緒更火上加油。

【例】 ▶ 要持續到何時？輾轉難眠的夜！吸收體溫再散熱的○○
　　　 ▶ 究竟要持續到何時？便秘體質！從體質開始改善○○
　　　 ▶ 要持續到何時？對飲食的不安，從生產者開始提高○○的安全性

近似詞 ➡ 還沒結束嗎？○○、已經受夠○○了、還會持續嗎？○○

---

344 不須煩惱的○○

有效的運用方法 為了傳達出「具有可以完全消除不滿的能力」，給予一種彷彿「不會再有煩惱靠近的印象」。

【例】 ▶ 不須煩惱的居住選擇，會說明到顧客能夠完全接受
　　　 ▶ 維持不須煩惱的肌膚！因為是無添加的天然成分○○
　　　 ▶ 不須煩惱的除毛法！不用擔心會在眾人面前○○

近似詞 ➡ 不輸給○○的××、完全不用擔心○○、完封○○

---

345 如果可以更早○○就

有效的運用方法 表現出一種「如果可以更早就好了的後悔感」印象。讓顧客有意識地對目標展開行動。

【例】 ▶ 如果可以更早來諮詢就好了。有那麼多感謝的聲音
　　　 ▶ 如果可以更早替換就好了。不需要保養的○○
　　　 ▶ 如果可以更早買到就……。從現在開始○○也不遲

近似詞 ➡ 早點○○就、一開始○○就、立刻○○就

---

346 ××（動作）能恣意○○（名詞）的

有效的運用方法 將「一直無法如想法達成的事物」表現為「恣意」，傳遞出「我們能將不滿足的條件轉變為另一種形式的解決方法」。

【例】 ▶ 充滿能讓孩子們恣意玩樂的裝置！
　　　 ▶ 能擄獲恣意所欲、30 歲女性的法式餐廳
　　　 ▶ 能實現對居家設計恣意期望的專業集團

近似詞 ➡ 盡情地○○、狂妄地○○、任意地○○

B-5 刺激求知慾、對知識的好奇心

在顧客擁有的欲望當中，有所謂的求知慾。我們一定會想知道其他人知道的事物，甚至也會想知道其他人未知的事物。刺激那樣的情緒或是欲望，提供一些會讓顧客產生興趣的資訊。

B-5 刺激求知慾、對知識的好奇心

347 ○○的內幕消息

有效的運用方法 將關於某件事情的重要資訊，顯示為「內幕消息」，藉此引發顧客的好奇心。

【例】 ▶ 藝能界的內幕消息！某知名藝人強忍著○○
　　　 ▶ 住宅建築的內幕消息！只有專家能分辨出來的○○
　　　 ▶ 飯店業界的內幕消息！專家掛保證，讓你身心皆療癒的飯店！

近似詞 ➡ ○○的背後、○○內幕資訊、○○的後台、○○內情

348 ○○驚人運用法

有效的運用方法 用「驚人」一詞來表現「不會經常在頭中浮現的事物」，讓顧客對該說明產生關心。

【例】 ▶ 壽險的驚人運用法！你知道這種超強的運用法嗎？
　　　 ▶ 浴缸的驚人運用法！在家中浴缸即可○○
　　　 ▶ 人造奶油驚人運用法！每個家中都有的○○

近似詞 ➡ ○○驚人運用術、○○的驚人利用法、○○驚人利用術

349 跟○○學來的××

有效的運用方法 在顧客心中深植一種這是「從該領域專家或是有知識者等身上花時間學習到的東西」的形象，藉此賦予該資訊價值。

【例】 ▶ 跟銷售專家學來的熱銷商品辨識方法！
　　　 ▶ 從電視節目學來的絕不無聊○○法
　　　 ▶ 從跟專業醫師學來的基礎，開始○○改善體質

近似詞 ➡ 從○○取得的、從○○學習到的、從○○體悟的、從○○實踐的

350　○○研究報告

有效的運用方法　包含「在此向大眾報告，這是我們不斷研究後的結果」的意思，讓資訊具有可信度，同時引發顧客興趣。

【例】　▶ 居家舒適性研究報告！生活舒適度○○
　　　　▶ 冬季乾燥肌膚因應對策研究報告！○○能保護在乾燥空氣下的肌膚
　　　　▶ 美味拉麵店研究報告！峰迴路轉的最後結果是○○

近似詞 ➡ ○○研究最前線、發表驚人的○○研究結果！○○研究的成果

351　○○資訊選單

有效的運用方法　使用時含有「收集各種資訊，可以自由從中挑選出有興趣事物」的意思。

【例】　▶ 季節蔬菜資訊選單！正逢美味季節的蔬菜資訊○○
　　　　▶ 煙火大會的資訊選單！到了暑假就想出遊○○
　　　　▶ 人氣流行資訊選單！一定有你想找的資訊

近似詞 ➡ 資訊○○總覽、包山包海的○○資訊、○○資訊總複習

352　○○一次讓你看個夠

有效的運用方法　讓顧客有一種「平常看不太到的事物或是資訊，只有這次可看」的印象，藉此引發興趣。

【例】　▶ 建築狀況一次讓你看個夠！只要安心交給我們
　　　　▶ 飯店內部一次讓你看個夠！所有的員工都很講究○○
　　　　▶ 廚房作業一次讓你看個夠！只要用眼睛與味蕾好好享受○○

近似詞 ➡ 好好認識！○○、不藏私地告訴你○○、○○全部告訴你

353　○○大公開

有效的運用方法　「向大眾公告目前的重要事物」的意思。給予顧客「這個訊息很重要」的印象。

【例】　▶ 保險內幕大公開！公認最為淺顯易懂的內容○○
　　　　▶ 新型車內部大公開！可以實際感受到○○已實現你期望的功能
　　　　▶ 暢銷人氣品項大公開！今年一整年賣了又賣的商品

近似詞 ➡ ○○獨家公開、○○一併公開、○○大放送、公開○○資訊

特色
引人注意
強調
人氣
情緒
真實感
賺到
目標
引導

354 ○○大特輯

有效的運用方法 給予顧客「針對某項主題所收集到的大量資訊一起傳遞出來」的印象。在欲塑造「資訊以及介紹內容較多」的印象時，特別有效。

【例】 ▶ 實用品大特輯！從全國收集而來，在家中占有一席之地的物品
　　 ▶ 夏季有效減重大特輯！夏天更要好好挑戰一下
　　 ▶ 附有包廂式的露天溫泉旅館大特輯！不用在意他人眼光，可以奢侈地好好享受

近似詞 ➡ ○○特輯、○○總整理、○○集大成、○○大辭典

355 ○○大預測

有效的運用方法 針對「可以引發顧客興趣的內容」，傳遞出「因為我們收集了各式各樣的資訊，所以可以預測未來的情形」，進而引發顧客興趣。

【例】 ▶ 冬季趨勢大預測！女性雜誌編輯說○○
　　 ▶ 讓主婦們歡呼的新功能大預測！減輕家事辛勞的○○
　　 ▶ 舒眠小物人氣大預測！想要一個可以熟睡的夜晚○○

近似詞 ➡ ○○大預報、○○大膽預測、○○預告、○○大預想、○○大預言

356 只有○○才知道的

有效的運用方法 藉由表現出「只有部分人士限定的重要資訊」，刺激顧客的好奇心。

【例】 ▶ 只有相關人員才知道的機關！只要知道這件事情就夠了
　　 ▶ 只有回頭客才知道的真正價值，想要的是○○
　　 ▶ 只有拉麵老饕才知道的隱藏版名店！總有一天想去試試看○○

近似詞 ➡ 只有○○的祕密、不公開的○○、機密的○○

357 ○○完全活用術

有效的運用方法 藉由傳遞出這不是一種單純的使用方法，而是「更具效果的使用方法或資訊」，藉此引發顧客興趣。

【例】 ▶ 季節蔬菜完全活用術！最能引出食材風味的○○
　　 ▶ 粉色披肩完全活用術！結法不同就能產生如此○○
　　 ▶ 可攜式數位相機完全活用術！向達人學習的驚喜使用法

近似詞 ➡ ○○完全運用法、○○完全利用法、制霸○○的方法

358　○○訓練

有效的運用方法　傳遞出關於某項條件「其實有適合學習的環境」，藉此刺激學習欲望。

【例】▶ 商務英語訓練！○○可用於商業談判的英語
　　　▶ 基礎料理訓練！料理初學者到這裡就沒問題了！
　　　▶ 素顏力訓練！激發出肌膚原有的最大力量

近似詞 ➡ ○○超強特訓、○○軍事訓練、○○修行、○○課程

359　○○日記

有效的運用方法　傳遞給顧客一種「把日常生活中所有事情，毫不隱藏地全部寫出來」的印象，撩撥顧客的好奇心。

【例】▶ 店長日記，這個菜單在本店超有人氣！
　　　▶ 美容沙龍體驗日記，今天是○○初體驗！
　　　▶ 夢幻的自地自建日記！地基終於完工

近似詞 ➡ ○○日誌、○○紀行、○○記、○○部落格、○○每天的胡言亂語

360　○○是有理由的

有效的運用方法　針對想要更醒目的特色，給予顧客一種「其正當性是有明確理由存在」的印象。

【例】▶ 好吃是有理由的！完全浸泡在祕傳醬汁內的○○
　　　▶ 人氣是有理由的！由法式糕點師傅○○（製作）所有的甜點
　　　▶ 沉穩感是有理由的。從明治時期傳承下來歷史的○○

近似詞 ➡ ○○是有原因的、選擇○○的理由、對○○具有意義

361　祕藏在○○的××

有效的運用方法　給予顧客一種「過去一直是祕密的事物，現在明朗化了」的印象，藉此聚集目光。

【例】▶ 祕藏在知名旅館的5大真相！老闆娘們堅持的盛情款待
　　　▶ 祕藏在商品內的驚人效果！人氣狂飆的原因是○○
　　　▶ 祕藏在夢幻滋味內的苦難故事！創業時期的教訓迄今仍叫人回味
　　　　○○

近似詞 ➡ 隱藏在○○、包含在○○內、祕密的○○、機密的○○

362　○○**熱門資訊**

有效的運用方法　針對某項期望或是願望等，傳遞出一種「現在有值得一看的新資訊出現」的新聞性。

【例】　▶ 尋屋買房熱門資訊！站前區域的新物件○○

　　　　▶ 夏季疲勞症候群的身體調理熱門資訊！在晚餐菜色中加入○○

　　　　▶ 減重熱門資訊！運動與飲食的平衡

近似詞 ➡ ○○最佳資訊、○○Nice資訊、○○Good News

363　○○**的奧義**

有效的運用方法　「事物本身帶有深奧且重要內容」的意思。藉此刺激顧客的好奇心。

【例】　▶ 配色的奧義在於有濃淡色！讓整體產生華麗感○○

　　　　▶ 用肌膚去感受製麵的奧義！實際體驗即可感受到○○的深度

　　　　▶ 熱情款待的奧義！讓顧客醉心的○○服務

近似詞 ➡ ○○的精華、○○的密技、祕傳的○○、○○殺手鐧、○○祕密策略

364　○○**的共通點**

有效的運用方法　針對某項事物表現出「發現很厲害的共通點」，是一種可以藉此吸引顧客注意的手法。

【例】　▶ 快速成長的餐廳共通點！從人氣菜單上看到○○

　　　　▶ 目前好賣的住家共通點！追求居住方便性的○○

　　　　▶ 健康企業的共通點！經營者○○（具有）明確的公司政策

近似詞 ➡ ○○的類似點、○○的共通重點、○○的必須條件

365　○○**的告白**

有效的運用方法　給予顧客一種這是「由某些領域的關鍵人物偷偷介紹資訊」的印象，藉此吸引顧客的目光。

【例】　▶ 法式料理主廚的告白！可以自行在家中完成的極機密食譜

　　　　▶ 知名旅館老闆娘的告白！顧客總是相當感動於○○

　　　　▶ 銷售人員的告白！這個選項最受歡迎！

近似詞 ➡ ○○的心聲、○○真心破表、誠心訴說○○、○○的激烈告白

366　○○的小心機

有效的運用方法 介紹「經某些人認可的價值」本身所擁有的「裝備或是架構」，藉此刺激顧客一探究竟的好奇心。

【例】 ▶ 讓孩子喜愛的小心機！孩子們一玩不膩的○○
　　　 ▶ 增加團體客群的小心機！可以讓團體客同樂的○○活動
　　　 ▶ 再訪者絡繹不絕，人氣店家的待客小心機！

近似詞 ➡ ○○的架構、○○的方程式、○○的計謀、○○的理論

367　○○的實踐法則

有效的運用方法 給予顧客一種這是從為了「有效率達成某些目的」的必要法則中「篩選出實際可用事物後再介紹出來」的印象。

【例】 ▶ 讓顧客滿意的實踐法則！立即運用即可讓顧客○○
　　　 ▶ 在家中也能減重的實踐法則！每天 10 分鐘○○
　　　 ▶ 成功投資的 100 個實踐法則！絕對要記住的基礎○○

近似詞 ➡ ○○實踐技巧、○○的現場規則、○○的實踐方程式

368　○○的條件

有效的運用方法 傳遞出為了實現目的而有一些必要條件，藉此引起顧客注意。

【例】 ▶ 能讓孩子開心的旅館條件！親子可以同樂的○○
　　　 ▶ 不失敗的選車條件！○○期望的最低需求
　　　 ▶ 男人包的選擇條件！職場成功男性的○○裝扮

近似詞 ➡ ○○的必要資質、○○的大前提、○○的必要條件

369　○○的真實面貌

有效的運用方法 針對某些事件，直接於內容中表現出「想傳遞更具真實性的狀況」。也藉此強化衝擊性。

【例】 ▶ 終身保險的真實面貌！選擇不同就會在這裡○○（產生）差異
　　　 ▶ 度假型公寓的真實面貌！聰明做選擇即是將來的○○
　　　 ▶ 超薄電視的真實面貌！不要被熱銷與否搞得不知所措，在此向你推薦○○

近似詞 ➡ ○○的正確答案、真實狀況是○○、○○的核心、○○的真面目

特色
引人注意
強調
人氣
情緒
真實感
賺到
目標
引導

370　○○之謎

有效的運用方法　使用可以刺激好奇心的「謎」一詞，在想要傳達的特色上賦予衝擊性，藉此撩撥顧客的好奇心。

【例】 ▸ 驚人美肌效果之謎，效果背後的 3 大○○
　　　 ▸ 堺市菜刀的人氣之謎！跨時代傳承的工匠○○
　　　 ▸ 深度與美味之謎！背後有好多故事可以訴說

近似詞 ➡ ○○的不可思議、○○的疑問、○○沈默的理由、無法解釋的○○

371　因為○○的一句話

有效的運用方法　給予顧客「某人就只說這麼一句話或是單獨發言」的印象，讓顧客覺得「資訊的真實性較高」。

【例】 ▸ 因為編輯部的一句話，自己掏腰包買了○○
　　　 ▸ 因為銷售人員的一句話，造成搶購風潮的品項○○
　　　 ▸ 因為女性員工的一句話，站在實際使用者的立場○○

近似詞 ➡ ○○的喃喃自語、來自○○的訊息、○○的獨白

372　○○的祕密

有效的運用方法　含有「公開目前為止一直隱藏的事物或是祕密」的意思。藉此刺激顧客的好奇心。

【例】 ▸ 徹底解析即將完售的公寓魅力與祕密！買氣高是因為○○
　　　 ▸ 超人氣品牌誕生的祕密！故事從神戶開始○○
　　　 ▸ 面試必勝的祕密！面試官偷偷開釋○○

近似詞 ➡ ○○的謎團與祕密、○○的隱藏祕密、○○的祕訣

373　○○親授的××

有效的運用方法　給予顧客一種「經由在某些領域被視為一流人物」親切解說、指導「重要技術與重點」的印象，引發顧客興趣。

【例】 ▸ 專業服務員親授的第一印象確認重點
　　　 ▸ 現役櫃台服務人員親授的感動待客之道
　　　 ▸ 鞋子達人親自傳授的皮鞋長期維護法

近似詞 ➡ ○○指南、向○○學習、○○主持的××講座、○○傳授

特色

引人注意

強調

人氣

情緒

真實感

賺到

目標

引導

374　對○○的影響以及因應對策

有效的運用方法　「告知因為某些原因所造成的影響，以及其因應對策」的意思。讓顧客對該內容產生關心。

【例】　▶ 太陽光對塗裝面的影響以及因應對策！改變耐久性的○○

　　　▶ 手機對孩子們的影響以及因應對策！你所不知的是○○

　　　▶ 發現產品缺陷，對信用的影響以及因應對策！為了預防萬一○○

近似詞 ➡ 對○○的影響以及處理方法、對○○的影響以及克服方法

375　贏得○○最終勝利的提示

有效的運用方法　藉由表現「傳授不被困難或競爭打敗的提示或是方法」，刺激顧客的好奇心。

【例】　▶ 贏得戀愛最終勝利的提示！與情敵做出差異○○

　　　▶ 贏得公司內部競爭最終勝利的提示！下班時間的努力才是○○

　　　▶ 贏得不景氣最終勝利的提示！提升品牌價值的經營才是○○

近似詞 ➡ 不輸給○○的祕訣、與○○互相角力的武器、殘存在○○的祕訣

376　○○驗證

有效的運用方法　表現出「欲確認某件事情的真偽」，藉此呼籲那些對該事情有興趣的人。與「驗證結果」搭配使用會更有效果。

【例】　▶ 人氣運動俱樂部驗證！實際到場內各個角落○○體驗

　　　▶ 漂白效果驗證！在一般家庭中測試○○的漂白力

　　　▶ 車內的舒適性驗證！一家四口一起去兜風○○

近似詞 ➡ 徹底驗證○○、○○大調查、去檢驗就知道○○

377　支撐○○的××

有效的運用方法　直接表現出「其實背後有些事物在支持著」，藉此刺激顧客的好奇心。

【例】　▶ 用相當講究的原料支撐著眾人的信任，盡可能○○（取自）大自然的恩惠

　　　▶ 支撐經營的5大鐵則！培育人材的基本○○

　　　▶ 支撐安全性的資訊系統，用系統○○資訊漏洞

近似詞 ➡ 以○○為根基支持、維持○○、保持○○

378　該如何解讀○○呢？

有效的運用方法　針對在意的主題，用「今後會變得如何呢？」的詢問形式表現，讓顧客懷抱著好奇心。

【例】　▶ 該如何解讀春季的流行指標呢？一定需要且必定會流行的○○
　　　　▶ 該如何解讀休旅車所需的內容呢？
　　　　▶ 該如何解讀中國經濟呢？從幾個面向○○分析

近似詞 ➡ 該如何預測○○呢？、○○會變得如何呢？、○○會變成怎樣呢？

379　你所不知的○○

有效的運用方法　刺激顧客對於求知的好奇心，使其對於我們真正想要傳達的內容（重要的資訊等）產生興趣。

【例】　▶ 你所不知的名店！在街頭巷尾已經成為基本常識的○○
　　　　▶ 你所不知的畏寒症因應對策！只要仔細做一次就○○
　　　　▶ 你所不知的北海道！團體旅遊無法帶你認識真正的○○

近似詞 ➡ 你不知道的○○、不太被人們所認識的○○、尚未公開的○○

380　○○的真心話

有效的運用方法　給予顧客一種「這是一般而言聽不到的資訊，透過相關人士的真心話反應出來」的印象。只要變更說真心話的對象，即可變化出各種反應。

【例】　▶ 家電銷售員的真心話！從功能與價格來選，就是○○
　　　　▶ 升學補習班講師的真心話！考試，最重要的就是○○
　　　　▶ 服務生的真心話！廣受到團體客人喜愛的服務

近似詞 ➡ ○○偷偷告訴我、謊言般的真心話

381　○○的黃金法則

有效的運用方法　將對某件事情而言非常重要的法則表現為「黃金法則」，給予顧客一種這些資訊很有價值的印象。

【例】　▶ 百看不膩的店舖裝潢黃金法則，讓人放鬆自在的○○
　　　　▶ 不會錯失顧客的網站設立黃金法則！
　　　　▶ 不長斑的素顏肌保養黃金法則！洗完澡進行 5 分鐘的○○

近似詞 ➡ ○○的絕對條件、○○的黃金準則、○○有價值的法則

特色

引人注意

強調

人氣

情緒

真實感

賺到

目標

引導

382　珍貴○○

有效的運用方法 表現為「如寶物般貴重且有價值的事物」。讓顧客產生興趣，並且引導出該寶物的意義。

【例】　▶ 雜誌記者收集而來的珍貴資訊滿載！只要翻閱就會○○

　　　　▶ 也想尋找珍貴物件！稀世珍品盡出

　　　　▶ 珍貴的獨棟物件！連建築專家都認可的○○

近似詞 ➡ 挖掘出來的○○、國寶級的○○、無法輕易拜見的

383　禁忌○○

有效的運用方法 使用一些帶有「目前為止特意禁止的事物或是隱藏的事物」相關詞彙，讓顧客對該內容產生好奇心。

【例】　▶ 揭露會讓顧客喜極而泣的禁忌話題！各年齡層都會玩得很開心

　　　　▶ 禁忌的必勝讀書法！悄悄從升學名校繼承而來的○○

　　　　▶ 刺激過於強烈的禁忌滋味！一種會悄悄成為風潮的預感○○

近似詞 ➡ 破壞規則的○○、打破○○、無人知曉的○○

384　至○○就地取材

有效的運用方法 意思是「曾前往該欲宣傳事物的所在地，並且報告在該地取得的最新資訊」。藉此引發顧客興趣。

【例】　▶ 至沖繩就地取材報告！○○找到沖繩名物的蕎麥麵始祖

　　　　▶ 至分開出售預定地就地取材！徹底調查周遭生活環境！

　　　　▶ 至原料生產地就地取材！實際感受到生產農家的堅持

近似詞 ➡ ○○體驗報告、○○實感報告、○○追蹤報告、○○當地報告

385　只有○○這件事情希望你一定要知道

有效的運用方法 給予顧客一種「只要知道件事情就值得、如果不知道就會損失」的印象，藉此刺激好奇心。

【例】　▶ 只有股票投資這件事情希望你一定要知道！一些小知識也會很有幫助○○

　　　　▶ 只有社會人守則這件事情希望你一定要知道！在出糧之前○○

　　　　▶ 只有簡易化妝術這件事情希望你一定要知道！睡過頭也沒關係

近似詞 ➡ 知道就不會損失、不知道○○就會損失、○○的必要知識

386　知道越多越想○○

有效的運用方法　表現出「知道越多越會出現某種結果」，藉此刺激顧客好奇心，並且對該內容產生興趣。

【例】▶ 知道越多越想一口吞下肚！夏天的沁涼感就靠這個了

　　　▶ 知道越多越想去住一晚，每個角落都不放過的○○

　　　▶ 知道越多越想去！回到孩子般的快樂○○

近似詞 ➡ 知道就更想○○、越來越想知道○○

387　簡單鐵則

有效的運用方法　表現出「要到達理想結果的法則或是方法非常簡單，且容易實踐」。

【例】▶ 培育健全孩子的簡單鐵則！○○打招呼的習慣

　　　▶ 成功留學海外的簡單鐵則！○○生活環境

　　　▶ 煮出好吃新米的簡單鐵則！新米就要○○

近似詞 ➡ ○○基本的基本、○○的簡單重點、簡單的方程式

388　小道消息

有效的運用方法　「小道消息」的意思是「會比各個媒體發出更快、更新鮮的資訊」的意思。藉此引發顧客好奇心。

【例】▶ 超級小道消息！紐約的原生概念將登入日本

　　　▶ 小道消息！休息前可以額外領到生巧克力！

　　　▶ 小道消息！最受歡迎女高中生的是○○

近似詞 ➡ 獨家新聞○○、○○的重大事件、○○的地方社會版、特稿○○

389　不足為外人道也○○

有效的運用方法　給予顧客一種「截至目前為止，連相關人員都保密的資訊」的印象，藉此讓顧客對該內容產生興趣。

【例】▶ 不足為外人道也，當地漁夫才知道的滋味，只能在豐收時享受的○○

　　　▶ 不足為外人道也，溫泉的新樂趣，全身浸泡在溫泉裡，同時○○

　　　▶ 不足為外人道也，打造一個家所要面對的真實狀況！房仲人員的真心話○○

近似詞 ➡ 無人能置喙○○、無法對外刊登的○○、沒人敢說的○○

390　**告訴你一個祕密的○○**

有效的運用方法　傳達出「悄悄地告訴你，截至目前為止這些資訊都是祕密」的意思。刺激顧客想要知道祕密的好奇心。

【例】　▸ 告訴你一個祕密的調味方法，老奶奶傳授的○○
　　　　▸ 告訴你一個祕密的運動方式！可以維持理想體態的○○
　　　　▸ 告訴你一個祕密的小餐館，會不斷推出美食的○○

近似詞 ➡ 偷偷公開、一窺○○、讓你瞧瞧○○的幕後

391　**不容錯過的○○**

有效的運用方法　直接表現出「如果錯過，會有損失」的意思，讓顧客對該寶貴的內容產生興趣。

【例】　▸ 經常需要調貨、不容錯過的嚴選甜點！嗜甜如螞蟻者絕對招架不
　　　　　住的○○
　　　　▸ 附近不容錯過的觀光景點！可當天來回的一日遊○○
　　　　▸ 不容錯過的！電視節目中介紹過的話題性○○

近似詞 ➡ 千萬不可錯過！、只有○○不容錯過、錯過一定後悔○○

B-6　運用反話表現

當顧客遇見與自己平時思想以及預測完全不同的事物時，或是和相反事物搭配組合的思考混亂狀況下，反而更能提高顧客的關心度。也就是說，會造成顧客思考混亂的反話表現，更能夠吸引顧客注意。

B-6　運用反話表現

392　○○嗎？還是？

有效的運用方法 準備兩個相反的選項，讓顧客從中挑出一個。用疑問句的形式，吸引顧客注意。

【例】　▶ 買屋嗎？還是租屋？挑選公寓請找○○

　　　　▶ 想買水果嗎？還是冰品呢？都可以從其他各店調貨

　　　　▶ 想到班上課嗎？還是在家中函授呢？可用自己喜愛的方式學習

近似詞 ➡ ○○？還是××？、做○○？還是什麼都不做？

393　即使沒有○○也可以××

有效的運用方法 藉由表現出「雖然沒有常見的條件會很麻煩，即使沒有該條件了，也可以輕鬆完達成目的」，給顧客帶來衝擊性。

【例】　▶ 即使沒有時間，也可以用微波爐烹調的正宗義大利料理！

　　　　▶ 即使沒有自有資金，也可以購買！○○完整的契約規畫

　　　　▶ 即使沒有電腦基本知識，也可以上網！輕鬆上網指南

近似詞 ➡ 即使沒有○○也可以心平氣和地××、即使沒有○○也沒關係

394　因為不是○○所以可以輕鬆面對

有效的運用方法 對於一些「原本應該是嚴重的事情」，「基於某種理由，所以否定了其嚴重性」，藉此傳遞出「可以輕鬆面對」的感覺，吸引顧客的目光。

【例】　▶ 因為不是從頭開始所以可以輕鬆面對！只要最後調味即可上菜

　　　　▶ 因為不是很遠，所以可以輕鬆面對！就當做出門購物的感覺，享受一下○○

　　　　▶ 因為不是整個改建，所以可以輕鬆面對！只要部分改裝一些在意的部分

近似詞 ➡ 因為不是○○，所以很輕鬆、因為不是○○，所以非常容易

395　因為是○○所以無法放心

有效的運用方法　藉由說反話，呼籲處於安心狀況的人們要注意。

【例】　▶因為是梅雨季節所以無法放心！濕度高的時候更要擔心○○食物中毒

　　　　▶因為是天然食品所以無法放心！真正的品質是○○

　　　　▶因為是中藥所以無法放心！端看你的使用方法而○○

近似詞 ➡ 因為○○，所以別太放心、只有○○讓人無法放心、現在談放心還太早

396　讓○○與××共存

有效的運用方法　藉由「把平常很難兩立的兩種事物放在一起，讓該兩種事物同時存在」的表現，吸引顧客關注。

【例】　▶讓工作與家庭共存！建立張弛有度的○○

　　　　▶讓高級感與低價位共存！用新工法開創未來的○○

　　　　▶讓清爽與彈力口感共存！夢幻級的甜點○○

近似詞 ➡ 讓○○與××並存、讓○○與××互相融合、讓○○與××互相競演

397　○○的想法已經過時了

有效的運用方法　傳達出「以往的想法已經過時，因此想要切換成新的想法」，藉此聚集目光。

【例】　▶買土地的想法已經過時了！未來會多利用租借的方式

　　　　▶治療的想法已經過時了！預防才是新的○○

　　　　▶健康的古銅色想法已經過時了！紫外線的影響是○○

近似詞 ➡ ○○已經是過去的事、○○已經是舊話、○○是過去的××

398　甚至都不覺得是○○的××

有效的運用方法　強調「該是物從外觀或是與印象中所想像的情形完全不同」。

【例】　▶甜味清爽，甚至都不覺得是日式糕點了

　　　　▶口感滑嫩，甚至都不覺得是豆腐了！

　　　　▶搭載著各種高機能，甚至都不覺得是手機了！

近似詞 ➡ 沒辦法想像會是○○、好像不是○○、不敢相信是○○

特色

引人注意

強調

人氣

情緒

真實感

賺到

目標

引導

399　○○又✕✕

有效的運用方法　表現時把「兩個相反意義的條件」搭配組合，呈現出一種講反話的感覺。藉由「讓顧客在心中產生疑問」的方式，進而讓顧客產生興趣。

【例】　▶ 在純淨又有存在感的空間裡，度過一段舒適的時光

　　　　▶ 細緻又大膽的顏色，反而帶來一種嶄新的印象！

　　　　▶ 帥氣又可愛！那樣的時尚感就是流行！

近似詞 ➡ 不論○○而且✕✕、都是因為○○所以✕✕、雖然○○但是✕✕

400　在○○就可以✕✕

有效的運用方法　與「標示地點相關的字彙」搭配使用，給予顧客一種「以往不在該地點就辦不到，但是現在可以了」的印象。

【例】　▶ 在市中心就可以愉悅盡享奢華！身心都被療癒○○

　　　　▶ 在家中就可以學會商務技巧！使用網路進行○○

　　　　▶ 人在公司就可以操控家中的電器！

近似詞 ➡ 雖然人在○○但是彷彿卻在✕✕、忘記自己人在○○卻進行✕✕

401　顛覆對○○的印象

有效的運用方法　藉由表現出「與既有概念完全不同的印象」，強調「與其他相比的東西有所不同」。

【例】　▶ 顛覆過去對旅行的印象！因應顧客期望的○○

　　　　▶ 沉穩堅固的機身！顛覆對筆記型電腦的印象

　　　　▶ 顛覆對優格的印象，色彩豐富其實更新鮮！

近似詞 ➡ 與○○差異很大、改變○○的印象

402　○○也能給人好印象

有效的運用方法　表現出「通常應該是不會有好印象的狀況，但是現在卻能產生好印象」。強調驚人且厲害的程度。

【例】　▶ 下雨天也能給人好印象！不會過於沉重的配色相當不錯！

　　　　▶ 在辦公室內也能給人好印象！具有正式感的上下班穿搭○○

　　　　▶ 在度假村也能給人好印象！彷彿融入海邊的感覺○○

近似詞 ➡ 即使○○也能給人好印象、對○○也很適合、○○也感覺良好

403　××（動詞）○○（名詞）的盲點

有效的運用方法 強調「不小心漏掉、不留神所以沒注意到」的部分，藉此吸引顧客關心。

【例】 ▶ 克服手機既有功能的盲點！水中也可使用的○○
　　　 ▶ 徹底克服中古公寓的盲點！與新建案一樣的狀況是○○
　　　 ▶ 掩護安全系統盲點的新系統

近似詞 ➡ 將○○的缺點××、將○○的劣勢××

404　○○都算不了什麼

有效的運用方法 傳達出「不論有多麼強烈的阻礙降臨，都不會向其低頭認輸」的意思。是一種可以吸引顧客關注的表現。

【例】 ▶ 冬季寒冷、夏季炎熱都算不了什麼！在嚴峻的狀況下也沒問題
　　　 ▶ 強烈的日照都算不了什麼！有了 UV Power 就可以安心的○○
　　　 ▶ 險峻的山路都算不了什麼！看到絕美景色就能一掃疲勞！

近似詞 ➡ ○○也沒關係、○○也很淡定、也不會輸給○○

405　敢○○

有效的運用方法 表達出「如果是一般的情形絕對無法繼續，這次卻敢進行」的決心，給予顧客一種「只有這樣才有價值」的印象。

【例】 ▶ 敢自己遠行的氣魄湧現！精神抖擻的祕訣是○○
　　　 ▶ 只要敢來體驗就會認同！與外表截然不同的○○
　　　 ▶ 敢嘗試與各種東西比較！所以我們知道○○

近似詞 ➡ 多做的○○、特意地○○、有意地○○

406　必要的不是○○，而是××

有效的運用方法 對於某些事物「否定其一般來說被理解為是必要的」，傳達出「正確的事物另有答案」，讓顧客抱有興趣。

【例】 ▶ 對你而言，必要的不是休養，而是運動！適度的運動讓人○○
　　　 ▶ 必要的不是時間，而是決心！試著從一開始就○○
　　　 ▶ 必要的不是營養，而是保濕！為了維持濕潤度○○

近似詞 ➡ 重點不是○○，而是××、最重要的不是○○，而是××

特色
引人注意
強調
人氣
情緒
真實感
賺到
目標
引導

407　出乎意料的○○

有效的運用方法 運用「出乎意料」一詞的表現，明確傳遞出與其他「類似的東西不同」。

【例】 ▶ 出乎意料的室內裝飾，讓來訪者驚艷不已！讓人想親眼看一次○○

　　　 ▶ 出乎意料的唇形！閃閃動人的水嫩光澤度○○

　　　 ▶ 出乎意料的絕妙組合！兩種味道完美結合

近似詞 ➡ 意外的○○、意料之外的○○、意想不到的○○、超出預期的○○

408　這樣的○○是會被討厭的

有效的運用方法 藉由表示最好不要這樣做，吸引顧客注意，引導他們認為「這樣的東西會被討厭，所以應該要那樣做」。

【例】 ▶ 這樣的速度是會被討厭的！3 分鐘以內才叫做速度！

　　　 ▶ 這樣的熱銷是會被討厭的！不知不覺之間就賣掉了○○

　　　 ▶ 這樣的旅館是會被討厭的！評價是從前往房間的路程開始決定的

近似詞 ➡ 被討厭的○○、這樣的○○會惹人嫌、這樣的○○真討厭！

409　為了不要失敗的○○

有效的運用方法 不是介紹「為了更好的方法」，而是介紹「為了不要失敗的方法」，藉此引發顧客興趣。

【例】 ▶ 為了不要失敗的住宅選擇！因為金額那麼大筆，所以○○

　　　 ▶ 為了約會不要失敗的餐廳！○○能讓女性朋友開心的小心機

　　　 ▶ 為了不要失敗的加盟連鎖店經營術！絕對必要

近似詞 ➡ 為了不要損失的○○、不失敗的○○、為了不要後悔○○

410　打破舊有概念的○○

有效的運用方法 對象目標事物給予顧客一種「具有強烈衝擊性」的印象。使用時通常會與「可以做為證據的表現」搭配組合。

【例】 ▶ 打破舊有概念的製造技術！師傅的技能已超越最新技術！

　　　 ▶ 打破舊有概念的含糖度！讓人覺得已經達到水果的顛峰○○

　　　 ▶ 打破舊有概念的口感！這般滑潤感改變了你我對豆腐的刻板印象！

近似詞 ➡ 超越常識的○○、超出想像的○○、破盤的○○、無法想像的○○

411　時而○○，時而××

有效的運用方法 藉由將「兩種不同形象組合一起」，傳遞出可以享受到「與平時不同形象變化」的感覺。

【例】 ▸ 時而淑女，時而惡女！這是我們的目標 Style
　　　 ▸ 時而豪邁，時而細膩！這就是○○的手工藝品
　　　 ▸ 時而暢快放鬆，時而嚴肅緊張。盡享這種情緒起伏的○○

近似詞 ➡ 總是○○，偶爾××、改變氣氛○○、與平時不同

412　真的有○○耶！

有效的運用方法 表現出一種「當初覺得不可置信、還以為是謊言，但是因為某種機緣確認是真的」的感覺。

【例】 ▸ 真的有驚人效果耶！當初雖然很懷疑，沒想到是真的○○
　　　 ▸ 真的有這間鄉民們口耳相傳的餐廳耶！終於找到了○○
　　　 ▸ 真的有這間令人嚮往的教堂耶！藝人們也會在此舉行結婚典禮
　　　　 ○○

近似詞 ➡ 真的有○○、好像被騙一樣，真正的○○、彷彿虛構的○○

© 【強調】 有效傳達、讓優異的部分更加顯著

> 更明確且有效率地傳遞出想要行銷事物（商品或是服務）「原本具有的價值」，讓「顧客所感受到的價值或是條件」更加明確，同時更大膽地強調該部分。

　　即使是同樣的商品，也會因為傳達價值的方式不同，而讓顧客在價值感受上產生極大的差異。不論該事物能夠提供多少好處，如果無法正確傳達，該優點就彷彿不存在。所以，重點是如果有優異的部分或是條件存在，就要更有效地傳達、讓該部分更加醒目。

　　我們必須思考的是該如何展現出與其他事物的差異、如何強調欲提供事物的優勢。不只是讓顧客對這些具有優勢的條件產生衝擊性。必須依照該優勢的內容或種類，採取不同且最適合的表達方式。

　　本章節從「運用於想帶出衝擊感、強調時」、「展現出堅持講究、特殊感」、「展現出附加價值（附贈、加值、更進一步）」、「強調比較條件、比較優勢」等面向，介紹能夠讓這些優勢更加醒目的關鍵金句。期望你能運用這些關鍵金句，把焦點集中在想要行銷事物所擁有的優異部分，展現出最好的一面。和顧客以往的反應比較起來，應該會出現驚人的落差。

C-1　想帶出衝擊感、強調時

想要傳達的優點或是條件如果不夠醒目，很容易就會被其他資訊埋沒。運用各種表現，例如：給予顧客衝擊性，或是單純地強調等，都可以讓想要傳達的內容更加受到矚目。

C-1　想帶出衝擊感、強調時

413　○○ vs ✕✕

有效的運用方法　準備兩種選項或是條件，再藉由「vs」一詞，給予顧客一種即將要戰鬥的感覺。可以藉此讓兩種條件都受到矚目。

【例】 ▸ 小惡魔 vs 小女孩，喜愛的品牌互相較勁！
　　　 ▸ 豪華感 vs 靜謐感，不論哪一邊獲勝都是很棒的比賽！
　　　 ▸ 依個人喜好選擇，地板暖氣 vs 煤油暖氣，選任一種都不會後悔！

近似詞 ➡ ○○與✕✕對決、○○對✕✕，你選哪一個呢？○○對決✕✕與△△

414　壓倒性的○○

有效的運用方法　想要展現的事物本身具有壓性倒的意義與存在感。能夠給予顧客一種強烈的衝擊感。

【例】 ▸ 壓倒性的絕美度！令人陶醉的美
　　　 ▸ 壓倒性的有趣度！重返童心，打從心底快樂！
　　　 ▸ 壓倒性的居住舒適度！從社區營造的觀點來看，堅持細節的○○

近似詞 ➡ 壓倒的○○、首屈一指的規格○○、無法比擬的○○

415　避免使用超過／過量○○

有效的運用方法　為了傳達出效果很強，只要少量使用就足夠的意思。可以與帶有效果強勁意思的詞彙搭配使用。

【例】 ▸ 因為效果過強，請避免一天使用超過3錠！
　　　 ▸ 因為效果強勁，請避免使用超過一個！
　　　 ▸ 只要一粒就夠了，請避免使用過量！

近似詞 ➡ 用至○○為止、請詳閱使用說明書、使用到○○為止

416　○○為之傾倒

有效的運用方法　表現出可以瞬間輕鬆抓住顧客情緒的強烈衝擊印象。

【例】 ▶ 讓成熟男子也為之傾倒的自動上鍊手表

　　　 ▶ 少女心皆為之傾倒！可愛的設計真是超級 Cute ！

　　　 ▶ 只要嘗過一次，所有人都會為之傾倒！

近似詞 ➡ ○○一擊必殺！、捕獲○○、射進心房○○

417　○○從北到南

有效的運用方法　表現出該事物是從各個地點、各個角落尋找而來，所以貨真價實的意思。

【例】 ▶ 從北找到南的夢幻地酒！在整個日本來回尋找

　　　 ▶ 從北到南的冬季人氣商品，各地的人氣○○

　　　 ▶ 日本列島從北到南！集結各地嚴選名產的○○

近似詞 ➡ ○○聚集在此、世界各地聚集而來、遍布全國○○

418　○○至極

有效的運用方法　簡短展現出某項特徵與其他事物比較起來非常醒目的印象，藉此讓該事物本身擁有的特色更具衝擊性。

【例】 ▶ 美味至極，自古培育出的傳統風味就在此

　　　 ▶ 美麗至極，不僅畫面唯美，外觀也很講究

　　　 ▶ 感動至極！讓人想再訪的○○

近似詞 ➡ 極○○、○○的極致、極致的○○、十分幸福的○○

419　○○才是××的必要條件

有效的運用方法　表現出在某些領域，只有某項特色才是首要條件。

【例】 ▶ 超彈牙才是手打麵的必要條件。請品嘗這彈牙的口感

　　　 ▶ 烏黑的秀髮才是女性美麗的必要條件，維持閃耀的光澤感○○

　　　 ▶ 這種開放感才是療癒的必要條件。讓人感受到空間深度的○○

近似詞 ➡ 正因為○○，所以重點是××、真正重要的是○○

420　越○○越××

有效的運用方法　當經驗或是行動不停反覆時，表現出欲帶給顧客的衝擊性特色會格外醒目的意思。

【例】 ▶ 越吃越著迷，會上癮的滋味就是○○

　　　 ▶ 越靠近越會被注意到肌膚紋理

特色

引人注意

強調

人氣

情緒

真實感

賺到

目標

引導

▸ 越使用越讓人對該效果愛不釋手○○

近似詞 ➡ 越○○會變得越××、越○○會更××

421　極品○○

有效的運用方法　將某項條件與「極品」一詞搭配使用，藉此給予顧客一種該條件品質更優異的印象。

【例】 ▸ 極品起司蛋糕特輯！沒吃過這個，就別說你吃過起司蛋糕！

　　　 ▸ 這就是極品的療癒效果！彷彿有整個人被吸進去的錯覺○○

　　　 ▸ 讓整個冬季更加精彩的極品火鍋，度過嚴寒季節的夢幻級○○

近似詞 ➡ 到完美為止○○、滿溢的○○、Perfect的○○

422　○○宣言

有效的運用方法　運用這種很果斷的詞彙，讓顧客產生一種強烈的印象，藉此傳達出保證該內容與該強烈意志同時存在的意思。

【例】 ▸ 滿意度 No.1 宣言！讓顧客開心的○○

　　　 ▸ 絕對滿意宣言！保證你在住宿期間能獲得平靜與滿意！

　　　 ▸ 零疑問宣言！不會讓顧客有機會提出問題，所以○○

近似詞 ➡ 宣誓！○○、發誓○○、約定○○、○○的誓言

423　○○大爆發

有效的運用方法　表現出想要強調的特色，給予刺激且強烈的衝擊性。

【例】 ▸ 人氣大爆發！不斷銷售一空的夢幻品牌終於進貨！

　　　 ▸ 辣度大爆發！連重度嗜辣者都招架不住的辛辣刺激直衝腦門！

　　　 ▸ 融化的美味度大爆發！入口即化的口感

近似詞 ➡ 大爆發的○○、○○大突破！、○○炸裂！、○○爆裂！

424　即使○○也不用在意××

有效的運用方法　通常會被某些要件或是條件影響，但是現在要介紹的這項事物並不會被那些條件影響，藉此強調其存在感。

【例】 ▸ 即使是 20、30 歲也都不用在意年齡的美麗裸肌

　　　 ▸ 即使是電腦初學者也不用在意程度，我們都會仔細指導

　　　 ▸ 即使是男性也不用在意，不論性別都可以使用的保濕○○

近似詞 ➡ 與○○無關、○○沒關係、無視於○○，可以××

425　○○度200%

有效的運用方法 為了強調某特色，將該特色的效果用雙倍來表現。

【例】　▶ 溫泉滿意度 200%！本館最推薦附有絕佳美景的露天溫泉○○

　　　　▶ 稀有度 200%！幾乎沒有這樣的機會！

　　　　▶ 性感度提升 200%！暗色系的搭配組合更○○

近似詞 ➡ ○○度××倍！、超群的○○、出類拔萃的○○、差距懸殊的○○

426　打從心底愛上○○的理由

有效的運用方法 表示針對某項條件具有強烈的愛戀，給予顧客一種衝擊感，並且引導出該理由。

【例】　▶ 打從心底愛上上鍊式手表的理由，不受時代影響的○○

　　　　▶ 打從心底愛上自己家的理由，滿足居住者各自期望的○○

　　　　▶ 打從心底愛上鄉村餐廳的理由，極盡講究自然的○○

近似詞 ➡ 迷戀○○的理由、對○○真正的理由、對○○著迷的理由

427　總之，超耐／超防○○

有效的運用方法 不拐彎抹角、直接的表現出來，藉此給予顧客一種衝擊性。

【例】　▶ 總之，超耐衝撞的堅固包身！散發出男人味的商務包

　　　　▶ 總之，超防水！長時間游泳也完全不用擔心，超安心！

　　　　▶ 總之，超耐地震搖晃的耐震構造！從此消除對地震的不安

近似詞 ➡ 對○○異常堅固、一直很堅固○○、不輸給○○

428　○○的覺悟

有效的運用方法 表現出強烈意志、勇於面對接下來可能會出現的嚴重狀況，藉此引發顧客注意。

【例】　▶ 重大選擇的覺悟！一輩子只買一次，所以要認真地好好選！

　　　　▶ 要有排隊覺悟的名店！想進去○○品嘗一次看看是什麼味道

　　　　▶ 領導者的覺悟是要強化經營！思維改革的○○

近似詞 ➡ ○○的決定、心中決定要○○、○○的精神準備、堅定地下決心○○

429 ○○**的逆襲**

有效的運用方法 表現出平常不太注意的事情突然來襲，藉此吸引顧客注意，並且提出顧客所關心的解說或是因應對策。

【例】▶ 花粉的逆襲！在花粉季節到來前事先預防的○○
　　　▶ 教育費的逆襲！預先準備好不斷累積的教育費○○
　　　▶ 大嬸肌的逆襲！隨著年齡開始在意的○○

近似詞 ➡ ○○的叛逆、○○的威脅、襲擊而來的○○、侵襲來的○○

430 ○○**的顛峰**

有效的運用方法 展現出在某些領域的最高等級。給予顧客衝擊感並且與具有該意義的事物連結。

【例】▶ 有法式餐廳顛峰之稱的名店風味再現！
　　　▶ 甲州葡萄的顛峰！產地直送○○
　　　▶ 歷史系列叢書的顛峰！由名師展現的○○

近似詞 ➡ 大師級的○○、優異的○○、○○的最高等級

431 ○○**達人**

有效的運用方法 表現為在某領域的達人，使其醒目的同時引發顧客興趣，引導出連達人都講究的內容。

【例】▶ 製鞋達人首選、最推薦的商品！
　　　▶ 改建達人講究至細部的改建規畫
　　　▶ 感動表演的達人！婚禮是人生最盛大的一場表演！

近似詞 ➡ ○○名匠、○○巨匠、○○大師、○○名人

432 ○○**的頂端**

有效的運用方法 表現出「在某些領域達到頂端」的強烈存在感，藉此聚集目光，並且將顧客引導至相關內容。

【例】▶ 目標是達到閃耀的頂端，讓女性綻放美麗！閃閃發光般的○○
　　　▶ 站在美味的頂端名品，該價值迄今不變
　　　▶ 到達國產車的頂端，彷彿融入日本風情的○○

近似詞 ➡ ○○的極致、終極的○○、最高的○○、至高無上的○○

特色
引人注意
強調
人氣
情緒
真實感
賺到
目標
引導

433　已準備妥當的○○

有效的運用方法 意思是為了某個突發狀況而準備、非常重視的事物。藉此引導出該事物是相當有助益的事物。

【例】 ▶ 夏天時就已準備妥當的毛衣！只要一件就能展現出成熟大人味！

　　　 ▶ 已準備妥當的緊急備用食材！預防非常時期的保存食品

　　　 ▶ 已準備妥當的美味味噌湯！和風高湯是關鍵的○○

近似詞 ➡ 非常時期的○○、○○的祕密武器、○○的最終手段

434　○○超強魄力

有效的運用方法 表現出該事物承受了巨大力道的衝擊。可以和一些會增加衝擊性、帶有壓迫感覺的事物連結。

【例】 ▶ 一望無際的地平線超強魄力！只要見過一次就忘不了

　　　 ▶ 又大又圓的超強魄力！大到顛覆對哈密瓜的印象，實在是讓人太驚喜了！

　　　 ▶ 實際感受到大畫面影像的超強魄力！用大畫面○○欣賞美麗的場景

近似詞 ➡ ○○百萬噸級、○○的衝擊、○○的重大魄力、充滿衝擊感的○○

435　○○Power Up

有效的運用方法 強調某件事情進行的力道或是特定效果變得更強。與一些可以表現出力量的詞彙搭配使用更具效果。

【例】 ▶ 漂白力 Power Up ！漂白力更進一級○○

　　　 ▶ 療癒效果 Power Up ！柔軟的玫瑰香氣包裹住全身

　　　 ▶ 理解力 Power Up ！我們擁有完整透析證照考試的教材與實力堅強的講師

近似詞 ➡ ○○能量倍增！、非常○○地、○○能量滿溢

436　不斷○○

有效的運用方法 讓顧客注意到某種現象頻繁地發生，並且引導出該現象發生的理由。

【例】 ▶ 不斷有人詢問！從一開賣就引爆人氣的○○

　　　 ▶ 不斷缺貨！組合式購買非常引人矚目，持續處於供貨量短缺的狀態○○

　　　 ▶ 不斷發出驚嘆聲！只要用過就能實際感受到那種美好

近似詞 ➡ 一個接著一個的○○、經常發生的○○、持續不斷地○○

特色
引人注意
強調
人氣
情緒
真實感
賺到
目標
引導

437　○○無極限

有效的運用方法　表現出「想要表達的特色無極限、事物規模較大」，藉此讓顧客注意，並且引導出進一步的內容。

【例】　▶ 感動無極限！請盡情眺望美景直到心情舒暢
　　　　▶ 舒適無極限！室內設計與運用地形的設計是○○
　　　　▶ 開心無極限！可以符合個人喜好進行各種有趣的玩法

近似詞 ➡ 無限的○○、每次都○○、○○到滿足為止

438　連○○都說不出話

有效的運用方法　意思是連平常受人景仰的大人物都會發出驚嘆聲。給予該特色一種衝擊性。

【例】　▶ 連講究的客人都說不出話！令人驚豔的待客之道
　　　　▶ 連知名主廚都說不出話！味道完成度○○
　　　　▶ 基本服務完整到連同業其他公司都說不出話

近似詞 ➡ 連○○也甘拜下風、連○○都認輸、○○也心服口服

439　能大幅提升○○

有效的運用方法　為了凸顯某項特色，將該效果等表現為急遽攀升，藉此吸引顧客關注並且可以在後方接續更詳細的內容。

【例】　▶ 能大幅提升好女人指數！簡單的設計是今年的○○
　　　　▶ 能大幅提升回客率的店面設計○○
　　　　▶ 能大幅提升孩子興趣！快樂學習的教材○○

近似詞 ➡ 加速○○、不斷地○○、一口氣○○

440　超出○○

有效的運用方法　意思是已經超越頭腦可以思考的程度。給予顧客一種衝擊感。

【例】　▶ 超出預期的絕佳美景讓人說不出話！烙印在腦海裡的風景是旅行的○○
　　　　▶ 超出想像的規模，讓人驚嘆
　　　　▶ 用超出理解的速度，刺激男人的心！

近似詞 ➡ 超越○○、不尋常的○○、遠遠超過○○

441　震撼○○的衝擊

有效的運用方法　意思是「腦海或是心中」受到撼動般劇烈衝擊的意思。給予顧客一種強烈衝擊感，引導他們對該內容產生興趣。

【例】　▶ 震撼靈魂的衝擊！從建在懸崖邊的房子眺望出去會是○○

　　　　▶ 震撼腦門的衝擊！只要在嘴裡含一口就會直衝腦門

　　　　▶ 震撼欲望的衝擊！金屬質感展現出男人味

近似詞 ➡ 撼動人心的衝動、激烈的衝動○○、衝擊的○○

442　招喚○○的××

有效的運用方法　能把「理想狀態或是絕佳事物」招喚過來的意思。藉此聚集顧客目光、讓顧客懷抱著興趣。

【例】　▶ 招喚感動的餐廳！誠摯的待客之道與料理

　　　　▶ 招喚內心眼淚的感動作品，心靈澄淨般的○○

　　　　▶ 招喚幸福的居家設計，居住者全都展現笑容的○○

近似詞 ➡ 召集○○的××、招攬○○的××、吸引○○過來

443　引領○○

有效的運用方法　表現出搶先一步進行的意思。引導顧客注意該內容或是祕訣、方法等。

【例】　▶ 引領新時代的新型股票投資，新形態的○○

　　　　▶ 引領公寓生活！從社會生態學的觀點來看也○○

　　　　▶ 在引領流行趨勢的雜誌中，經常受到矚目的○○

近似詞 ➡ 搶先○○、○○的先驅者、拉攏○○

444　百年難得一遇的○○

有效的運用方法　表現時加上幾乎沒有時機或是機會的意思。讓發生的事情與內容更顯著。

【例】　▶ 百年難得一遇的光景刻印在心底！這個場景能夠改變人生

　　　　▶ 彷彿瞬間墜入百年難得一遇的戀情！顫抖的雙唇○○

　　　　▶ 彷彿是百年難得的相遇，前往拜訪的是○○

近似詞 ➡ 一世紀一次○○、千年一遇○○、命運的○○

特色

引人注意

強調

人氣

情緒

真實感

賺到

目標

引導

445　**360度○○**

有效的運用方法　帶有全方位意思的詞彙。所有事物都一網打盡，給予顧客一種完整的印象。

【例】　▸ 因應顧客期望！進行360度完整調查！

　　　　▸ 360度可環視絕佳美景的展望台，呈現出一種開放感！

　　　　▸ 360度環繞式展望露天溫泉，盡收四面八方的景色

近似詞 ➡ 迴轉一圈○○、只要環視就○○、從任何角度看都○○

446　**最熱門的○○**

有效的運用方法　意思是某項條件目前是最受矚目的熱門事物。藉此給予顧客衝擊感。

【例】　▸ 現在最熱門的就是這個！給人超夯印象的二手牛仔服飾

　　　　▸ 惠比壽最熱門的法式餐廳！

　　　　▸ 這個春天最熱門的甜點！預約等待也是理所當然的事

近似詞 ➡ 最火熱的○○、狂熱的○○、最HOT的○○、○○火紅到快被灼傷的地步

447　**傳說中的○○**

有效的運用方法　意思是經常成為身邊的話題。在強化衝擊性的同時，也引導出其理由。

【例】　▸ 傳說中的高評價煎餃！酥脆的口感讓人食指大動！

　　　　▸ 傳說中的一道菜！這○○味道因口耳相傳而成名

　　　　▸ 傳說中的雙唇，豔麗燦爛的嘴角，聚集了眾人的視線

近似詞 ➡ 稱作傳奇的○○、口耳相傳的○○、因○○成為話題

448　**命定的○○**

有效的運用方法　表現中包含著「留有能讓人感受到命運的強烈印象」的意思。給予顧客一種神祕的印象。

【例】　▸ 遇到命定的家！找到一間完全符合想像的房子○○

　　　　▸ 命定的工作，邂逅了可以做一輩子的職業

　　　　▸ 命定的飾品，讓人覺得這個邂逅就是命運

近似詞 ➡ 宿命的○○、感覺到邂逅○○、感覺到命運○○

449　前衛大膽的○○

有效的運用方法 表現出一種俐落、銳利的印象。給予顧客衝擊感，藉此聚集目光。

【例】 ▶ 前衛大膽的外表很有新鮮感！未曾有過的嶄新設計○○
　　　 ▶ 前衛大膽的組合，意外帶來好印象！秋季的戶外○○
　　　 ▶ 前衛大膽的進口品！展現出○○的銳利印象

近似詞 ➡ 銳利的○○、有尖銳感的○○、有抑揚頓挫的○○

450　不吝表現出○○

有效的運用方法 運用帶有「毫不猶豫全力進行」意思的「不吝」一詞，強調想要傳達的內容。

【例】 ▶ 讓人不吝表現出讚賞的知名品牌酒，代代相傳的釀酒○○
　　　 ▶ 讓人不吝表現出眷戀的各式家具，讓人感受到歷史的○○
　　　 ▶ 將不吝表現出的探究之心運用於現代技術！持續堅持的○○

近似詞 ➡ 打從心底○○、深入直至○○、用盡心力○○

451　莊嚴的○○

有效的運用方法 想要展現出神聖、神祕感的高貴印象，藉此給予強烈的衝擊感。

【例】 ▶ 注視著莊嚴的夕陽西下，盡情享受旅行的○○
　　　 ▶ 莊嚴的美麗，通透般的耀眼○○
　　　 ▶ 親身體驗炫目莊嚴的自然景觀！感受到自己存在於大自然之中

近似詞 ➡ 神聖的○○、帶有高尚形象的○○、崇高的○○、難以靠近的○○

452　華麗的○○

有效的運用方法 在原有的美麗姿態上，添加更雍容華貴的印象。

【例】 ▶ 在貌似華麗宮殿的西式旅館裡度過這趟旅程！真想住一次○○
　　　 ▶ 華麗的刀功相當吸睛，彷彿大廚就在自己面前
　　　 ▶ 邀請你參加今晚的華麗宴會，○○出眾的打扮

近似詞 ➡ 高貴的○○、閃耀般的○○、偉大的○○

453　終極版的○○

有效的運用方法　表現出在某些領域中，已沒有比這個更極端事物的意思，藉此提升該事物價值。

【例】　▶ 終極版的蒙布朗，吃起來不像蛋糕的口感受到很多人喜歡
　　　　▶ 終極版的商務工具是將攜帶式資訊終端技術做最廣泛的運用
　　　　▶ 盡情品嘗終極版的風味，在飄散著京都風情的料亭中度過

近似詞 ➡ 相差懸殊的○○、越線的○○、超～級的○○、無敵的○○

454　驚奇的○○

有效的運用方法　某些條件越驚人越好的意思。藉此聚集顧客目光、引導出對該事物優點部分的說明。

【例】　▶ 驚奇的滲透力，能深入滲透至肌膚底層！
　　　　▶ 驚奇的黑醋力量，能澆灌疲憊的身體！
　　　　▶ 驚奇的新材質能調節體溫！體感溫度變得完全不同○○

近似詞 ➡ 驚愕的○○、想像不到的驚愕、出人意表的○○、超越想像的○○

455　震驚業界

有效的運用方法　具有能在某個業界產生強烈衝擊的強大影響力。藉此給予顧客一種會產生戲劇性變化以及衝擊性內容的印象。

【例】　▶ 震驚建設業界！嶄新工法掀起居家設計革命！
　　　　▶ 震驚業界！新感覺甜點將引領趨勢！
　　　　▶ 震驚業界！搭配能撼動美容美體業界、驚奇的美肌成分！

近似詞 ➡ 掀起業界震盪的○○、業界譁然、業界目瞪口呆的○○

456　強力○○

有效的運用方法　給予顧客一種作用或是效果非常強烈的印象。引導顧客對該作用或是效果解說產生興趣。

【例】　▶ 強力離子力可以保持房間舒適！空調原有的○○
　　　　▶ 強力消臭效果，可以遮蔽寵物發出的惱人異味！
　　　　▶ 強力振動促進血液循環！消除肌肉僵硬○○給你舒適的睡眠

近似詞 ➡ 非常強烈的○○、火力全開○○、○○的衝擊感、Power○○

特色
引人注意
強調
人氣
情緒
真實感
賺到
目標
引導

457　戲劇性○○

有效的運用方法　表現出彷彿「陷入正在觀賞一場秀或是戲劇的錯覺」，藉此聚集顧客目光，並引導出相關說明。

【例】　▶ 銷售額戲劇性地向上攀升！嶄新的營業模式○○
　　　　▶ 戲劇性地前往澳洲！旅行轉換到了一個神祕的舞台！
　　　　▶ 戲劇性的居家設計！讓你成為主角般○○

近似詞 ➡ 偶像劇般的○○、好像不太自然的○○、刺激的○○

458　就能○○成這樣

有效的運用方法　意思是某項條件「擁有會讓人發出驚嘆聲的規模或是數量」。可以藉此吸引顧客注意。

【例】　▶ 只要化妝，就能更年輕！不知道就是你的損失○○活用法！
　　　　▶ 只是飯鍋不同，就能讓米飯好吃成這樣！運用壓力調整功能○○
　　　　▶ 在此介紹，大家熱烈討論成這樣的話題性減重方法！

近似詞 ➡ 竟然會成為○○的狀態、達到這種程度，所以○○、即使是這樣也○○

459　不會再有比這個更○○了

有效的運用方法　為了表現出最高級的意思，使用強調否定的詞彙，藉此給予顧客一種衝擊感。

【例】　▶ 不會再有比這個更令人期待的興奮程度了！龐大的喜悅緊緊包裹住全身
　　　　▶ 不會再有比這個藝術品更值得的了！由職人全神貫注製作而成的○○
　　　　▶ 不會再有比這個更奢侈的了！○○獨占聳立於眼前的山脈

近似詞 ➡ 超越這個○○的××、超越現在的○○、超越這種感動的○○

460　傑作

有效的運用方法　給予顧客一種所提供的商品是「最佳品質」的印象，除了能讓顧客目光聚焦在商品上，同時也能提升該商品的價值。

【例】　▶ 薩摩燒酒中的傑作！懂門道的達人嚴選○○
　　　　▶ 紀州產酸梅中的傑作！代代相傳的古早味製法○○
　　　　▶ 手工包中的傑作！從皮革品質到縫製，每個細節都有職人級的○○

近似詞 ➡ 最佳表現、○○首屈一指的作品、○○力作、超強的夢幻逸品

461　全身細胞都○○

特色
引人注意
強調
人氣
情緒
真實感
賺到
目標
引導

有效的運用方法　給予顧客一種某項條件的作用可以超越某種程度，直到更細微（末端）部分的印象，藉此帶來強烈的衝擊感。

【例】　▶ 全身細胞都戀上的唇，這個夏天就用雙唇魅惑他！
　　　　▶ 親身感受到全身細胞都充滿喜悅！不再為肌膚紋理感到不安的○○
　　　　▶ 全身細胞都支持著健康！人體原本就具有的免疫力

近似詞 ➡ 直至身體各個角落○○、甚至連結構都○○、連末梢神經都○○

462　成為○○的主角

有效的運用方法　在某個範圍內給予顧客一種「這是最醒目的存在」的印象，藉此引發顧客興趣。

【例】　▶ 成為減重的主角！接下來的減重要○○
　　　　▶ 使用豔麗色系，成為春季的主角！善用原色的○○
　　　　▶ 雍容華貴的裙裝讓妳成為派對的主角！

近似詞 ➡ ○○的紅星、主角就這樣決定了！、○○的女豪傑（英雄）

463　新鮮的驚喜感

有效的運用方法　表現出「截至目前為止沒有過的新發現或是驚奇」。藉此吸引顧客注意，並且對該內容感興趣。

【例】　▶ 觸碰到的感覺不一樣了，有一種新鮮的驚喜感！早晨洗臉○○
　　　　▶ 可以進行農業體驗活動，帶有新鮮驚喜感的民宿
　　　　▶ 在未知大街上獨自旅行的新鮮驚喜感！享受隨興旅遊的樂趣○○

近似詞 ➡ 世界蒐奇○○、謎團重重○○、驚訝到咋舌○○、嚇一跳○○

464　世界第一○○

有效的運用方法　藉由表現出這是「世界上最優秀的事物」，給予強力的衝擊感，並且引導顧客進入該想法。

【例】　▶ 世界第一想去的街道！現在有了自由時間，想再○○一次
　　　　▶ 世界第一易懂的教養法！讓孩子的才能更○○
　　　　▶ 世界第一的蘋果，位居寶座的日本蘋果受到最高讚譽！

近似詞 ➡ 在世界中○○、世界上最重要的是○○、在廣大的世界中○○

465　絕對會感謝

有效的運用方法　表現出針對某些內容「一定會有讓人感謝的部分」，藉此給予顧客一種衝擊感。

【例】　▶ 你絕對會感謝這間餐廳！一定能在約會時得到高分

　　　　▶ 得到花束時絕對會感謝！想要擁有很棒的紀念日，就要○○

　　　　▶ 完全沒錯，你絕對會感謝！將原創的訊息刻入○○

近似詞 ➡ 絕對感動、一定會感激○○、絕對無限感慨！、非常感動○○

466　絕妙的○○

有效的運用方法　表現出「沒有比該項條件更優秀的」。讓顧客注意到該條件，並且引導出相關的優異內容。

【例】　▶ 絕妙的口感是人氣的祕密！後味很棒，能搭配任何東西

　　　　▶ 厚重感與耐久性的絕妙平衡！在商場上活躍的○○

　　　　▶ 絕妙的團隊作業是顧客滿意的祕訣！全體員工必須經常○○

近似詞 ➡ 絕佳的○○、很可以的○○、完全吻合○○、美味的○○

467　史無前例的○○

有效的運用方法　用來表現「目前為止沒有前例」、「目前為止尚未體驗過」的意思。給予顧客一種「嶄新且出人意表」的印象。

【例】　▶ 史無前例的強大優惠滿載！現在不買，可能就○○

　　　　▶ 史無前例的意外服務極具魅力！不知不覺就讓人笑了○○

　　　　▶ 史無前例的奢華輪船之旅！一生一定要搭一次○○

近似詞 ➡ 破盤的○○、例外的○○、特例的○○、未曾有過的○○

468　大膽○○

有效的運用方法　用「大膽」一詞，讓顧客感受到果斷下決心的好處，藉此傳遞出帶有衝擊感的變化很大以及新鮮感。

【例】　▶ 大膽裁剪不需要的部分！簡單的設計永不退流行！

　　　　▶ 大膽預測居家設計趨勢！從標準配備到融入最新技術○○

　　　　▶ 給女性朋友勇氣的大膽新服務！女性專用的○○

近似詞 ➡ 大膽無畏○○、豪爽的○○、莽撞地○○、大肚量的○○

特色
引人注意
強調
人氣
情緒
真實感
賺到
目標
引導

469　不尋常的○○

有效的運用方法　表現出這不是普通事物的感覺。給予顧客一種「這件事物很強烈」的印象。

【例】　▸ 沉穩的外觀下醞釀著不尋常的氛圍，讓人留下特殊的印象○○
　　　　▸ 不尋常的豚骨拉麵！油脂的微妙口感地讓人著迷不已！
　　　　▸ 不尋常的瘦身效果！驚訝聲此起彼落的○○

近似詞 ➡ 不太一樣的氣場○○、會做事的人○○、強者○○、豪傑○○

470　只是為了○○

有效的運用方法　針對某個目標，傳遞出即使對象只是「相當少的人數或是數量」，「也願意耗費勞力或時間」的衝擊感。

【例】　▸ 只是為了心愛的人，盡力打造出名畫般的景色
　　　　▸ 只是為了這一支耗費花上半年時間製作的鋼筆
　　　　▸ 只是為了兩個人就包場的感動！兩人單獨相處的時光是最棒的○○

近似詞 ➡ 為了這一點點的○○、充其量只是為了○○、無非是為了○○

471　富有○○力

有效的運用方法　展現出在某個領域的優異能力。藉此給予顧客衝擊感，並且連結至相關內容。

【例】　▸ 富有創造力的土木工程公司，對材料也相當堅持！
　　　　▸ 富有力量的風味，自家手工特色咖哩餐廳！差異明顯的○○
　　　　▸ 富有收納力的設計深獲主婦朋友支持！不一定需要家具的○○

近似詞 ➡ 力量高漲○○、強力○○、充滿能量的○○

472　超○○

有效的運用方法　讓這些彰顯事物特色的詞彙可以被記在腦袋裡，給予顧客更大的衝擊性。

【例】　▸ 超稀有商品終於進貨！一直等待進貨的傳說級商品
　　　　▸ 買到賺到超划算，先搶先贏來挖寶！請務必在售罄之前過來！
　　　　▸ 超豪華到讓人落淚的客房！住在令人嚮往的飯店內○○

近似詞 ➡ 相當○○、厲害的○○、激○○、不得了的○○、鋒芒○○

473　對症下藥的超有效○○

有效的運用方法　表現時給予顧客一種「採取某項行動的話，就會確實得到某種實際感覺」的印象。可以藉此提高顧客對該行動的關心度。

【例】　▶ 充滿對症下藥的超有效藥用成分！只要試試看就○○

　　　　▶ 對症下藥的超有效英文補習班！在商場上就能實際感受到效果

　　　　▶ 對症下藥的超有效節約法！即使輕鬆開始，也能期待節約帶來的○○

近似詞 ➡ 感受到○○效果、感覺到○○逼近、用肌膚感受到○○

474　徹底○○

有效的運用方法　表達出「事情不會做到一半完結不了，而是會貫徹到底」的意思，加上「徹底」一詞，給顧客帶來一種衝擊性。

【例】　▶ 徹底售罄！存貨全部降價銷售！

　　　　▶ 徹底滿意宣言！徹底達到顧客的期望！

　　　　▶ Excel 運用法徹底訓練！完全學會基礎操作！

近似詞 ➡ 深入○○、直至最後○○、達到完美為止○○

475　由○○挑戰××

有效的運用方法　可以藉由「會讓人甘拜下風的存在或是人物」「互相競爭、挑戰」，創造出絕佳狀態的意思。在提升該對象事物價值的同時，也可聚集顧客目光。

【例】　▶ 由 TOP 10 的人氣料亭挑戰正宗宴席服務！

　　　　▶ 由糕點職人挑戰可為夏季增添色彩的日式糕點！沁涼的日式糕點在此集合！

　　　　▶ 由一級建築師挑戰打造出可以將閒置空間運用到最淋漓盡致的家！

近似詞 ➡ 互相競爭○○、由○○彼此切磋、挑戰○○、○○戰鬥

476　優異的○○

有效的運用方法　表現出某項條件「出類拔萃」的意思。給予顧客一種該事物位於最高級的印象。

【例】　▶ 優異的感動體驗之旅！在南方國度的大自然中○○神祕

　　　　▶ 著迷於這優異的好眠度！只要一個枕頭就能○○

特色

引人注意

強調

人氣

情緒

真實感

賺到

目標

引導

> ▶ 奢侈地享受這優異的新鮮度與魚肉本身的鮮美口感！

近似詞 ➡ 出眾的○○、超出一般的○○、完美的○○

477　超越○○

有效的運用方法 表現為「遠超出一般範圍」的狀態。帶給顧客一種衝擊性，並且連接到相關說明。

【例】　▶ 超越世代的感動！到訪者全都很興奮地○○

　　　　▶ 超越本尊的完成度！超越正宗風味西式甜點的○○

　　　　▶ 超越義大利的料理菜單！用創意料理○○（打造）新口味

近似詞 ➡ 飛至○○、高高在上的○○、遠遠被拋在腦後的○○

478　最高等級的○○

有效的運用方法 想要表現出最高程度時，不用「最大」，而是用「最高等級」來表現，可以給予顧客衝擊性、吸引目光。

【例】　▶ 日本新開幕的最高等級滑雪場！溫泉設備完善

　　　　▶ 想把最高等級的感動送給你！用一種在度假村的感覺○○

　　　　▶ 體驗最高等級的恐怖程度！顫抖度滿分○○

近似詞 ➡ 史上最強○○、最大規模○○、魔王等級的○○

479　從根源○○

有效的運用方法 強烈表現出「連最根本的事物都能夠完全去除」，給予顧客一種「可以有效去除某項條件」的衝擊性。

【例】　▶ 從根源消除令人在意的口臭！產生味道的原因是○○

　　　　▶ 將隱藏的髒污從根源洗淨！不再讓髒污附著○○

　　　　▶ 從根源消除自建住宅的不安！把有疑問的部分全部○○

近似詞 ➡ 從根本開始○○、從最初開始○○、將○○一網打盡！

480　非常出眾的○○

有效的運用方法 在某些領域會用「遙遙領先」來表示「出類拔萃的樣子」，但是這裡卻用「非常出眾的」來形容，可以藉此更加強調原有的意思。

【例】　▶ 非常出眾的超稀有商品進貨量有限！下次進貨期未定，所以○○

　　　　▶ 由非常出眾的現役主廚介紹，在家也可以輕鬆料理的菜色！

▶ 會有非常出眾的名人們聚集的新形態咖啡廳

近似詞 ➡ 有氣勢的○○、認真的○○、第一線的○○、個性強烈的○○

481　鉑金級○○

有效的運用方法 表現時為了「更進一步強調這件事物的高級感」，所以使用帶有高價形象的「鉑金」一詞。

【例】 ▶ 在鉑金級的度假公寓歡度暑假！
　　　 ▶ 鉑金級的內裝設備，展現出華麗的印象！
　　　 ▶ 擁有鉑金級的美麗肌膚！每日的肌膚保養○○

近似詞 ➡ ○○金獎產品、黃金級○○、瑰寶般的○○、女神級的○○

482　不由得會將目光轉向的○○

有效的運用方法 給予顧客一種「因為有各式各樣的大量優質東西存在，所以不得不把興趣移轉到這些事物上」的感覺。

【例】 ▶ 不由得會將目光轉向的商品量！光是收集這些商品就要○○
　　　 ▶ 全都是不由得會將目光轉向的好東西！會有選擇困難呀！
　　　 ▶ 不由得會將目光轉向，超棒商品林立的進口家具專門店

近似詞 ➡ 心情被攪得很亂的○○、被吸引的○○、讓人心浮動的○○

483　強烈地○○

有效的運用方法 藉由會表現出「非常厲害的氣勢或是劇烈狀態」的「強烈」一詞，展現強力的衝擊性。

【例】 ▶ 強烈地想去南方國度的樂園！不用在意時間、就輕輕鬆鬆度過
　　　 ▶ 強烈熱銷的機能性食品！在引爆人氣之前○○
　　　 ▶ 想要強烈地感動一次！○○灑在那片可以從窗戶眺望的星空

近似詞 ➡ 超～級○○、非常○○、激烈地○○、力道很猛的○○

484　僅需／僅有○○

有效的運用方法 強調某項條件只需「非常少量」，藉此提升該商品的價值。

【例】 ▶ 僅需一粒，隔天早上即可感受到變化！從腹部○○體質
　　　 ▶ 僅需微波 3 分鐘！就能輕鬆完成一道真正的義大利燉飯！
　　　 ▶ 僅有 1 公分的薄型機器，搭載著充實完整的機能！

近似詞 ➡ 稍微的○○、一點點○○、輕微地○○、微小的○○

C-2 展現出堅持講究、特殊感

顧客往往會覺得講究的事物或是帶有特殊意義的事物，價值特別高。因此有效傳達出對某項條件的講究程度，以及表現出特殊感都可以給予顧客一種價值較高的印象。

C-2 展現出堅持講究、特殊感

485 享受○○氣氛

有效的運用方法 傳達出一種可以實際經歷「理想狀況」的印象，藉此提升價值。

【例】 ▶ 享受名人氣氛的豪華飯店計畫！
　　　▶ 選擇住在度假公寓，享受一下出國旅行氣氛
　　　▶ 在家中享受溫泉氣氛！把含有礦物質成分的真正溫泉○○

近似詞 ➡ 盡情享受○○氣氛、彷彿○○氣氛、充分享受○○氣氛

486 ○○嚴選

有效的運用方法 針對想要介紹的事物，用「嚴選」一詞，給予顧客一種「用嚴格的標準從眾多事物中選出」的印象，藉此提升該價值。

【例】 ▶ 在此銷售的是由京料理師傅嚴選的食材！由專業眼光選出的○○
　　　▶ 最推薦的嚴選商品！日本海直送的冬季海洋滋味！
　　　▶ 嚴選全國露天溫泉、超人氣住宿飯店！回訪者絡繹不絕的○○

近似詞 ➡ 認真精選的○○、○○的Choice、選拔出的○○

487 能讓人覺得是○○的××

有效的運用方法 表現為「能讓人感覺出理想狀態的事物」，藉此吸引顧客注意。

【例】 ▶ 能讓人覺得是女強人的商務套裝！上下班皆可穿著的○○
　　　▶ 能讓人覺得想再造訪一次的旅館，一流的待客之道是○○
　　　▶ 能讓人覺得好可愛的春天妝容！舒適的季節讓人心情○○

近似詞 ➡ 讓人想像○○、用肌膚去感受○○、讓人想○○

特色
引人注意
強調
人氣
情緒
真實感
賺到
目標
引導

488　只有○○才能如此××

有效的運用方法　基於「只有某些特殊條件才能造就這種情況的理由」，表現時給予顧客一種這是「有價值的特殊存在」印象。

【例】▶ 只有手工製造才能有如此獨特的風味，隨處可見細膩的工法○○
　　　▶ 只有電視購物，才能如此嚴選材質！銷售數量有限
　　　▶ 只有這些老店，才能依循古法維持同樣的味道！

近似詞 ➡ 正因為是○○、○○原有的、○○孕育的、產自○○的

489　自信於○○

有效的運用方法　對於一些想要受到矚目的特色，直接表現出「很有自信」的意思。藉此更加強調該特色。

【例】▶ 自信於笑容！打從心底用笑容迎接顧客！
　　　▶ 自信於味道！關鍵在於花時間熬煮的湯頭
　　　▶ 自信於優異的技術能力！通行全世界的技術等級○○

近似詞 ➡ ○○有自信、已經和○○拉開差距、實力派的○○、正統的○○

490　○○大對決！

有效的運用方法　給予顧客一種「優異的事物互相競爭，能夠激盪出更棒的事物」的感覺，並且產生特殊的價值。

【例】▶ 料理人大對決！一流料亭料理人用日本料理來比畫手藝的○○
　　　▶ 皮革加工職人大對決！對皮革相當了解的職人技術簡直就是個藝術品
　　　▶ 機能性居家設計大對決！用居住舒適度的設計來競爭！

近似詞 ➡ ○○一決勝負、○○決戰、○○真槍實彈決勝負、○○爭霸戰

491　○○的 3 大條件

有效的運用方法　聚焦在「想要傳達的 3 大條件」，並且充分運用出該 3 大條件的節奏，更能夠強調該條件。

【例】▶ 快速、便宜、好吃等 3 大條件！上班族最愛的○○
　　　▶ 看得妙、吃得巧、睡得好等 3 大條件，保證讓你有個舒適的旅程！
　　　▶ 口感、口味、調味等 3 大條件完美結合的酥炸雞塊

近似詞 ➡ ○○開心 3 要素、○○的 3 條件、○○ 3 大定律

492　○○**的真髓**

有效的運用方法 找出對象事物中「最重要的部分」來表現。會讓顧客覺得有「真髓」的存在，這件事情本身即具有特殊的價值。

【例】 ▶ 待客之道的真髓在飯店本身，期望顧客開心度過這段時光

　　　 ▶ 一探日本料理真髓的究竟！京料理迄今仍存有○○

　　　 ▶ 廣告的真髓，讓人有動機地採取有目標的行動○○

近似詞 ➡ ○○的本質、○○的洗鍊、○○的哲學、深奧的○○、○○真實樣貌

493　○○**真實感**

有效的運用方法 表現出「具有特色的事物，其原本擁有的高品質」。藉此傳遞出該特殊事物的價值。

【例】 ▶ 真皮製才有的真實感！高品質醞釀出的一種○○氛圍

　　　 ▶ 用肉眼才能看到的真實感，妖媚華麗的外表相當性感

　　　 ▶ 超強震撼的真實感，讓人沉迷於大螢幕的影像中

近似詞 ➡ 真貨質感的○○、○○的充實感、品嘗○○的滿足感

494　○○**流**

有效的運用方法 將「代表特色的事物條件或是人物」視為一個「流派」，在原有特色上賦予更特殊的意義。

【例】 ▶ 知名飯店流派的待客之道，一點點小細節都要○○

　　　 ▶ 感動顧客的堀田流方法！個人驚喜的要件是○○

　　　 ▶ 齊藤流健身操！想像一個球體的動態○○

近似詞 ➡ ○○式、○○派、○○門、○○Style、○○Type、○○型

495　**持續追求**○○**的**××

有效的運用方法 表現出某項條件是「持續追求理想的結果」。藉此提升該價值。

【例】 ▶ 持續追求夢想中的社區營照，開啟新生活的○○

　　　 ▶ 持續追求舒適生活的節能屋○○最新技術

　　　 ▶ 持續追求日本環境之美的都市型高樓

近似詞 ➡ 徹底○○、○○拚命的努力、徹底弄清楚○○、追求○○

496　集結○○的××

有效的運用方法 將欲介紹的事物表現為「集結某些條件而成的事物」。藉此傳遞出特殊的價值。

【例】　▶ 集結蓄積 KnowHow 所設計出的新型休旅車

　　　　▶ 我們準備了集結顧客期望的 3 大規畫！

　　　　▶ 集結英式魅力的進口家，充滿異國風情的○○

近似詞 ➡ 有深度的○○、濃厚的○○、沉穩的○○、○○凝聚在一起

497　不停收集而來的○○

有效的運用方法 表現出「因為獨特的堅持而一味收集而來的事物」。給予顧客這項事物很特別的印象。

【例】　▶ 店主不停收集而來的西班牙雜貨！優異的稀世珍品○○

　　　　▶ 從日本各地不停收集而來的知名地酒市集開張！

　　　　▶ 從世界各地不停收集而來的開運小物，光看就很有趣

近似詞 ➡ 收集到的○○、深入蒐集○○、湊在一起○○

498　真實的○○

有效的運用方法 傳達出某項條件是「無法說謊或是胡謅的，對原有姿態具有絕對的信心」，目標是達到該事物「本質上的最高價值」。

【例】　▶ 運用真實的自然食材原味！

　　　　▶ 請比較真實的工程狀況與預算！

　　　　▶ 享受各個季節真實的風景！

近似詞 ➡ 整個○○、完全複製○○、就照那個樣子○○

499　時尚的○○

有效的運用方法 「時尚」這個詞彙帶有一種「跳脫出來、品味很好的感覺」，使用時會給予顧客一種與平時不同的印象。

【例】　▶ 展現出男性時尚感的花紋浴衣，有個性的○○

　　　　▶ 在帶有時尚風情的義大利餐廳，品嘗日式和風料理○○

　　　　▶ 展現成人味的時尚玩意，有型的○○酒吧

近似詞 ➡ 有品味的○○、俊俏的○○、像樣的○○、有吸引力的○○

500　集中奢華主義

有效的運用方法　展現出「對於有興趣的特定領域非常講究、不惜花費」的意思。

【例】 ▶ 我們準備了符合集中奢華主義的特別菜單！
　　　 ▶ 集中奢華主義！只要這樣就能感受到中華料理的醍醐味！
　　　 ▶ 集中奢華主義！讓你在任何場合都非常耀眼的輕飾品

近似詞 ➡ 堅持非廉價物、對美好事物的堅持、值得珍藏一生的東西

501　與平時不同的○○

有效的運用方法　使用「與平時不同」一詞，傳達出特別的印象，對有興趣的顧客表達出「該特殊意義與內容」。

【例】 ▶ 享受與平時不同的氛圍，週末改變一下氣氛，輕鬆地享受吧！
　　　 ▶ 表現出與平時不同的形象！打造不同眼神的夏天
　　　 ▶ 紀念日就是要與平時不同的 Menu ！與重要的人相處的重要時間

近似詞 ➡ 稍微想擺架子的○○、平常不會這樣○○、改變氣氛的○○

502　會想成為常客的○○

有效的運用方法　因為有「這是一間可以稍微擺架子或是氣氛不錯的店家」的感覺，用「常客」來表現，能夠給予顧客特別的印象。

【例】 ▶ 會想從現在開始成為常客的心頭好店家，展現出成熟魅力的○○
　　　 ▶ 會想成為常客的時尚壽司屋，只要知道有這樣的店就○○
　　　 ▶ 會想成為常客、氣氛美好的酒吧，個人 Style 的○○

近似詞 ➡ 會想頻繁到訪的○○、受到達人們喜愛的○○、會想要混熟的○○

503　××（動詞）隱藏版的○○（名詞）

有效的運用方法　表現時帶有一種「既然是專業，一定會有一些隱藏的部分技能」的感覺。引發顧客興趣的同時，也能提升其價值。

【例】 ▶ 展現出隱藏版的味道！在家中也能○○一流店家的隱藏版滋味
　　　 ▶ 專業人士發揮的隱藏版技能！會因為一些使用方法不同而○○
　　　 ▶ 提升味蕾境界的隱藏版刀工，用舌頭品嘗職人級的手藝

近似詞 ➡ 藉由內部的○○引出風味、事前準備的○○相當有效

特色
引人注意
強調
人氣
情緒
真實感
賺到
目標
引導

504　基本上就是○○

有效的運用方法 聚焦於「基本的價值」，給予一種「對基本相當講究」的印象。

【例】　▶ 基本上就是建立基礎！建築物的強度是由基礎所決定○○

　　　　▶ 基本上就是要柴魚高湯！日本料理的美味說到底就是要用柴魚高湯○○

　　　　▶ 所謂經營，基本上就是員工教育！○○安排培訓員工

近似詞 ➡ 基礎就是○○、範本是○○、回到原點的○○、○○的根源

505　富有獨特個性的○○

有效的運用方法 表現時給予顧客一種「獨特的感受能力或是講究」的印象。藉此吸引顧客注意，引導顧客了解其說明。

【例】　▶ 打造出一個富有顧客獨特個性的家，依照顧客期望○○

　　　　▶ 富有料理人獨特個性的特別京宴會料理，可以充分感受到秋天的風味

　　　　▶ 富有清酒酒窖獨特個性的地方銘酒，實際前往酒窖○○

近似詞 ➡ 散發出個性的○○、個性派○○、我個人的○○、每個人都能償願的○○

506　映照著人生的○○

有效的運用方法 此表現傳遞出「反映特別人物的生活方式」的意思。傳達出強烈衝擊性與一定的堅持講究。

【例】　▶ 盤中映照著料理人的人生！總是堅持講究食材風味的○○

　　　　▶ 映照著人生的設計，貼近居住者人生的設計○○

　　　　▶ 映照著人生的臉部表情閃耀動人！找回肌膚彈力的○○

近似詞 ➡ 映照出人生的○○、讓人感受到生活的○○、映照出生活方式的○○

507　想要珍藏○○

有效的運用方法 含有「因為是想要珍藏的事物，所以具有特殊價值」的意思，藉此強調心情上的講究。

【例】　▶ 想要珍藏那平靜的氛圍！兩人一起度過的○○夜晚

　　　　▶ 那裡有想要珍藏的景色！從房間眺望出去的是○○

　　　　▶ 為了做為一段想要珍藏的回憶，留在內心深處的是○○

近似詞 ➡ 直接○○（動作）、認真地○○（動作）、希望你保重○○

特色
引人注意
強調
人氣
情緒
真實感
賺到
目標
引導

508　有手作溫度的

有效的運用方法 藉由展現出「對手工事物的講究態度」，傳遞出一種獨特的堅持與講究。

【例】 ▶ 有手作溫度的居家生活，一起開心地○○
　　　 ▶ 藉由手作溫度傳遞出講究的味道！
　　　 ▶ 有手作溫度的傳統工藝品，質樸的風格○○

近似詞 ➡ 職人的心意、後台人員的○○、○○的現場力量、○○現場的實力

509　耗時費力○○

有效的運用方法 與「顯示作業或行動的詞彙」搭配使用。藉由「耗費時間與勞力」的意思，展現出強烈的講究態度。

【例】 ▶ 耗時費力培育至成熟的水蜜桃帶有濃厚的甜度
　　　 ▶ 一根一根耗時費力編織的逸品，光是觸感就○○
　　　 ▶ 耗時費力慢慢使其熟成，直接○○鮮奶的風味

近似詞 ➡ 不斷下苦心○○、非常仔細的○○、精雕細琢的○○

510　竭盡所能○○

有效的運用方法 展現出「對某項條件深入堅持與講究」的意思。藉此提高講究的程度。

【例】 ▶ 竭盡所能運用大自然原有的造形！呈現絕佳的景色
　　　 ▶ 室內竭盡所能地奢華，○○豪華的空間
　　　 ▶ 竭盡所能客製化，依顧客需求形式

近似詞 ➡ ○○（動作）直至最後、深入講究的○○、講究的○○

511　值得珍藏的○○

有效的運用方法 表現出「因為是某個重要時刻，所以必須小心保管」的意思。給予一種該事物很特殊的印象。

【例】 ▶ 打造值得珍藏回憶的暑假！全家人都不會忘記的○○
　　　 ▶ 盡情享受值得珍藏的起司蛋糕！○○採用現榨的新鮮鮮奶
　　　 ▶ 值得珍藏的隱藏版店家，適合兩位大人一同前往的法式料理

近似詞 ➡ 祕藏的○○、用力珍藏的○○、重要時刻的○○

512　偶像劇般的○○

有效的運用方法 表現出「會激發出看偶像劇或是電視劇時的情緒」。藉此給予一種刺激的印象。

【例】 ▸ 偶像劇般的戀愛，在憧憬的飯店中度過○○
　　　 ▸ 偶像劇般的設計，帶有戲劇感的空間設計○○
　　　 ▸ 偶爾來點偶像劇般的感覺！讓兩人在一起的時間帶點悲傷的感覺○○

近似詞 ➡ 彷彿女主角般的○○、○○是八點檔電視劇

513　華美的○○

有效的運用方法 表示出「美得非常明顯」的感覺。給予顧客一種美麗程度更加明顯的印象。

【例】 ▸ 讓與會人士有一種華美的印象，成熟女性展現出的○○
　　　 ▸ 華美的行李箱增添了許多色彩！影響第一印象的外殼
　　　 ▸ 華美的配色讓人有春天的感覺！如清爽的微風般○○

近似詞 ➡ 豔麗的○○、華麗的○○、開朗的○○、如花開般○○

514　認真的○○

有效的運用方法 表現出很講究的樣子。用「認真的」一詞表現出對「講究」的態度，帶有強調的意思。

【例】 ▸ 認真的發明！為了一直替我煩惱的父母而○○
　　　 ▸ 認真的面對顧客！可以讓顧客充分理解○○
　　　 ▸ 認真的講究材料！因為材料是麵團的根本，所以○○

近似詞 ➡ 真的○○、開啟認真模式○○、真心的○○、毫不馬虎的○○

515　令人想貪心○○

有效的運用方法 運用「令人想貪心」一詞表現出「該事物比一般服務更好」的感覺，給予顧客一種特別的印象。

【例】 ▸ 超多令人想貪心全吃光的菜色，各式各樣的組合皆可盡情品嘗
　　　 ▸ 充滿令人想貪心全玩一遍的旅程規畫！滿足你這個也想、那個也想的願望
　　　 ▸ 令人想貪心全都去上課的補習計畫表！可以○○自由選擇想要複習的課程

近似詞 ➡ 划算的○○、賺到的○○、超划算的○○、不知道是你的損失○○

516 可以稍微／輕鬆○○

有效的運用方法 藉由表現出「稍微不錯的感覺」，給予顧客一種與平時稍微有所不同的「特別印象」。

【例】 ▶ 我家也可以輕鬆變成一間法式料理店！在家中就可以做出正宗菜色○○

　　 ▶ 稍微奢侈一下，食材從全國知名產地直送

　　 ▶ 可以稍微做為重點裝飾的小配件，胸前是一個○○重點

近似詞 ➡ 還不錯的○○感覺、彷彿像是○○、氣氛很好○○

C-3　展現出附加價值（附贈、加值、更進一步）

　　顧客不太會去關心一般性的事物。只會對與其他事物比較起來，帶有明顯價值差異的事物、價值較高的事物感興趣。因此，用容易理解的附加價值來表達，可以吸引顧客的關心。

C-3　展現出附加價值（附贈、加值、更進一步）

517　來自（知名地名）○○

有效的運用方法 運用「知名地名所具有的價值」，賦予與該土地相關的事物一種新價值。

【例】 ▶ 來自築地市場，當天直送！剛捕獲的新鮮度○○
　　　 ▶ 來自銀座，火紅且受到矚目的知名○○
　　　 ▶ 可以隨心所欲地品嘗來自京都的當地蔬果

近似詞 ➡ 從（知名地名）配送、（知名地名）產的○○

518　僅選出優良的○○

有效的運用方法 表現出「僅從某項商品中選出好的部分」，藉此傳遞出一種特別的價值。

【例】 ▶ 僅選出優良的當季食材！秋季入口的全是美味！
　　　 ▶ 僅選出優良的奢侈旅程！吃得好、玩得好的 3 日遊
　　　 ▶ 僅選出優良的新烘培點心！超划算的試吃組合！

近似詞 ➡ 僅選出好的○○、只有優秀的○○、收集有價值的○○

519　隨處都是○○

有效的運用方法 表現出「存在著很多有價值的事物」的意思。因為很多有價值的事物大量聚集，所以給予顧客會產生很大價值的感覺。

【例】 ▶ 所到之處隨處都是景點！○○不斷發現可以走走看看的地方
　　　 ▶ 街上隨處都是國寶級的寺廟，展現出歷史感的街道○○
　　　 ▶ 彷彿電影般的場景，在隨處都是古城的草原上，你我成了主角

近似詞 ➡ 四處都是○○、這裡那裡○○、到處都是○○

520　增添○○感

有效的運用方法　表現出「藉由加入某項條件，即可引導出其價值」的意思。

【例】▶ 增添沉甸甸的厚重感！帶有男人味的皮包
　　　▶ 在熟悉的商品上增添高級感！改變心情時可以有一種貴氣感
　　　▶ 在原有的蛋糕基底麵團增添濕潤度！○○（呈現出）不同以往的口感

近似詞 ➡ 增加○○感、體會到○○感、Plus○○感、有○○感

521　○○與××的組合

有效的運用方法　表現出「將兩種不同的條件搭配組合，藉此創造出新價值」的感覺。

【例】▶ 涼爽與正式宴會的組合！穿著浴衣享受夏季風情○○
　　　▶ 西式糕點與日本茶的創新組合！享受帶點苦澀的茶香○○
　　　▶ 糕點職人與設計師的組合，誕生出這般講究的糕點！

近似詞 ➡ ○○與××搭配得很好、○○與××融合

522　附有○○優惠／贈品

有效的運用方法　醒目地表現出「會給予特殊權利或是商品」。藉此提升該對象事物的價值。

【例】▶ 初次申請附有優惠！初次申請時可別忘記○○
　　　▶ 附有豪華 3 大優惠！千萬不要錯過這個機會！
　　　▶ 免費附贈的是一瓶葡萄酒！兩人可以盡情享用這完美的晚餐

近似詞 ➡ ○○優惠Plus！、○○優惠、附有划算的○○、附有○○

523　與○○合作

有效的運用方法　與「即使只有這個，也能讓人感受到高價值」相關的詞彙搭配組合，藉此讓原有價值更加提升。

【例】▶ 與知名餐廳合作！心嚮往之的菜色在此重現！
　　　▶ 與室內設計師合作，如偶像劇般的室內○○
　　　▶ 生奶油與紅豆的合作，絕佳的口感與恰到好處的甜味

近似詞 ➡ 與○○合併、與○○融合、與○○互相協助、與○○聯手

特色　引人注意　強調　人氣　情緒　真實感　賺到　目標　引導

524　受惠於○○

有效的運用方法 表現出「已充分滿足某項條件」，藉此給予顧客一種具有特殊價值的感覺。

【例】 ▶ 受惠於日本海地理環境的住宿地點，可以輕鬆度過○○

▶ 受惠於歷史淵源的街道讓人身心舒暢，在感受懷舊的風情中○○

▶ 受惠於富饒海產的日本海住宿地點！可以極盡奢侈地○○（享用）海產

近似詞 ➡ 受到○○栽培、承蒙○○恩惠、○○豐富的

525　對○○友善

有效的運用方法 將某項條件所具備的「友善事實」，表現成為一種很特別的價值。

【例】 ▶ 對腸胃友善的優格，改變早晨習慣的○○

▶ 對乾燥肌膚友善的肌膚保養乳霜，冬天也不怕的○○

▶ 堅持使用對地球友善素材的自然派化妝品

近似詞 ➡ 對○○很溫柔、對○○無害、對○○也無害、對○○很好

526　○○的新魅力

有效的運用方法 針對既有存在的事物，表現出「新發現的其他價值」，藉此傳達出最新的價值。

【例】 ▶ 澳洲的新魅力！能夠輕鬆去旅行的國家○○

▶ 發現拉門的新魅力！在和洋折衷之中留下清晰的印象

▶ 沖繩料理的新魅力！以鄉土料理之姿傳承的○○

近似詞 ➡ ○○的嶄新價值、○○的新價值、○○的New Vaule

527　○○小物

有效的運用方法 將「擁有了會更方便以及能夠帶來價值的事物」以「小物」一詞表現，能夠給予顧客一種與原本價值截然不同的印象。

【例】 ▶ 有魅力的男性小物！若無其事地使用即可提升好感度！

▶ 能讓你品味中國茶的小物！有了它更顯氣派○○

▶ 美麗小物！用閃耀迷人的雙唇攻陷他！

近似詞 ➡ ○○的小技巧、○○的小密技、○○的小提示

528　提升○○品味

有效的運用方法　展現出「在某項條件或是領域的感受性，已經被培養出來」。給予顧客一種比原有價值更高的印象。

【例】
▶ 提升國際性的構思品味！國內不拘泥的思維模式○○
▶ 提升商業品味！有助於商業發展的資訊滿載
▶ 提升第一印象的品味！在見面的瞬間留下美好印象

近似詞 ➡ 有○○品味、對○○有興趣、高品味的○○

529　稍微改變一下○○的方式

有效的運用方法　傳達出「針對某項條件，稍微花了一點功夫」的意思。可以讓顧客感受到附加價值。

【例】
▶ 稍微改變一下日本料理的烹調方法，產生了絕妙好滋味！將法式料理的要素○○
▶ 稍微改變一下家族旅行的方式！在當地探詢一些知名的店家○○
▶ 稍微改變一下今晚的菜餚，只要一點不同的想法就能輕鬆完成○○

近似詞 ➡ 安排○○、使其發生變化的○○、增加一些安排○○

530　○○有餘裕××

有效的運用方法　傳達出「該事物會讓人覺得帶有寬裕感」的印象，能讓顧客感受到價值稍微較高的魅力感。

【例】
▶ 讓第二人生邁向有餘裕的階段！享受第二人生的○○
▶ 住在市中心、有餘裕的公寓生活！便利生活中的○○
▶ 實現可以享受閒暇時光、有餘裕的生活形式○○

近似詞 ➡ 舒暢的○○、寬裕的○○、可以慢慢○○

531　提升○○格調

有效的運用方法　表現出「能將事物的價值提升一個位階」，給予一種比原有價值更高的印象。

【例】
▶ 提升豪華威格調的室內舒適空間
▶ 提升男性格調第一印象的品牌手表，展現個性的○○
▶ 隨時都能提升餐桌格調，5分鐘完成正宗中式料理！

近似詞 ➡ 提升○○等級、稍微變得比較好○○、格調提升○○

特色｜引人注意｜強調｜人氣｜情緒｜真實感｜賺到｜目標｜引導

532　善用○○

有效的運用方法　表現出「因為有效使用某些條件」，最後產生新價值的印象。

【例】　▶ 善用顧客的聲音，提升商品魅力！
　　　　▶ 善用動畫，讓商品更容易被理解！
　　　　▶ 善用獨特地形的庭園，○○完美的自然造景

近似詞 ➡ 有效活用○○、運用○○、妥善利用○○

533　○○升級

有效的運用方法　「對某些條件予以改良，以提升功能性」的意思。給予顧客一種「價值提升」的印象。

【例】　▶ 洗淨力升級！更強力的○○
　　　　▶ 辦公室工具升級！附加新功能的○○
　　　　▶ 祕傳醬汁升級！添加新風味的○○

近似詞 ➡ 讓○○進化、更新○○、提升○○等級

534　守護○○的××

有效的運用方法　藉由表現出「擁有守護某事物的力量」，提升該守護力、功能、能力等的價值。

【例】　▶ 守護敏感肌的保濕乳霜，讓肌膚細緻的女性○○
　　　　▶ 守護紫外線造成的影響，採用抗 UV 玻璃！
　　　　▶ 在嚴苛的環境下，守護你的愛車！表面塗層的保護蠟是○○

近似詞 ➡ 防護○○、將○○包裹住、保護○○

535　做出一步之遙的○○

有效的運用方法　表現出「與目前存在的事物比較起來稍微優異」的感覺。能給予一種欲提供的價值稍微較高的印象。

【例】　▶ 與對手做出一步之遙的商務包，從休閒感中畢業
　　　　▶ 與同年齡層做出一步之遙的裸肌對策！每天保養肌膚可以影響一年後的狀態
　　　　▶ 做出一步之遙的成人約會模式，在私人空間的○○

近似詞 ➡ ○○的高低、稍微做出差異○○、稍微高一階的○○

536　跨領域的○○

有效的運用方法　傳遞出一種「運用與本業不同領域的資訊或技術等」的意思。給予顧客「產生新價值」的新鮮印象。

【例】 ▶ 充滿來自跨領域的想法！利用過去未曾有過的○○切入點
　　　 ▶ 跨領域研究不同肌膚的煩惱！○○（出現）不可思議的效果
　　　 ▶ 集結來自跨領域多才多藝的講師！當場就能學會○○

近似詞 ➡ 來自不同領域的○○、來自不同業界的○○、來自其他業界的○○

537　託付○○

有效的運用方法　表現出「向某項條件或是人物提出委託這件事情會產生附加價值」。吸引顧客注意，並且引導至有魅力的說明。

【例】 ▶ 託付廚師的無菜單料理，用味蕾品嘗師傅的手藝
　　　 ▶ 令初學者相當欣喜的功能，只要按下一鍵，就能全權託付！
　　　 ▶ 完全託付營造自建住宅！由專業人士實現顧客的期望！

近似詞 ➡ 交給○○、拜託○○、由○○代理

538　隱藏○○

有效的運用方法　表現為「其實還有隱藏的價值存在」，藉此展現出稍微有差異的價值。

【例】 ▶ 在隱藏名店內，為美酒沉醉！偶然發現的超棒店家
　　　 ▶ 老饕最愛的隱藏價值，運用食材原味的○○
　　　 ▶ 尋找隱藏魅力的韓國之旅！旅遊指南中沒有的○○

近似詞 ➡ 沒有表現在外的○○、不為人知的○○、巷子裡的（內行的）○○

539　別致的○○

有效的運用方法　使用「稍微帶有時尚印象」的詞彙，藉由「別致」一詞，讓整體印象給人一種時尚感。

【例】 ▶ 在別致的居酒屋內享受當季好滋味！成熟人士的享樂氛圍○○
　　　 ▶ 女性團體也可盡情享受的別致型宴會規畫！
　　　 ▶ 別致的空間讓人心生滿足！充滿玩樂心的空間是○○

近似詞 ➡ 有些別致的○○、小幅增加的○○、稍微超過的○○、小小俏皮的○○

540　巧妙的○○

有效的運用方法　表現出「某項條件或是技術非常巧妙」。藉此彰顯其價值，並且傳遞出來。

【例】　▸ 格外巧妙的安全機能
　　　　▸ 藉由巧妙的橋段設計，能讓人感動不已餐廳！
　　　　▸ 巧妙規畫的舞台表演，讓觀眾感動不已

近似詞 ➡ 聰明的○○、厲害的○○、很棒的○○、有巧思的○○、很會做事的
　　　　○○

541　更進階的○○

有效的運用方法　表現出「目前某項功能或是價值是經由琢磨而來的」的意思。給顧客一種比現有價值更高的印象。

【例】　▸ 朝向更進階的高品質影像！即使些微色差都能鮮明地呈現○○
　　　　▸ 功能完備、更進階的新型數位家電！
　　　　▸ 實現更進階的強化支援系統！

近似詞 ➡ 再者○○、接連不斷地○○、接下來也○○、持續○○

542　省／靜○○

有效的運用方法　將「抑制、節約某些條件」所獲得的好處做為一個附加價值，表現為「省○○」。

【例】　▸ 因為是省電型，家計簿也很開心！
　　　　▸ 內側可以縮小的省空間機型！
　　　　▸ 連熟睡的寶寶都能安心的靜音設計

近似詞 ➡ 環保○○、節約○○、小○○、少量○○即可

543　一決勝負○○

有效的運用方法　表現出「因為有自信，所以可以藉由該內容一決勝負」的感覺，藉此提升欲提供事物的價值。

【例】　▸ 用食材味道一決勝負的家鄉料理店！使用當地的蔬菜○○
　　　　▸ 用膚質一決勝負！養出裸肌原有的活力！
　　　　▸ 像個男人般一決勝負的行動器材！取決於黑色規格！

近似詞 ➡ ○○拚輸贏、不能輸的○○、戰鬥模式的○○、不能輸給○○！

特色

引人注意

強調

人氣

情緒

真實感

賺到

目標

引導

544　雙重○○

有效的運用方法　藉由表現出「兩種價值組合而成的事物」價值，更能提升其價值。

【例】▸ 雙重強力效果，產生更驚人的脂肪燃燒作用！

　　　▸ 美容與 SPA 按摩雙重優惠，在女性朋友之間相當受到歡迎！

　　　▸ 夜景與霓虹燈的雙重價值！

近似詞 ➡ 三重○○、兩種效果○○、還有一個○○

545　絕對划算

有效的運用方法　直接表現出因為與一般的商品比較起來「有一定的價值，所以絕對划算」的意思，藉此提升該商品本身的價值。

【例】▸ 平日限定！絕對划算的住宿組合方案！全家人都會很開心的○○

　　　▸ 產地直達所以絕對划算！奢侈地○○（品嘗）當季食材

　　　▸ 絕對划算的豪華全餐，讓人超興奮！

近似詞 ➡ 划算、好康資訊！、超值資訊！、明顯地划算

546　有點○○的

有效的運用方法　將想要傳達的附加價值條件（部分）用「有點○○的」來表現，可以讓顧客聚焦在該附加價值本身。

【例】▸ 有點奢侈且豪華！在重要的日子裡○○

　　　▸ 有點收獲的特殊午餐！大家一起熱切地聊天○○

　　　▸ 有點懷舊風的木造建築！反而給人一種新鮮感○○

近似詞 ➡ 一丁點○○、還有一點○○、稍微一些○○、只有一點○○

547　會讓人有好心情的○○

有效的運用方法　藉由強調「讓人有好心情、心情會變好」這種「在感情面上的加值」，讓顧客感受到一種新價值。

【例】▸ 會讓人有好心情的春季外出服裝！

　　　▸ 會讓家人有好心情的住宿地點！全家人可以暢快地享受○○

　　　▸ 讓到訪者皆有好心情的店家，在一種怡然自得的氛圍中○○

近似詞 ➡ 讓人有好情緒的○○、讓人愉悅的○○、稍微有點開心○○

548　更高等級的○○

有效的運用方法 表現出「比現有事物的價值更加提升的感覺」。藉此提升價值，讓顧客對該內容產生興趣。

【例】 ▶ 提供你價值更高等級的寬裕空間
　　　 ▶ 我們承諾給你更高等級的舒適度！讓旅行的快樂○○
　　　 ▶ 更高等級的材質讓整體感覺變豪華了！

近似詞 ➡ 更高一等級的○○、升等的○○、高級的○○

549　私人○○

有效的運用方法 表現時聚焦在「因應私人的」的附加價值上。

【例】 ▶ 私人的感覺超棒！○○自己喜愛的規畫
　　　 ▶ 獨占私人海域的幸福！充滿著度假感的○○
　　　 ▶ 因為私人專案處理，所以不用選時間，相當方便！

近似詞 ➡ 只有我的○○、只有我們的○○、專屬的○○、一人獨占○○

550　更○○一點

有效的運用方法 表現出「想要取得比目前事物更有價值事物的願望」，給予顧客一種更有價值的感覺。

【例】 ▶ 更貪婪一點！更自在一點！盡情享受難得的假日○○
　　　 ▶ 更隨性一點吧！能夠徹底實現顧客喜好的○○
　　　 ▶ 更閃耀一點的裸肌！感覺不到年齡的彈力裸肌○○

近似詞 ➡ 再○○、更進一步○○、一直○○、超出○○

551　不只是便宜

有效的運用方法 「不只是便宜，還有其他更大的價值存在」的意思。可以藉此提升整體的價值。

【例】 ▶ 當然不只是便宜！還能讓你輕鬆自在度過這段停留的時間○○
　　　 ▶ 不只是便宜！這種品質卻只需這樣的價格！
　　　 ▶ 不只是便宜！平常我們就使用嚴選的自然食材

近似詞 ➡ 便宜又可愛○○、便宜而且○○、令人意外的價格○○、便宜卻○○

552　**史詩般的**○○

有效的運用方法　添加「具有小說或是電影般讓人心跳不已的變化或是冒險條件」，讓人感受到全新的價值。

【例】　▶ 史詩般的街道風景，從那扇可以感受到悠久歷史的窗戶眺望出去
　　　　▶ 史詩般的男生玩具，給不論何時都懷有赤子之心的男人們
　　　　▶ 擁有可豐富人生的史詩般興趣，帶給生活一些張力○○

近似詞 ➡ 浪漫的○○、心跳不已的○○、戀愛小說般的○○

C-4 強調比較條件、比較優勢

在有效傳遞價值差異的方法中，放入與其他條件的比較方法。表現時比較傾向讓顧客自行比較，也可以將比較的結果表現為一種優勢，藉此提升價值。

C-4 強調比較條件、比較優勢

553 比較一下○○

有效的運用方法 顯示比較的條件，並且將注意力放在「比較的這個行為上」，同時引導出對「比較事物」的關心。

【例】 ▶ 吃吃看比較一下秋季的味道！一比就知道的新鮮食材！
　　　 ▶ 比較一下北海道的海產風味！盡情品嘗美味海產！
　　　 ▶ 比較一下居家的舒適智慧！運用收集而來的顧客調查，因應期望的○○

近似詞 ➡ 和○○比較、和○○徹底比較、和○○比就知道

554 ○○大對決

有效的運用方法 給予顧客一種「在某些特定領域進行比較」的印象，引起對該內容的關注。

【例】 ▶ 成人品味大對決。不用多想，就是要手動上鍊式手表！
　　　 ▶ 費洛蒙大對決。春天褲裝 vs 膝上裙！
　　　 ▶ 短期減重大對決。試試看也能有○○的價值

近似詞 ➡ 想要○○，拚輸贏後再決定、與○○對決、用○○的決戰結果來決定

555 在○○上做出差異化

有效的運用方法 表現出「與其他事物比較起來，具有明顯較好的條件」。刺激顧客想要做出差異的願望。

【例】 ▶ 在自然食材上做出差異化！堅持使用天然食材的○○
　　　 ▶ 在通行方便度上做出差異化！可以從車站前輕鬆穿越的○○
　　　 ▶ 在穿搭上做出差異化！秋季最新流行○○

近似詞 ➡ 用○○競爭、用○○產生差異、用○○讓人看到差異

特色

引人注意

強調

人氣

情緒

真實感

賺到

目標

引導

556　○○贏得最終勝利

有效的運用方法 表現出「這是能夠在嚴苛競爭中取得最終勝利的優異事物」，藉此提升該事物的價值。

【例】 ▶ 在時代變化下，贏得最終勝利的革命性新設計○○

　　　 ▶ 在時代下贏得最終勝利的卓越服務，深獲客戶信賴！

　　　 ▶ 在嚴苛條件下，贏得最終勝利的外牆結構給你安心保證！

近似詞 ➡ 用○○贏、為了取勝於○○、為了不輸給○○

557　會比較○○（情緒喜好）××（對象）

有效的運用方法 表現出「與其他的條件相比，即可得知誰比較優異」的意思。可以引導顧客對該理由產生興趣。

【例】 ▶ 提前預約會比較安心！可以事先預約行程○○

　　　 ▶ 客房服務當然會比較舒適！在房間內慢慢享用餐點○○

　　　 ▶ 給和咖啡相比，會比較喜愛紅茶的你！紅茶的話，就要○○

近似詞 ➡ 比○○好！、○○比較好、○○當然比較好

558　○○滿分！

有效的運用方法 用「滿分」一詞表現出這是「在某個領域的絕佳事物」，藉此聚集目光。

【例】 ▶ 風味＆甜味都滿分！○○引出現摘蔬菜原有的風味

　　　 ▶ 從窗外眺望的景色滿分！一邊享受美景一邊用餐是最棒的○○

　　　 ▶ 吸睛度 100 分滿分！穿上高彩度原色，精神抖擻地大步走○○

近似詞 ➡ ○○合格分數！、滿分一百分的○○、滿分的○○、○○大滿足

559　稍微能幫助○○

有效的運用方法 表現為和某項條件比較起來「比現況的事物更好或是更提升」的意思，藉此吸引顧客的注意。

【例】 ▶ 稍微能幫助醒腦！天然成分的香氣○○

　　　 ▶ 稍微能幫助降低汽車油錢的創意小物！

　　　 ▶ 稍微能幫助提升印象的春天彩色披肩，讓人感覺為之一亮！

近似詞 ➡ ○○稍微還不錯、有點正確○○、提升○○

560　相關人士震驚○○

有效的運用方法　藉由「有相關人士存在」，展現出某些事物「與其他事物比較起來，處於不太一樣的等級或是狀態」。

【例】　▶ 相關人士震驚，剛煮好的彈性口感！來自產米之鄉的○○
　　　　▶ 相關人士震驚，成品超棒！皮革的味道○○
　　　　▶ 相關人士震驚的開放式氛圍！讓人感到平穩安心的○○

近似詞 ➡ 相關人士驚訝的○○、在業界蔚為話題的○○、相關人士都嚇一跳！

561　業界○○的

有效的運用方法　表現出一種「在某業界位居上位」的印象。具有能讓顧客感受到該事物價值有所提升的效果。

【例】　▶ 持續保持業界最高等級的服務水準！
　　　　▶ 自豪於擁有溫泉業界最高等級溫泉量的天然露天溫泉最棒了！
　　　　▶ 由業界首屈一指的主廚大展長才，高級法式料理○○

近似詞 ➡ 同業也○○的、○○業界首屈一指的、在○○界也××的

562　敬請比較看看！

有效的運用方法　因為對該事物的價值有自信，所以「呼籲顧客與其他事物比較看看」。藉此表現為該事物的價值較高。

【例】　▶ 敬請比較看看！這豐富的品項！
　　　　▶ 敬請務必比較看看品質與價格的平衡狀況！
　　　　▶ 敬請伸手摸摸材質，比較看看這觸感！

近似詞 ➡ 敬請比較、來比一比吧！、請比對看看

563　足以自豪／傲視的○○

有效的運用方法　表現時傳達出一種「某項條件已達到可以對身邊人士展現驕傲的程度」。可以藉此傳遞出較高的價值。

【例】　▶ 打造一間足以傲視鄰居的家！夢想中的家是○○
　　　　▶ 住在一間足以自豪的客房！○○打造可以留下美好回憶的旅程
　　　　▶ 我們提供足以傲視其他公司的服務！

近似詞 ➡ 胸有成竹的○○、得意地○○、驕傲的○○、○○驕傲的

564 讓原產地都汗顏的○○

有效的運用方法 傳達出這些地方特產品等「比較起來不輸給原本應該比較厲害的地方（原產地）事物」的意思，藉此傳遞出高價值。

【例】 ▶ 讓原產地都汗顏的美味度非常鮮明！
　　　 ▶ 讓產米之鄉都汗顏的味道品質保證！
　　　 ▶ 讓原產地都汗顏的真正手工蕎麥麵！可以在銀座享用○○

近似詞 ➡ 讓原產地人士臉都鐵青的○○、原產地都震驚的○○、連知名產地都投降的○○

565 有存在感的○○

有效的運用方法 「沒有被埋沒在周圍的事物裡，而是一個獨立的個體、有很大的存在感」的意思，用「有存在感的○○」來表現。

【例】 ▶ 有存在感的商務包，帶有金屬質感的○○
　　　 ▶ 有存在感的裝飾品，可以在室內展現自我主張！
　　　 ▶ 有存在感的甜味，牽引著大家的味蕾

近似詞 ➡ 顯著的存在感○○、壓倒性的存在感、帶有強烈存在感的○○

566 比任何人都○○

有效的運用方法 「讓人有意識地和其他人比較」同時從該比較結果展現出自己明顯較為優異，藉此給予顧客一種衝擊性。

【例】 ▶ 擁有比任何人都美的肌膚！可以實際感受到美麗肌膚的○○
　　　 ▶ 享受比任何人都適合自己的生活方式！悠閒度過假期○○
　　　 ▶ 享受比任何人都舒暢的時間！不僅只有用餐○○

近似詞 ➡ 比其他人都○○、醒目的○○、和任何人比都○○

567 比其他都○○

有效的運用方法 表現時包含一種「與其他事物比較起來，有一些特別優異部分」的自信。藉此讓該價值更加醒目。

【例】 ▶ 比其他都豪華、比其他都奢侈！帶給你○○的感受
　　　 ▶ 比其他家都仔細！對維護的講究可是業界第一！
　　　 ▶ 表現出比其他都特別的夜晚！正因為是要紀念的日子○○

近似詞 ➡ 比起任何一間店○○、和其他地方相比○○、和其他比較起來也○○

特色
引人注意
強調
人氣
情緒
真實感
賺到
目標
引導

568　不輸人的○○

有效的運用方法 強調「比較起來不輸給某項條件」。在吸引顧客注意的同時，給予更高的價值印象。

【例】　▶ 打造不輸人的第一印象！整潔筆挺的西裝帶來的好感度也○○

　　　　▶ 擁有不輸人的商務談判力！用英語談判○○

　　　　▶ 不輸人的眼力！不論愛情或工作眼光都很重要！

近似詞 ➡ 不被○○比下去、不輸給○○、不遜色於○○

D【人氣】 展現出該事物 受到顧客熱烈支持

想要行銷的對象（商品或是服務）實際上「相當熱賣」或是「很受歡迎」時，我們可以運用這些來自於顧客的支持（人氣），放在句子裡更進一步表現。

　　實際在賣場經常看到的現象是「顧客會自己去吸引顧客」。顧客會對正在銷售的事物湧現出興趣。

　　既然是熱賣的東西，如果不去看看，搞不好是我的損失。

　　大家都想要的東西，我也想要得手。

　　在這樣情緒波動中，「顧客自己就會去吸引顧客」」。

　　這些顧客的心裡面隱藏著「想要盡量獲取利益，所以行動」以及「盡量不要損失，所以行動」的兩大行動原理。只要了解這種行動原理，就能刺激顧客的情緒、最終達成銷售目的。

　　本章節以「展現出熱銷度（人氣）」、「展現出喜好、強烈嗜好」、「展現出趨勢（流行）」做為切入點，收集一些可以表現出受到眾多顧客熱烈支持的關鍵金句。希望你運用這些關鍵金句，在傳遞衝擊性的同時，讓「高人氣」這件事情更貼近顧客的生活，藉此徹底煽動顧客想要付諸行動的情緒。只要顧客實際感受到有眾多顧客支持，在這樣的推波助瀾下，更能引導顧客前往買單。

D-1 展現出熱銷度（人氣）

顧客對於熱賣的事物或是有人氣的事物會顯現出特別的興趣。只要確實傳遞出該事物「賣得很好」的事實，就可以賣得更好。真實表現出賣得好的狀況，藉此刺激顧客的購買欲望。

D-1 展現出熱銷度（人氣）

569 ○○「熱賣」

有效的運用方法 明確顯示出實際的熱賣狀況，藉此吸引顧客目光，並且引導顧客對該事物具有人氣的理由產生興趣。

【例】 ▸ 加速「熱賣」、傳說中的生髮洗髮精！○○（聽到）大家開心的聲音
　　　 ▸ 不斷「熱賣」！因為對材質講究，所以深獲得大眾信賴！
　　　 ▸ 再次證明「熱賣」！經顧客認同的真正○○

近似詞 ➡ 賣了又賣、拚命熱銷的○○、熱賣的○○

570 ○○蜂擁而至

有效的運用方法 表現出在顧客方面的人氣狀態相當高，藉此傳遞出「高人氣的狀態」。

【例】 ▸ 詢問蜂擁而至！才剛開始賣，顧客的迴響就非常熱烈！
　　　 ▸ 立即回購訂單蜂擁而至的清爽型洗髮精！
　　　 ▸ 缺貨客訴蜂擁而至！超出預期的申請單，讓生產線○○

近似詞 ➡ 蜂擁而至的訂單、蜂擁而至的預約、○○集中、○○停不下來

571 ○○完售

有效的運用方法 將帶有「全部銷售一空」意思的「完售」一詞，與「詳細表現出完售狀況的詞彙」搭配使用，強調受歡迎的情形。

【例】 ▸ 立即完售到讓人嚇一跳！連工作人員都○○（驚訝）的銷售速度
　　　 ▸ 前次銷售，3 小時快速完售！回頭客都是整箱購入！
　　　 ▸ 感謝連續 3 週完售！持續熱賣到現在是因為○○特殊成分

近似詞 ➡ 即將售罄的○○、立即完售的○○、必定賣光！

特色

引人注意

強調

人氣

情緒

真實感

賺到

目標

引導

572　○○絕佳

有效的運用方法 將顯示人氣的條件或是詞彙與「絕佳好評」搭配使用，藉此表示人氣絕佳的狀況。

【例】 ▶ 託你的福，商品人氣度絕佳！承蒙大家選用是有理由的
　　　 ▶ 銷售狀況絕佳！請務必親眼鑑定正在熱賣中的○○
　　　 ▶ 詢問度絕佳！顧客對於公寓的需求條件○○

近似詞 ➡ 狀況持續○○順利、○○更新中、順利地○○（動作）、情況良好地○○

573　**突破○○！**

有效的運用方法 用「具體的條件或是數字」來表示「熱賣的，或是很有人氣」的事實，藉此傳達出突破某項阻礙（紀錄），強調很受歡迎的情形。

【例】 ▶ 託各位的福，現場突破 10 萬人！感謝大家平日的愛護○○
　　　 ▶ 驚人的銷售量突破 1 萬個！回頭客持續增加的○○
　　　 ▶ 單月銷售量突破 1000 本！每月銷售超過 1000 本的○○

近似詞 ➡ 打破○○、○○突破、○○新紀錄、超越○○

574　○○**的活招牌**

有效的運用方法 表現出「在某個領域很受歡迎的狀態，彷彿就是一個活招牌」的意思。

【例】 ▶ 短期可取得集訓證照的活招牌！○○的瞬間即可 ××
　　　 ▶ 平面照攝影棚的活招牌！免費出借服裝齊全的○○！
　　　 ▶ 沖繩度假村的活招牌！意想不到的歡樂○○！

近似詞 ➡ 如果要說○○，就是這個！、○○就是這個！、就決定是○○

575　○○**的推手**

有效的運用方法 與「帶有風潮或是流行意思的詞彙」搭配使用，表示這些條件都是成為「受歡迎的原因」。

【例】 ▶ 飯店婚禮趨勢的推手！集結至親好友的○○
　　　 ▶ 沖繩料理風潮的推手！沖繩炒苦瓜的真正美味
　　　 ▶ 日本料理人氣的推手！可以輕鬆享受到正宗日本料理的○○

近似詞 ➡ 帶動○○的是××、超人氣○○、開啟○○的風潮

576　○○預告

有效的運用方法 表現出「因為銷售量大而產生的現象」，藉此給予顧客接下來一定也會賣得很好的印象。

【例】　▶ 缺貨預告！延續前次銷售熱潮，預計即將缺貨！
　　　　▶ 完售預告！人氣物件，即將完售
　　　　▶ 衝擊性預告！搶先掌握今年夏天的趨勢！

近似詞 ➡ 預知○○、確實○○（動作）、絕對熱賣的○○

577　你○○，我也○○

有效的運用方法 表現出「你」選「我」也選，在展現親近感的同時顯露出該事物很受歡迎的感覺。

【例】　▶ 你紅，我也紅！今年的重點色就是紅色！
　　　　▶ 你 A Home，我也 A Home ！自建住宅就選 A Home
　　　　▶ 你燒酒，我也燒酒！果然還是燒酒最好呢！

近似詞 ➡ 他和她都○○、你我都○○、大家都○○

578　安可○○

有效的運用方法 藉由表現出「因應顧客熱烈期望而規畫重新再次銷售」，傳遞出一種受到顧客支持以及歡迎的感覺。

【例】　▶ 廣受好評的安可企畫！前次開賣 2 小時即完售！
　　　　▶ 因應期待的安可銷售！讓人很想入手的○○
　　　　▶ 因應熱烈安可，我們準備了特別組合包！

近似詞 ➡ 因應○○需求、焦急等待的○○、因應期望再次○○

579　一定要去一次○○

有效的運用方法 「即使只有一次機會也好，很想去一次」的意思。強調並且傳遞出一種「憧憬感」。

【例】　▶ 一定要去一次那間嚮往很久的飯店！
　　　　▶ 一定要去一次那間名氣響亮的人氣旅館過春假
　　　　▶ 一定要去一次知名的法式料理餐廳過紀念日

近似詞 ➡ 想去一次○○看看、一定要去○○、總有一天要去○○

580　**現正熱賣中的○○**

有效的運用方法 單純展現出「這個事物現在賣得很好」的事實。更能給予顧客這項事物已聚集眾人目光的印象。

【例】 ▶ **對團塊世代而言，現正熱賣中的營養補充食品代表！**（編註：團塊世代狹義指 1947 年至 1949 年間日本戰後嬰兒潮出生的人群，現約為 73-71 歲）

　　　 ▶ **現正熱賣中的公寓共通點！將居住舒適度視為標準的○○**

　　　 ▶ **現正熱賣中的寵物食品！人氣的祕密是○○**

近似詞 ➡ 現正熱銷中的○○、目前熱銷的○○、人氣爆發的○○

581　**不斷有店家斷貨的○○**

有效的運用方法 直接表現出「相當受到歡迎的程度」，藉此傳遞出高人氣的狀態。

【例】 ▶ **不斷有店家斷貨的人氣品項！本次肯定也會完售！**

　　　 ▶ **不斷有店家斷貨的新款包包！人氣模特兒也愛用的話題性品項**

　　　 ▶ **不斷有店家斷貨的成人動畫周邊商品！**

近似詞 ➡ 不斷售罄的○○、一直斷貨的○○、肯定完售的○○

582　**暢銷○○**

有效的運用方法 用「暢銷」一詞表現出「在相同範疇內等經常熱銷的事物」，藉此強調其受歡迎度。

【例】 ▶ **大受好評的暢銷計畫，絕對划算！**

　　　 ▶ **因為暢銷，所以提供一個超級回饋的價格！千萬別錯失這個機會！**

　　　 ▶ **這個春天的暢銷設計就決定是這個了！搶占這個季節的○○**

近似詞 ➡ 當紅炸子雞○○、銷售狀況最熱的○○、狂銷熱賣的○○

583　**狂銷熱賣的○○**

有效的運用方法 直接表現出「曾經相當驚人的熱銷事物」，強調以過去的事實作為人氣基礎。

【例】 ▶ **在紐約狂銷熱賣的太陽眼鏡緊急到貨！**

　　　 ▶ **前次狂銷熱賣、銷量驚人的營養保健食品再次進貨！**

　　　 ▶ **去年狂銷熱賣的涼鞋 Version Up ！**

特色
引人注意
強調
人氣
情緒
真實感
賺到
目標
引導

近似詞 ➡ 賣了又賣的○、熱銷的○○、超級狂銷的○○

584　調貨○○

有效的運用方法 針對利用郵購等方式從調貨而來的商品，給予顧客一種這是「如果沒有特別調貨就無法取得的人氣商品」的印象。

【例】　▸ 需調貨的極品甜點！在部落格引爆人氣的○○
　　　　▸ 話題性的調貨品項！產地採收後立刻○○
　　　　▸ 歷經嚴格品質管理的調貨商品

近似詞 ➡ ○○直送的、自○○調貨而來的、自○○產地送達

585　大排長龍的○○

有效的運用方法 用「大排長龍」這樣的詞彙顯示受到許多好評，能對商品本身擁有的受歡迎度帶來衝擊性。

【例】　▸ 連預約都大排長龍的知名旅館！真想去住一晚的○○
　　　　▸ 可以透過電視購物品嘗到大排長龍的咖哩專賣店風味！
　　　　▸ 大排長龍的新口味甜點！人氣爆棚的○○口感

近似詞 ➡ 感謝不斷額滿、一定得排隊的○○、等待時間較長的○○

586　刷新紀錄的○○

有效的運用方法 將可以顯示「受歡迎」的詞彙與「刷新紀錄」的表現搭配使用，藉此傳遞出超高人氣以及白熱化的狀態。

【例】　▸ 刷新目前紀錄的超人氣商品！一舉成為話題的○○
　　　　▸ 刷新暢銷商品紀錄的減重食品！一次多買點才是○○
　　　　▸ 發行後立刻刷新紀錄的 RPG 經典○○（遊戲）

近似詞 ➡ ○○新紀錄、更新○○的紀錄、不太○○（動作）

587　好評○○

有效的運用方法 用「好評」表示來自於顧客的評價很高的意思，與其理由或是與相關說明搭配組合表現，會給予顧客很受歡迎的印象。

【例】　▸ 好評不斷，持續申請中！前 100 名將贈送特製的○○
　　　　▸ 因先前倍受好評，即將展開第二場活動！
　　　　▸ 大受好評的螃蟹吃到飽套餐，更加碼！

近似詞 ➡ ○○狀況絕佳、大受好評○○、現在正好○○、超人氣○○

588　受到地方好評的○○

有效的運用方法　表現時含有「只有這片土地才有的事物、該地的名產品」等意思。強調「在有限地點的人氣狀況」。

【例】　▶ 受到地方好評的割烹料理店！具有值得特地一探究竟的價值

　　　　▶ 受到地方好評的超美味鄉土料理！

　　　　▶ 受到地方好評，老闆娘的用心待客之道

近似詞 ➡ 在當地頗有人氣的○○、頗受地方好評的○○、在當地超有人氣的○○

589　○○活躍於全世界

有效的運用方法　表現出「受歡迎的程度已達世界級」。給予顧客強烈的衝擊性。

【例】　▶ 備受矚目的效果已活躍於全世界！能夠抵達腸內的○○

　　　　▶ 由活躍於全世界的設計師進行室內設計

　　　　▶ 品牌受到肯定且活躍於全世界的○○

近似詞 ➡ 把世界○○（當做）舞台、把世界○○（當做）競爭對手、在世界上大顯身手的○○

590　受到廣大迴響的○○

有效的運用方法　表現出「因為某個機緣，使得人氣劇烈攀升」，藉此強調「話題性」。也可與契機等相關詞彙搭配使用。

【例】　▶ 驚人的效果預期會受到廣大的迴響！使用隔天就可以實際感受到差異

　　　　▶ 在電視與雜誌上受到廣大迴響的舒眠小物！讓你○○（擁有）舒適睡眠

　　　　▶ 才剛接受雜誌採訪就受到廣大迴響的地方名酒！

近似詞 ➡ 大躍進的○○、大熱門的○○、迴響超大的○○、強烈迴響

591　生意興隆的○○

有效的運用方法　與「會造成生意興盛的對象人物」搭配組合，表示「在這些顧客之間受到很大鼓舞的樣子」。藉此強調並且表現出受歡迎的樣子。

【例】　▶ 上班族連續多日造訪生意興隆的居酒屋，人氣的祕密就是○○

　　　　▶ 女性客人眾多，生意興隆的人氣義大利餐廳！主廚自創的創意○○

特色

引人注意

強調

人氣

情緒

真實感

賺到

目標

引導

▶真想去一次看看！回頭客眾多、生意興隆的小料理屋

近似詞 ➡ 持續興隆○○、盛況空前的○○、○○的熱鬧、熱鬧的○○

592　人氣大爆棚的○○

有效的運用方法　將「人氣瞬間爆發」的意思，表現為「大爆棚」，藉此在人氣度上給予衝擊性。

【例】▶早就有人氣大爆棚的徵兆！口耳相傳已成為話題的○○

　　　▶海外人氣大爆棚的品牌終於在日本上市！

　　　▶在對流行相當敏感的女性朋友之間，人氣大爆棚的香水化妝品

近似詞 ➡ 就是爆棚沒錯！、○○很夯！、超熱門的○○

593　期待已久的○○

有效的運用方法　表現出「不論顧客有什麼期望，都得要歷經長時間等待」。藉此強調該人氣狀態。

【例】▶久等了！期待已久的商品終於進貨！

　　　▶期待已久的特別版行程終於復活！未曾有過的○○

　　　▶期待已久的特殊約定安心保證！因應顧客期望的○○

近似詞 ➡ 等了又等○○、期盼的○○、期待的○○、終於登場！

594　第一領導品牌○○

有效的運用方法　與「人氣相當突出的事物」搭配組合後就會賣得很好的印象，給予顧客一種衝擊性。

【例】▶選擇女性第一領導品牌的人氣法式料理店！

　　　▶西日本地區第一領導品牌，銷售實績 NO.1 的○○

　　　▶第一領導品牌，回購率超高的新潟產越光米

近似詞 ➡ 領先○○、領先第一○○！、TOP的○○、絕對是第一名的○○

595　決定追加販售

有效的運用方法　將「表示受歡迎的內容」與「決定追加販售」相關詞彙搭配組合，強調「銷售狀況的火熱程度」。

【例】▶決定追加販售！前次立即銷售一空的○○

　　　▶終於決定追加販售！生產不及，○○造成大家困擾

　　　▶決定追加販售！這裡只有暢銷品會在這裡集合！

近似詞 ➡ 決定追加進貨、確定再次販售、因應期望再次販售

596　殿堂級商品

有效的運用方法 用「殿堂」表示在某些領域「業績經常很好或是位於中心」的意思，在表達其人氣狀況的同時也傳遞出一種信賴感。

【例】　▶ 穩如泰山的殿堂級商品！數十年來受到顧客支持的○○

　　　　▶ 員工選出的殿堂級商品 BEST 3 ！最推薦的商品是○○

　　　　▶ 安心的殿堂級商品，絕不擔心踩雷！

近似詞 ➡ 最愛商品、長壽商品、長銷的○○、○○的必備品

597　人氣急遽攀升

有效的運用方法 表示「顧客詢問以及實際銷售狀態急遽成長」，藉此強調其人氣狀況。

【例】　▶ 人氣急遽攀升，連工作人員都止不住驚訝！

　　　　▶ 電視節目介紹後人氣急遽攀升！彷彿身在家中的氣氛○○

　　　　▶ 人氣急遽攀升、需調貨的商品齊聚一堂，在此一併介紹！

近似詞 ➡ 超人氣、人氣系列、人氣的○○、○○（動作）人氣商品

598　開賣後立即○○

有效的運用方法 傳遞出「開始銷售沒多久就出現很有人氣的現象」的意思。用「開賣後立即○○」來表現其人氣狀況。

【例】　▶ 開賣後立即不斷出現完售消息！商品供貨追加不及○○

　　　　▶ 開賣後立即人氣沸騰，狂銷熱賣的品項！先到先贏！

　　　　▶ 開賣後立即成為街頭巷尾的話題！人氣依舊的○○

近似詞 ➡ 開賣後立刻○○、才剛開賣就○○、才剛推出就○○

599　超夯商品

有效的運用方法 表現出這是「在社會上很受歡迎商品」的意思，傳遞出更加熱賣的印象。

【例】　▶ 上期超夯商品特輯！大家都選擇了這項商品！

　　　　▶ 超夯商品再次進貨！給為缺貨哭泣的你！

　　　　▶ 本公司超夯商品！人氣的祕密徹底○○

近似詞 ➡ 備受矚目的品項、熱門商品、熱銷品項、當紅商品

600　**Best Sale的**○○

有效的運用方法　表現時把焦點放在「在某段期間內賣得非常好的事物」。傳遞出受歡迎的狀態。

【例】　▸ Best Sale 的必備品項聚集在此，穩若泰山的人氣商品○○

　　　　▸ 今年 Best Sale 的產地直送蔬菜，決定頒給北海道產的馬鈴薯！

　　　　▸ 必 Check ！本月 Best Sale 的最推薦書籍 ！

近似詞 ➡ 人氣確實上升、熱銷的○○、狂銷的○○、人氣爆棚的○○

601　**大家都很喜愛**○○

有效的運用方法　針對某項條件「受到歡迎是理所當然的」，藉此表現出「這是大家都很喜愛的事物」。

【例】　▸ 大家都很喜愛清爽的日本料理！身體需要的健康飲食

　　　　▸ 大家都很喜愛露天溫泉！一邊眺望滿天星斗，一邊泡湯○○

　　　　▸ 大家都很喜愛火鍋料理！冬天就是要熱呼呼的火鍋！

近似詞 ➡ 大家支持的○○、大家選出的○○、受到喜愛的○○

602　**招募試用員**○○

有效的運用方法　藉由「招募試用員」，更詳細地表現出「因為該商品受到歡迎而引發的現象」，藉此傳遞出該事物受歡迎的情形。

【例】　▸ 招募試用員的電話如雪片般飛來！大受歡迎到應徵件數急遽○○

　　　　▸ 招募試用員的迴響熱烈，電話線路滿載！

　　　　▸ 招募試用員的熱烈狀況讓工作人員都驚訝！申請的明信片堆積如山○○

近似詞 ➡ 參加試用○○、試賣○○、提前試賣○○

603　**顧客不斷回訪／回購的**○○

有效的運用方法　藉由表現出「顧客不斷回訪／回購，看起來很受歡迎的樣子」，引發其他顧客興趣，並且引導出相關內容。

【例】　▸ 顧客不斷回訪，附有包廂式露天溫泉的旅館！不用在意時間○○

　　　　▸ 顧客不斷回購的超講究起司蛋糕！濕潤的口感○○

　　　　▸ 顧客不斷回購的布丁！只要吃一口，舌尖就感到○○

近似詞 ➡ 回頭客也○○、回購率相當高的○○、持續選擇○○

604　獨占話題

有效的運用方法　表現為「因為口耳相傳而成為話題，頻繁有相關八卦出現的事物」。強調其話題性以及受歡迎程度。

【例】　▶ 獨占茶水間的話題性商品！特別推薦給在意體脂肪的人！

　　　　▶ 獨占職業女性話題的必備品！即使是早晨的忙碌時間也○○

　　　　▶ 獨占話題！因口耳相傳而人氣爆紅、一躍成名的○○

近似詞 ➡ 超人氣的話題性○○、引爆話題○○、話題集中於○○、獨占話題性

特色

引人注意

強調

人氣

情緒

真實感

賺到

目標

引導

D-2　展現出喜好、強烈嗜好

　　總會有一些顧客喜好或是嗜好性強烈的範疇或是商品存在。當該商品所具有的特色完全符合顧客需求的喜好或是嗜好時，就能夠給予顧客強烈衝擊性。這時可以使用一些能表現出對該商品所具有的厲害之處或是優點的情緒詞彙來介紹。

D-2　展現出喜好、強烈嗜好

605　盡享○○！

有效的運用方法　表現出「身體可以盡情享受某項行動或是條件」的意思，藉此刺激顧客的情緒。

【例】　▶盡享冬季滋味！盡情徹底品味○○
　　　　▶盡享窗外景色！品味感動直到看膩為止○○
　　　　▶盡享假期！忘卻時光流逝的○○

近似詞 ➡ 徹底執行○○！、盡情享受○○、○○到飽

606　變得開始期待○○

有效的運用方法　與「會讓人期待的條件」組合，表現出「該期待的條件會不斷增加」，藉此引起顧客注意。

【例】　▶變得開始期待每天早晨起床看鏡子！可以實際感受到○○的效果
　　　　▶變得開始期待入浴時光！能夠感受溫泉氣氛的○○
　　　　▶變得開始期待開車出門！個人獨享的寬廣車內空間就是○○

近似詞 ➡ 期待○○、變得喜歡○○、超愛○○（動作）！

607　能讓人遙想○○

有效的運用方法　針對某項條件，給予顧客一種「會讓人產生許多想像、想念」的印象，更進一步強調該「想念」的感覺。

【例】　▶能讓人遙想那濃厚好滋味，正是一流廚師的○○
　　　　▶能讓人遙想故鄉的景色，讓心情平靜的風景○○
　　　　▶能讓人遙想理想的住居！改變你對未來生活的期待

近似詞 ➡ 愛上○○、讓人心嚮往之○○、想要○○、夢想成為○○

608　被○○迷得神魂顛倒

有效的運用方法 焦點放在「帶有特殊情懷的事物」上，表現出對該事物「擁有強烈關心」的意思。

【例】 ▶ 被色彩鮮豔的珠寶迷得神魂顛倒！刺激男人心的○○
　　　 ▶ 被酥脆的口感迷得神魂顛倒！用表面煎烤的方式○○
　　　 ▶ 被英式家具迷得神魂顛倒！在異國盡情享受假日

近似詞 ➡ 打從心底○○、對○○著迷、對○○魂牽夢縈！

609　設想周到的○○

有效的運用方法 表現出對某些條件的「強烈需求」。藉此傳遞出對該條件的「堅持與熱情」。

【例】 ▶ 設想周到的待客之道，盡情滿足顧客需求○○
　　　 ▶ 設想周到的居家建設！因為要伴你一生，所以只想提供最好的
　　　 ▶ 設想周到的手工料理，擅長處理當季食材原有風味的○○

近似詞 ➡ 隱藏在○○內的想法、寄託在○○上的想法、包含對○○的想法

610　愛上○○

有效的運用方法 將「最喜歡的部分、想要使其顯眼的部分」用「愛上○○」來表現，可以提升其價值，隨後再導出喜歡的理由以及說明。

【例】 ▶ 發現時，已經愛上沖繩！會一直想回訪的度假勝地○○
　　　 ▶ 愛上跳入青藍色的大海！親身體驗截然不同的海洋世界○○
　　　 ▶ 愛上鬆軟的口感！減糖的起司蛋糕○○

近似詞 ➡ 不知不覺就愛上、熱衷於○○、迷上○○、死心踏地○○

611　○○的魅力就在於××

有效的運用方法 將某項物品所擁有的「特色」展現成為一種「魅力」，藉此聚集眾人目光，自然而然地引導出該魅力的理由。

【例】 ▶ 鄉下的魅力在於有肉眼看不見的部分。乾淨的空氣、安靜的○○
　　　 ▶ 四輪傳動車的魅力能在冬天發揮到最大！輕鬆開上雪山○○
　　　 ▶ 獨棟的魅力取決於空間的使用方法！生活舒適的○○

近似詞 ➡ ○○會把你的心勾走、對○○著迷、魅惑的○○

612　讓○○心頭一縮

有效的運用方法　把「心或是 heart 相關的詞彙」與「讓心頭一縮」的表現搭配使用。可以帶給顧客一種怦然心動的衝擊性。

【例】▶ 會讓女生心頭一縮的秋色大衣，讓人想要帥氣地在街上漫步
　　　▶ 贈送會讓人心頭一縮的小禮物！悄悄傳遞出心意○○
　　　▶ 讓冰封的心頭一縮！聳立的岩壁○○刺激著情緒

近似詞 ➡ 在心中迴盪的○○、誘惑人心的○○、抓住○○的心

613　憧憬的○○

有效的運用方法　運用「憧憬」一詞「表現出強烈的喜好」，目標是要讓該事物受顧客矚目。

【例】▶ 盡情享受這段憧憬的旅程！把你的任性轉變為力量
　　　▶ 憧憬的海外婚禮！○○協助你創造一輩子的回憶
　　　▶ 擁有憧憬的窈窕身形！到夏天之前還來得及○○

近似詞 ➡ 夢想的○○、思慕的○○、愛上了○○、戀愛的○○

614　會上癮的○○

有效的運用方法　表現出在某項條件上「具有超過滿意度的效果」，在滿意表現上給予顧客強烈的衝擊性。

【例】▶ 會上癮的口感！入口的口感讓人忍不住食指大動！
　　　▶ 會上癮的觸感！絲綢般的光滑度，對肌膚友善的○○
　　　▶ 吃一次就會上癮！人氣度超高的夢幻店家！

近似詞 ➡ 想要一直使用下去○○、○○成為一種習慣、不知不覺就○○

615　所有人都被俘虜

有效的運用方法　傳遞並且表現出某種東西「會奪取人心」的意思。在表現出強烈衝擊性的同時，引發顧客興趣。

【例】▶ 所有人都會被那樣的景色俘虜！忍不住發出驚嘆○○
　　　▶ 所有人都會被那有趣的狀態俘虜！不論男女老少都非常著迷於○○
　　　▶ 所有人都會被那種辛辣度俘虜！顛覆你對咖哩常識的○○

近似詞 ➡ 所有人都愛慕的○○、○○墜入愛河、對○○迷戀！、對○○著迷

616 超想要的○○

有效的運用方法 直接表現出「喜好」，以提升該事物價值，藉此聚集目光。

【例】 ▸ 超想要的大衣終於進貨！現在正是下手的好時機！

▸ 超想要這樣的甜點！不斷有女性回客率的品項

▸ 一直超想要的進口家具！在簡單的設計中○○

近似詞 ➡ 想要○○！、好想入手的○○、絕對想要○○

617 令人心嚮往之○○

有效的運用方法 傳遞出「被迷住、不知不覺著迷」的意思，藉此提升該事物的價值。

【例】 ▸ 令人心嚮往之的背影！這氛圍誘惑著一些條件很好的男性！

▸ 具有歷史背景、令人心嚮往之的住居！歷史人物都格外○○

▸ 沉醉在這令人心嚮往之的景色之中！大自然創造出的絕佳美景○○

近似詞 ➡ 卓越的○○、看得出神○○、○○墜入愛河、迷戀上○○

618 著迷／迷上○○

有效的運用方法 將某項條件表現為「因為太喜歡了而無法停止」。

【例】 ▸ 心情愉悅到讓人著迷！心情舒爽的療癒效果○○

▸ 只要吃一次就會迷上的獨特辛辣味！絕妙的辛辣口感○○

▸ 好吃到讓人著迷！具有衝擊性的濃厚口感○○

近似詞 ➡ 想要○○得要命、○○到神魂顛倒、無法停止○○

特色
引人注意
強調
人氣
情緒
真實感
賺到
目標
引導

D-3　展現出趨勢（流行）

　　為數眾多的顧客對於坊間一般的流行性事物以及未來被視為趨勢的事物，往往會失去理智。藉由表現出「商品本身就是趨勢」，即可刺激顧客對趨勢的好奇心，並且引導他們湧現想要購買的情緒。

D-3　展現出趨勢（流行）

619　○○的理論

有效的運用方法　表現出「為了進行某件事這是當然且必要的事物」的意思，給予顧客一種這是理所當然的印象。

【例】　▶ 今年秋天最推薦的洋蔥式穿衣理論！想要把這種方法穿得好就一定要○○！

　　　　▶ 絕對不會輸的談判理論！快速提升談判能力

　　　　▶ 美食之旅的滿足理論！充分品嘗地方名產食材○○

近似詞 ➡ ○○的法則！、○○的絕對規則、○○的規則、○○的鐵則

620　○○超級必備

有效的運用方法　將選擇某項條件「就是正確答案，不會失敗」，表現為「超級必備」。

【例】　▶ 超級必備的夏季甜點！水嫩口感讓人超開心！

　　　　▶ 超級必備的溫泉旅館！可以在房間內慢慢品嘗豪華的餐點○○

　　　　▶ 超級必備的秋色大衣！隨意穿搭，即可改變造型！

近似詞 ➡ ○○的真命天子是、上面寫著我的名字、○○完全是我的真命天子、○○的必備品

621　○○之後就是××了

有效的運用方法　以「現在正在流行的事物」為例，藉此讓顧客目光聚焦，大膽預測並且表現出「接下來即將要流行的事物」。

【例】　▶ 紅色之後就是橙色了！掌握今年的流行色！

　　　　▶ 運動之後就是飲食管理了！從體內強化○○效果

　　　　▶ 美白之後就是透明感了！白皙肌膚更需要有○○透明感

近似詞 ➡ ○○之後跟進的是××、之後是○○的時代、接下來是○○

622 ○○風潮的××

有效的運用方法 使用「風潮」一詞，帶給顧客一種「某件事物受歡迎的程度超高」的印象，藉此吸引目光。

【例】 ▶ 讓原本引領度假風潮的策畫者都落空！未來的度假應該是○○
　　　 ▶ 引領茶餐廳風潮的人氣名店！具有前往一訪價值的○○
　　　 ▶ 簡單體能訓練是目前街頭巷尾的風潮！從今天開始在家中○○

近似詞 ➡ 人氣爆棚中的○○、○○流行的、○○潮流的、○○趨勢的

623 也受到○○矚目的××

有效的運用方法 表現為「受到媒體或是知名人士等矚目的事物」，會帶給流行以及受歡迎程度方面一些衝擊。

【例】 ▶ 也受到雜誌矚目的新感覺餐廳！○○年輕女性的心
　　　 ▶ 大量含有也受到人氣電視節目矚目的成分！可以有效滲透○○
　　　 ▶ 也受到運動選手矚目的新材質！吸汗、降溫

近似詞 ➡ ○○也另眼相看、○○也已確認完畢、○○也很有興趣

624 現正○○

有效的運用方法 將「現正」這個關鍵金句與「帶有流行意思的詞彙」搭配使用。強調目前正在流行事物的「趨勢感」。

【例】 ▶ 現正流行的粉蠟色包緊急到貨！必定銷售一空！
　　　 ▶ 輕鬆享受現正流行的悠閒T恤裝扮！
　　　 ▶ 現正受到矚目的木造建築！被木頭香氣溫柔地環抱著○○

近似詞 ➡ 現在正是季節的○○、現正流行的○○、當今風潮○○、時興○○

625 當代○○

有效的運用方法 表現時包含「這是現在正在流行的事物」的意思。與「想要受到矚目的條件」搭配使用，藉此聚集顧客目光。

【例】 ▶ 當代風格的防風拉鍊皮夾克，現在購買超值得！
　　　 ▶ 當代配件終於登場！可在腳踝穿戴的一些○○（小配件）
　　　 ▶ 當代菜單大受女性朋友歡迎！今年的當季料理就決定是○○！

近似詞 ➡ 當季的○○、目前趨勢是○○、現在的風向是○○、現在的○○

626　傳聞中的○○

有效的運用方法　表現時包含「在社會上已成為話題」的意思。強調並且傳遞出其受歡迎程度。如果可以顯示出「是在何處發出的傳言」，會更有效果。

【例】　▶ 街頭巷尾傳聞中的地獄拉麵！真想嘗試一次○○

　　　　▶ 在家中就能享受到傳聞中的知名飯店餐點風味！宅配免運費○○

　　　　▶ 街角傳聞中的髮型！今年最受歡迎的是短髮造型○○

近似詞 ➡ 話題性的○○、八卦中的○○、大家評論中的○○、江湖傳言的○○

627　掀起各界熱議

有效的運用方法　表現出「在各個領域或是全世界都一直在談論的話題」。傳遞出其「受矚目的狀況」同時給予顧客衝擊性。

【例】　▶ 掀起各界熱議的商務指南！ MBA 課程中不會傳授的○○

　　　　▶ 掀起各界熱議！排隊隊伍絡繹不絕的中式餐廳！

　　　　▶ 掀起各界熱議的新減重計畫！

近似詞 ➡ 成為業界話題的○○、在○○成為熱門話題！、社會話題全聚集在○○

628　全民的○○

有效的運用方法　表現出一種「在全國流行是理所應當」的感覺。

【例】　▶ 獲得全民支持的兒茶素效果有益健康！

　　　　▶ 全方位運用行動電視功能的手機已是全民趨勢！

　　　　▶ 全民的人氣乳酸菌飲料效果在○○復刻重現！

近似詞 ➡ 國民的○○、普世的○○、萬人的○○、受到萬人○○

629　年度最受矚目的○○

有效的運用方法　用來強調「這是今年最受到矚目的事物」的表現。

【例】　▶ 年度最受矚目的品項！今年的冬季禮品是○○

　　　　▶ 年度最受矚目的溫泉勝地，享受奢華的假日！

　　　　▶ 年度最受矚目的品牌！俘虜女性的設計是○○

近似詞 ➡ 本世紀最大的矚目焦點○○、本期最大矚目○○、年度矚目焦點○○

630　符合年度形象的○○

有效的運用方法 表現出對象事物「理所當然是該年度流行的事物」。

【例】 ▶ 符合年度形象的爆發款主打商品！女性雜誌中人氣火紅的○○
　　　 ▶ 最好符合年度形象！使用季節顏色，強調女人味！
　　　 ▶ 由最符合年度形象的商品引領趨勢！人氣配件來勢洶洶！

近似詞 ➡ 今年就是○○！、今年的模式就是○○、今年的趨勢○○

631　當季的○○

有效的運用方法 用「當季」一詞直接表現出「這是現在最大量出現的事物」。

【例】 ▶ 在產地享受當季的風味！讓旅行的有趣程度倍增○○
　　　 ▶ 當季的獨家話題！利用副業創造財富的簡單○○
　　　 ▶ 最當季的活動資訊！把耶誕節當做一個紀念日○○

近似詞 ➡ 搶佔當季的○○、搶佔○○的季節！、季節是○○

632　正值最佳季節的○○

有效的運用方法 表示「比大量充斥在市面上的事物等級更高」，藉此顯示流行的狀況。可以更加聚集目光。

【例】 ▶ 正值最佳季節的超人氣食材到你家！堅持有機栽培○○
　　　 ▶ 各種日洋各半式的料理正值最佳季節。沒有比現在更該品嘗的○○
　　　 ▶ 特級的霜降肉品正值最佳季節！入口的瞬間就知道差異○○

近似詞 ➡ 想要當季的○○、當季的極致○○、點綴這個季節的○○、正當季的○○

633　新標準

有效的運用方法 表現出「成為在某個領域的新標準」的意思。

【例】 ▶ 這就是傳說中的新標準！琺瑯材質與皮革非常相襯的○○
　　　 ▶ 未來的新標準是要朝向室內人造空間！
　　　 ▶ 新標準的車站地下街，更加便利的○○！

近似詞 ➡ New Standard、○○的新基準、○○的基準、標準的○○

634 ○○的趨勢

有效的運用方法 直接表現出這是「在某個領域流行的事物」，藉此強調該流行狀態。

【例】 ▶ 直接了當地說這就是獨棟的趨勢！對自然友善的建築材料○○

　　　 ▶ 偷偷告訴你這個秋季的趨勢！今年秋天建議你○○！

　　　 ▶ 愛意滿點的約會趨勢是在大樓上看夜景！

近似詞 ➡ ○○今年的動向、○○的大趨勢、在趨勢下選擇的○○

635 流行的○○

有效的運用方法 把「正在流行的事物」用一個詞彙來表現，藉此傳遞出「總之會流行是一件理所當然的事情」。

【例】 ▶ 流行的預感！可以舒適度過炎熱夜晚的舒眠○○

　　　 ▶ 女性朋友當中流行的隱藏版家庭餐館！運用食材原味的○○

　　　 ▶ 附有流行的包廂式露天溫泉旅館！不用在意時間，讓您可以盡情享受！

近似詞 ➡ 趨勢的○○、大爆發的○○、成為風潮的○○

636 肯定會流行

有效的運用方法 表現時把「接下來應該會流行的事物」與「肯定會」一詞搭配組合，讓顧客覺得「這一定會是接下來的流行」。

【例】 ▶ 肯定會流行！今年最夯的是口感滑嫩的甜點！

　　　 ▶ 肯定會流行的矚目品項！這個是必買的人氣商品！

　　　 ▶ 非常肯定會從這個夏天開始流行的柔和色調包！

近似詞 ➡ 一定會引爆熱潮！、爆發性的○○、人氣爆棚前的○○

Ⓔ【情緒】 深入刺激顧客的情緒

顧客在決定購買任何事物之前，一定會有情緒上的波動。只要刺激顧客那些情緒，就能夠撩撥顧客的心，所以試著拋出一些會讓顧客心中「有感覺的詞彙」吧！

　　顧客採取任何行動時，剛開始一定會有情緒上的波動。受到一些刺激，使心情產生變化，而這些情緒波動會與行動結合。各位應該非常同意在進行某些行動前，會做出什麼決定、想要做些什麼都會因為情緒而有所不同。

　　此外，顧客會在接觸其他人的情緒時，對該情緒產生共鳴等變化。因為具有可以將對方所感受到的情緒置換為個人情緒的特質。也就是說，想要影響顧客情緒，使用「情緒」去影響會特別有效果。

　　為了銷售事物（商品或是服務），必須確實思考刺激顧客的哪一個情緒面向最容易達成目標。聚焦在應刺激的顧客情緒面，投入一些「會讓心中有所感觸的詞彙」是相當重要的。

　　本章節以「展現出體驗、感受」、「強調五感體驗」、「展現出幸福感、幸運的條件」、「強調感動」等面向，介紹能刺激顧客情緒的關鍵金句。期望各位能夠明確意識到自己是想要刺激顧客怎樣的情緒面，進行最極致的運用。

E-1 展現出體驗、感受

　　顧客會對自己經歷過、體驗過的事物產生特殊的感情，或是覺得眷戀。直接表現出體驗的感覺或是印象，可以讓顧客具體想像那種感覺、模擬體驗，藉此刺激顧客的情緒。

E-1　展現出體驗、感受

637　○○讓人愛不釋手

有效的運用方法　將「表現出感覺或是感受的詞彙」與「讓人愛不釋手」一起使用，可以表現出絕佳的感受。

【例】　▶ 清爽的感覺讓人愛不釋手！維持頭皮清潔的○○

　　　　▶ 滑順的口感讓人愛不釋手！翻轉對布丁的概念○○

　　　　▶ 越來越漂亮的感覺讓人愛不釋手！減重效果○○

近似詞 ➡ ○○讓人心情真好、○○超棒～！、○○讓人忍不住！

638　讓○○變得更有趣

有效的運用方法　藉由將情緒融入對象事物的表現，轉換為可以引發顧客興趣的表現。

【例】　▶ 讓育兒變得更有趣！與孩子一起開心學習○○

　　　　▶ 讓假日變得更有趣！開始遙望假日的到來○○

　　　　▶ 讓家族旅行變得更有趣！想與家人一起同樂的○○

近似詞 ➡ ○○變得有趣、變得更喜歡○○、變得想要○○

639　○○感超群

有效的運用方法　表現出「實際感受到沒有比某項條件更優秀的事物了」的感覺，強調該條件，並且引導出理由。

【例】　▶ 滋潤感超群的保濕乳液登場！一擦上立刻有不同感覺

　　　　▶ 豪華感超群的包廂式法式料理！○○難得的紀念日

　　　　▶ 舒適感超群的孕婦裝！可以確保清潔的○○

近似詞 ➡ ○○感讓人愛不釋手、○○感超棒、超棒的○○感、○○感很好

640　與○○邂逅

特色
引人注意
強調
人氣
情緒
真實感
賺到
目標
引導

有效的運用方法　與「某種感覺的表現」搭配組合，表現出那種感覺「好像是邂逅了一場戀情般」，藉此聚集顧客目光。

【例】▶ 與無邊無際的開放感邂逅！超乎想像的景色○○
　　　▶ 與最棒的水質邂逅！透明度達到異次元，讓你○○
　　　▶ 與細緻的肌膚邂逅！讓人以為是嬰兒肌膚的○○

近似詞 ➡ 與○○融合、與○○速配、與○○相逢

641　對抗○○超～有效！

有效的運用方法　藉由表現出「欲傳遞的效果、效能」，給予顧客一種「會對某種條件產生強大效果」的強烈印象。

【例】▶ 對抗疲勞超～有效！讓因為工作而疲累不堪的身體○○活力
　　　▶ 對抗空腹超～有效！就算是忙碌的早晨時間也能單手取食的○○
　　　▶ 對抗冬季寒冷超～有效！從身體內側暖和起來的○○

近似詞 ➡ 對付○○有效！、對○○發狠、對○○無法忍耐！

642　○○讓人忍不住微笑

有效的運用方法　對於某種感覺直接表現出「很開心」的心情，藉此刺激顧客對該感覺有所期望或是有興趣。

【例】▶ 好吃到讓人忍不住微笑！每吃一口就笑容滿面○○
　　　▶ 柔軟的觸感讓人忍不住微笑！想放在臉上磨蹭的○○
　　　▶ 療癒效果讓人忍不住微笑！度過放鬆時間時的必需品

近似詞 ➡ 對○○微笑、對○○浮出笑容、對○○漾出笑容

643　○○的春天來了

有效的運用方法　運用「春天給人的舒適印象」，表現出「等待已久的事物終於到了」的感覺。

【例】▶ 三十幾歲單身女性的春天來了！感覺完全不一樣的○○
　　　▶ 我的春天終於來了，心中悸動不已○○
　　　▶ 過去一成不變的義大利麵，春天來了！ 讓人心情雀躍的春季蔬菜口感○○

近似詞 ➡ ○○春天到了、等待許久的○○來了、○○終於來了

644　○○讓人放鬆

有效的運用方法 將對某項條件的安穩感用「讓人放鬆」來表示，傳遞出一種讓人安心的印象或是感覺。

【例】 ▶ 時間的流逝讓人放鬆、讓人忘卻時間的○○

　　　 ▶ 懷念的味道讓人放鬆、讓人思念母親家常菜的○○手工料理

　　　 ▶ 沉著的配色讓人放鬆、彷彿進入豐收秋季的咖啡色系○○

近似詞 ➡ ○○輕撫胸口放心了、放心○○、對○○感到安心

645　○○終於相遇

有效的運用方法 表現出讓人感受到「終於發現一直在尋找的事物」的喜悅。給予顧客一種「能夠與嚮往的事物相會」的印象。

【例】 ▶ 終於與鮮紅相遇了！恰到好處的豔紅色唇膏

　　　 ▶ 終於與最棒的泉質相遇。肌膚彷彿被包裹住的○○

　　　 ▶ 終於與夢幻等級的牛肉相遇！從千挑萬選的神戶牛中選出○○

近似詞 ➡ 終於相逢○○、一直在尋找的○○

646　○○的舒適度

有效的運用方法 把用來形容「很開心的感覺之一」的「舒適度」與「成為該理由的事物」搭配組合表現，藉此引發顧客關心。

【例】 ▶ 挑高的居家舒適度。天花板的高度讓開放的空間○○

　─　 ▶ 實現高級車款的舒適度。靜謐中帶有○○沉穩感

　　　 ▶ 日本料理給人的舒適度。日本人自己都遺忘了的○○

近似詞 ➡ ○○悠閒地度過、○○心情舒爽、○○忘卻時間

647　○○得心花怒放／綻放

有效的運用方法 把「突然變得開朗的好心情」比喻為「花朵綻放」。與「表示變化的說明」搭配組合會更有效果。

【例】 ▶ 感動得心花怒放！讓○○與心意會有所動搖的人接觸

　　　 ▶ 雙唇綻放出耀眼的花朵。美豔的唇型給人性感的印象○○

　　　 ▶ 讓全家人笑得心花怒放。笑意不絕的○○

近似詞 ➡ 花朵綻放般○○、○○呈現美麗的樣貌、熱鬧的○○

648 ○○的變化令人欣喜

有效的運用方法 表現出「某項條件變化本身就是一件令人開心的事」。給「能感受到該變化魅力的人」帶來一些衝擊。

【例】 ▶ 成長的變化令人欣喜！可以實際感受到培育樂趣的○○
　　　 ▶ 心境的變化令人欣喜。找回○○自信滿溢的自己
　　　 ▶ 四季的變化令人欣喜。秋天有享受秋天樂趣的方法○○

近似詞 ➡ ○○變化得令人開心、○○戲劇性地改變！

649 沉浸在○○的餘韻之中

有效的運用方法 某項感覺條件給予顧客的印象「帶有後勁」。

【例】 ▶ 沉浸在重低音的餘韻之中。酥麻的○○振動感讓人心情大好
　　　 ▶ 沉浸在感動的餘韻之中。備受款待的○○晚餐
　　　 ▶ 沉浸在愉悅的餘韻之中！擴散在口中的○○甜味

近似詞 ➡ 滲透內心的○○、有餘韻的○○、在心中四處迴盪的○○

650 愉悅地享受○○

有效的運用方法 使用會讓人感受到「舒暢、輕鬆愉快感（感覺）」的「愉悅地享受」一詞，可以傳遞出「在心情穩定中產生的舒適感」。

【例】 ▶ 可以愉悅享受美食盛宴，在杯影交錯中度過○○
　　　 ▶ 可以愉悅享受悠閒時間，喜愛的事物玩到滿意為止○○
　　　 ▶ 忘卻時間、愉悅地享受京都的細膩。風景中的○○

近似詞 ➡ 深入享受○○、舒適的○○、愉快地度過○○

651 忘卻○○（名詞）××（動作）

有效的運用方法 表現出「熱衷於一些事情達到忘卻時間的地步」。對一些「有體驗意義的事物」給予強烈的衝擊。

【例】 ▶ 忘卻羞恥去狂熱！找回年輕時期的熱情○○
　　　 ▶ 忘卻時間專心投入。讓人想起那些已遺忘的○○
　　　 ▶ 忘卻工作充分享受。自我鍛鍊到心情非常愉悅的○○

近似詞 ➡ 忽略○○而××（動作）、沒想太多○○就××（動作）

652　舒適易居的○○

有效的運用方法 把焦點放在「生活」上，表現出「可以體驗舒適生活」的感覺。藉此刺激顧客「對理想生活的期望」。

【例】　▶ 舒適易居的原創設計！適合全家人的○○
　　　　▶ 舒適易居的時間！待在那裡彷彿是理所當然的事○○
　　　　▶ 創造舒適易居空間。○○摩登的設計

近似詞 ➡ 每天都開開心心地○○、生活舒適的○○、實現舒適生活的○○

653　確實○○

有效的運用方法 表現時更加強化對「某些行動的體驗、對體驗的印象」。用「確實」一詞給予顧客一種衝擊性。

【例】　▶ 確實盡收旅行的樂趣。留在回憶裡的畫面是○○
　　　　▶ 歐式自助餐，可以確實填飽每個人的肚子！只需憑喜好○○（挑選）愛吃的菜色
　　　　▶ 確實抓緊少女心！讓戀愛運覺醒的○○

近似詞 ➡ 緊咬不放○○（動作）、好好地○○（動作）、完全○○（動作）

654　嘆為觀止的○○

有效的運用方法 藉由表現出「對某項體驗感到驚訝的情緒」，聚集顧客的目光，並且引導顧客對該理由產生興趣。

【例】　▶ 嘆為觀止的美味，真讓人感激！連美食雜誌記者都深陷其中的○○
　　　　▶ 超強優惠讓人嘆為觀止！豐盛的優惠○○讓人更有購買意願
　　　　▶ 嘆為觀止的寬廣度！那種價格讓人意想不到竟然會有如此寬廣的室內○○

近似詞 ➡ ○○驚為天人、○○超驚訝！、嚇到直不起腰○○

655　獨飲一杯酒，感受○○

有效的運用方法 用「獨飲一杯酒」的意境展現出「在平靜氣氛中，度過感傷時刻的感覺」，藉此強調一種情境。

【例】　▶ 獨飲一杯酒，感受歷史。被捲入歷史洪流中的○○
　　　　▶ 獨飲一杯酒，感受命運。展現出命運式邂逅的○○
　　　　▶ 獨飲一杯酒，感受彼此的愛。兩人相似的○○

近似詞 ➡ 在微醺氣氛下，享受○○、沉醉在杯觥交錯的○○

656　有○○的實感

有效的運用方法 表現時會與「顯示具體感覺的詞彙」搭配組合。傳遞出更真實的體驗。

【例】 ▶ 有使用後變輕盈的實感。不僅是輕盈○○
　　　▶ 有彈力肌的實感！能恢復肌膚彈性的○○
　　　▶ 有排空的實感！腹部完全清空的感覺○○

近似詞 ➡ 直接的實感、○○體驗、實感○○效果、令人開心的實感

657　想要一直○○下去

有效的運用方法 傳遞出「因為實際感受到某種條件很舒適，所以想要一直這樣做」的心情。會對感受產生衝擊。

【例】 ▶ 想要一直這樣下去。○○讓我有這樣的感覺
　　　▶ 想要一直賴著不走的飯店。相當受到女性客人歡迎的度假地點○○
　　　▶ 想要一直看下去。充滿魄力的影像讓人能夠充分享受這感動的作品

近似詞 ➡ 變得想要一直○○、○○讓人覺得很舒服、想要維持○○

658　毫不費力就○○

有效的運用方法 用「透過某項體驗的表現」傳達出「可以簡單完成某件事」。

【例】 ▶ 毫不費力就學會英語！每天 10 分鐘的學習就能讓你超越○○
　　　▶ 毫不費力就擁有美麗肌膚。維持肌膚美麗的○○
　　　▶ 毫不費力就減重成功！不想花費太多時間○○

近似詞 ➡ 輕輕鬆鬆就○○、發現時已經○○、自然而然地○○（動作）

659　俐落洗鍊的氣場○○

有效的運用方法 即將可以實際感受到「在某種等級上的俐落洗鍊感」，用「俐落洗鍊的氣場」一詞來表現。

【例】 ▶ 受到俐落洗鍊的氣場刺激……。想要偽裝大人的○○
　　　▶ 沉醉在俐落洗鍊的氣場裡。滔滔不絕地談論設計○○

▶ 被俐落洗鍊的氣場觸動。決定採用極簡風的○○

近似詞 ➡ 被○○磨練般、感受到○○的氣場

660　充滿魄力的○○

有效的運用方法 直接表現出「實際感受到某項條件的強力衝擊性」。

【例】 ▶ 充滿魄力的鮮明影像！超大螢幕讓人超享受的○○
　　　 ▶ 盡情享受充滿魄力的大自然！用身體去感受到的○○
　　　 ▶ 充滿魄力的海鮮鍋料理讓人食指大動！海岸的味道○○勾起了食欲

近似詞 ➡ 感受到氣魄的○○、有魄力的○○、壓迫般的○○感

661　感覺心中叮咚一聲！！○○

有效的運用方法 表現時把焦點擺在「可以讓身體直覺感受到的條件」。藉此強調「直覺的印象」。

【例】 ▶ 感覺心中叮咚一聲！！的舒適感。○○追求身體渴望的舒適性
　　　 ▶ 感覺心中叮咚一聲！！為戀愛加油！讓滑嫩的肌膚更加閃耀○○
　　　 ▶ 感覺心中叮咚一聲！！越辣越好！享受飆汗的辛辣度○○

近似詞 ➡ 叮咚！突然想到○○、身體感受到○○、直覺就是○○

662　能感到滿足的○○

有效的運用方法 意思是「可以充分滿足某項條件的狀態」。藉此刺激「想要獲得滿足的心情」。

【例】 ▶ 能讓身體感受到滿足的氣氛！溫泉旅館住宿的價值就在○○
　　　 ▶ 度過一段能感到滿足的假日時間！在平靜心情中感到舒適的○○
　　　 ▶ 提出能讓人感到滿足的生活提案！專家設計的易居空間！

近似詞 ➡ 有充實感的○○、覺得滿足○○、○○心悅誠服、滿意至極的○○

663　讓○○出現顯著變化

有效的運用方法 直覺式地傳遞出「想要更明顯或是更顯眼的條件」。

【例】 ▶ 讓一成不變的生活出現顯著變化！每天早晨 5 分鐘的簡單○○！
　　　 ▶ 讓一蹶不振的身體出現顯著變化！改變飲食習慣，同時○○
　　　 ▶ 藉由組合，呈現出色彩的顯著變化！向專家學習的○○色彩運用法

近似詞 ➡ 起伏明顯的○○、張弛有度的○○、感覺有所不同的○○

特色
引人注意
強調
人氣
情緒
真實感
賺到
目標
引導

664　已經無法放手

有效的運用方法 根據「實感或是經驗」傳遞出「該對象事物非常棒」的訊息。

【例】 ▶ 用過一次，就已經無法放手！舒適的刺激度有助於頭皮健康！
　　　 ▶ 已經無法放手！這種使用感會成為習慣！
　　　 ▶ 我已經無法放手！嘗試各種東西後發現這才是我要的！

近似詞 ➡ 無法停止○○、不能放手○○、沉迷於○○

665　優雅地融合○○

有效的運用方法 委婉表現出「幾個條件彼此之間有絕佳的感覺，藉此傳遞出身體的感覺。

【例】 ▶ 與肌膚優雅地融合在一起的質感讓人愛不釋手！深入肌膚底層
　　　 　○○
　　　 ▶ 優雅地融合在口中！兩種成分絕妙的協奏曲
　　　 ▶ 使用可以優雅融合在一起的顏色，提升性感度！

近似詞 ➡ 彷彿融合在一起○○、慢慢溶入○○

E-2 強調五感體驗

從人類的五種基本感覺（觸覺、視覺、味覺、聽覺、嗅覺），也就是所謂的「五感」接收到刺激後，會對顧客的情緒產生很大的影響。刺激五感的表現，可以直接影響情緒運作。

E-2 強調五感體驗

666 散發○○氣場的××

有效的運用方法 將「該事物所擁有的獨特氛圍」用「氣場」來表現、強調感覺。

【例】 ▶ 想穿上可以散發出幸福氣場的衣服！使用明亮的顏色○○

▶ 散發出豐滿氣場的雙唇。給人驚豔印象的嘴角，讓人○○（移不開）視線

▶ 在散發出嚴肅氣場的西式建築內度過一段時間。○○重要的時間

近似詞 ➡ 在氛圍下感受○○、用肌膚去感受○○、被○○的氣場包圍

667 ○○氣氛滿點

有效的運用方法 表現出「只想盡情玩樂的內心狀態」。在傳遞滿足感的同時，也傳遞出一種興奮感。

【例】 ▶ 度假氣氛滿點！拋開煩惱盡情享受○○

▶ 在度假村度過歡欣氣氛滿點的週末！

▶ 大人約會氣氛滿點的法式料理包廂。名人御用的○○

近似詞 ➡ 沉醉在○○的氣氛、愉悅地度過○○、最棒的○○氣氛！

668 ○○清爽／輕盈

有效的運用方法 對於「想要清爽、想讓人感到清爽」這件事，直接表現出在視覺、感覺上的刺激。

【例】 ▶ 早上起來的清爽頭皮！絕對讓你睜開眼就有好心情○○

▶ 看起來清爽的背影！背影就能顯現出你的年齡

▶ 腳步輕盈。從腳尖就展現出時尚的○○

近似詞 ➡ 舒爽的○○、○○讓人心情超好、○○爽快、爽朗的○○

669 在○○環抱下

有效的運用方法 藉由表現出「被某種條件包圍住的狀態」，強調一種感覺。

【例】 ▶ 在微風環抱下沉睡。溫度調節機能讓人經常○○（擁有）舒適溫度
    ▶ 在成人的氛圍環抱下，被香氣包裹住的身體性感地○○
    ▶ 在危險香氣的環抱下沉睡，○○暗示著被火灼傷般的戀情

近似詞 ➡ 被○○包圍、被○○溫柔地包裹住、被包裹在○○內

670 ○○讓人看得出神

有效的運用方法 傳遞出一種「理想的姿態」。在各個不同情緒下讓人想像一種「很棒的情境」。

【例】 ▶ 聰明的穿搭讓人看得出神！不論是出外或是逛街都很適合○○
    ▶ 美麗的剪影讓人看得出神。長版大衣穿起來，整個體型看起來非常美好
    ▶ 鮮紅的梅花讓人看得出神。山頭被梅花○○染紅

近似詞 ➡ 被○○奪去目光、對○○入迷、讓人著迷的○○

671 ○○的溫度

有效的運用方法 傳遞出「某項事物的特色會讓人感到溫暖」的感覺。

【例】 ▶ 人與人互相接觸的溫度。○○令人懷念的待客之道
    ▶ 被溫暖的羽毛溫柔地包圍著。不會讓人覺得沉重的○○
    ▶ 用手寫字的溫度迎接顧客。○○手寫顧客的名字

近似詞 ➡ ○○的溫暖、感受到○○的體溫、感受到○○的熱度

672 喚醒○○的感官

有效的運用方法 將「內心深處原本具有的欲望」替換為「感官」一詞，表示這是可以刺激感官的事物。

【例】 ▶ 喚醒女人的感官。○○變身為這刺激之夜的女豪傑
    ▶ 能喚醒內心感官的料理。手工料理中最令人懷念的○○
    ▶ 能喚醒駕駛感官的車體再進化。設計與機能○○

近似詞 ➡ 撩撥人心的○○、讓人沉醉的○○、○○讓人酥麻

特色
引人注意
強調
人氣
情緒
真實感
賺到
目標
引導

673　○○**的舒適××**

有效的運用方法　表現出某項條件擁有「能讓人感受到安穩」的感覺。

【例】 ▸ 全身都能感受到大自然的舒適律動。在盡享美景的同時○○

　　　 ▸ 天然泉水的舒適冰涼感。柔軟中帶有的○○

　　　 ▸ 棉花材質的舒適觸感。吸濕度較高的○○

近似詞 ➡ 安心地○○、愉快地○○、○○心情舒爽的

674　○○**剪裁**

有效的運用方法　讓「外表或是外觀形狀絕佳」這件事情在視覺上表現得更為明顯。

【例】 ▸ 俐落洗鍊的藍色剪裁。釋放出藍色的光芒○○

　　　 ▸ 外觀自然協調的剪裁。生活中的○○

　　　 ▸ 美麗的洋裝剪裁！讓身體線條玲瓏有緻的○○

近似詞 ➡ ○○的身體曲線、○○的線條是××、○○的形式

675　○○**風味**

有效的運用方法　針對某種口味，表現出「有獨特味道」。

【例】 ▸ 咖哩風味濃郁的漢堡肉超美味！在各年齡層都很受到歡迎的○○

　　　 ▸ 巧克力風味的精髓讓咖啡的風味更加明顯！

　　　 ▸ 芝麻風味的沾醬引出了食物的美味！

近似詞 ➡ 讓人彷彿感受到○○的滋味、○○的味道、讓人想起○○的滋味

676　**全部都是／全都可以○○**

有效的運用方法　表現為「可以在感覺上傳遞出一種新鮮的印象」。可以藉此給予顧客一種衝擊性。

【例】 ▸ 現採的蘋果全都可以大口咬下！多汁的口感○○

　　　 ▸ 全部都是產地直達！各地名產大集合○○

　　　 ▸ 全部都是來自築地市場！運用行家嚴選的食材○○

近似詞 ➡ 直接吃就很美味的○○、○○全部都可以品嘗、大口咀嚼○○

677　××上／成○○色的

有效的運用方法　不只是表現出單純的顏色，使用一些「會讓人覺得有顏色意義或是色彩意象」的詞彙，呈現出「接下來會怎樣」的意思，向顧客訴說一種感覺。

【例】　▶ 戀上春色的季節！展現出柔和的粉彩華麗感○○
　　　　▶ 幻化成黃褐色美味。帶有微焦感的○○
　　　　▶ 身心都染上春天的顏色。○○走在春季大街上的樂趣

近似詞 ➡ 玫瑰色的○○、感受到季節顏色的○○、感受到○○的色調

678　好吃到不得了○○

有效的運用方法　傳遞並且強調「美味」的一種情緒表現。

【例】　▶ 美味到好吃到不得了！美味的祕密是○○
　　　　▶ 沒想到竟然好吃到不得了。多汁口感讓肉質的美味○○
　　　　▶ 整桌好吃到不得了的感動！專家嚴選的材料○○

近似詞 ➡ 好吃到想落淚○○、舌尖的喜悅○○、好吃到口水流下來○○

679　耐人尋味的○○

有效的運用方法　傳遞出一種「意味深長」的印象。引發顧客興趣，並且引導出該意義或是說明。

【例】　▶ 在家中就可以品嘗到耐人尋味的美味。讓餐桌變豪華的○○
　　　　▶ 耐人尋味的濃郁、香氣、美味。極致○○（呈現）真正的味道
　　　　▶ 熟成又耐人尋味的味噌風味全部運用在湯頭裡○○

近似詞 ➡ 有味道的○○、感受到○○的精華、有深度的○○味道

680　令人陶醉○○

有效的運用方法　運用一些感覺性的詞彙，並且在後方持續表現出「這樣下去會怎樣呢？」的內容，藉此引起顧客興趣。

【例】　▶ 令人陷入陶醉。大人也想知道的粉紅色使用方法
　　　　▶ 背影令人陶醉！美好的剪影，極具○○魅力
　　　　▶ 一口吃下，令人陶醉。融化、擴散在口中的○○

近似詞 ➡ 在我眼裡的○○、心醉於○○、雙眼濕潤的○○

681　美味！○○

有效的運用方法　使用「單純，但是極具威力的表現」，直接強調感覺。引導顧客對該內容產生興趣。

【例】　▶ 好吃！的理由。外表酥脆，內餡濕潤的○○
　　　　▶ 好吃！徹底觸發其美味度的○○
　　　　▶ 好吃！份量又充足。讓人滿意的美味○○

近似詞 ➡ 超美味○○、真是美味的○○、好吃的○○、可口！○○

682　充滿美味

有效的運用方法　不是只有傳遞出「好吃」，也表現出感受。運用時可以再加上具體的「味道或是口感」。

【例】　▶ 充滿美味、勾起食慾的香味。吸引許多美食專家○○
　　　　▶ 充滿美味的大骨香氣。能引出食材最極致風味的製作方法就是○○
　　　　▶ 充滿美味、有咬勁！提味的彈牙口感○○

近似詞 ➡ 美味滿溢○○、特別可口的○○、特別美味的○○

683　老媽的味道

有效的運用方法　使用「老媽的味道」、「媽媽的味道」、「鄉下的味道」等「每個人幾乎都會有所反應的味道」，讓人在腦海裡想像那種懷念的味道。

【例】　▶ 想起老媽的味道。○○品嘗久違的懷念味道
　　　　▶ 彷彿就是老媽的味道。能讓人放鬆心情的溫柔味道○○
　　　　▶ 沉醉在老媽的味道裡。適合對飲小酌一杯的○○

近似詞 ➡ 鄉下的味道、感受到媽媽味○○、○○的懷念滋味

684　持續閃耀發光的○○

有效的運用方法　「讓光輝燦爛的狀態更加凸顯」，藉此表現出持續燦爛的樣子。

【例】　▶ 持續閃耀發光的裸肌。○○打造出無法感受到年齡的肌膚
　　　　▶ 持續閃耀發光的雙唇太耀眼。讓人目不轉睛○○
　　　　▶ 成為持續閃耀發光的女人！不論幾歲都要閃閃發光○○

近似詞 ➡ 散發出光彩的○○、不失光彩的○○、一直燦爛地○○

685　隨風○○

有效的運用方法 為了增添「更舒爽的印象」，運用「風」這個詞彙，藉此表達情緒。

【例】 ▶隨風駐足的景色。全身上下都能感受到海風○○

　　　 ▶隨風玩耍。把身體寄託於大自然中○○

　　　 ▶隨著舒爽的風一起享受涼意！在美好心情的早晨空氣中○○

近似詞 ➡ 感受風○○、被風吹拂○○、享受○○的風

686　放輕鬆○○

有效的運用方法 為了更加強調並且傳達出「輕鬆愉悅地」的感覺，必須直接將該時間點、事物的狀態表現出來。

【例】 ▶放輕鬆舒適地用餐。用自己喜歡的方式，吃自己喜歡的東西。

　　　 ▶放輕鬆深入享樂！輕鬆愉悅地度過○○

　　　 ▶放輕鬆盡情享受。忘卻時間流逝○○

近似詞 ➡ 輕鬆地張腳坐著○○、放掉全身力氣○○、在舒服的氣氛下○○

687　大口咬下○○

有效的運用方法 使用一種會讓人產生「豪邁吃東西」的感覺，更能強調並且傳遞出該口感。

【例】 ▶大口咬下的瞬間，那彈牙感令人欣喜。有嚼勁的○○

　　　 ▶大口咬下！美味立現！在口中感受到的○○

　　　 ▶大口咬下的快感！口感造就了美味

近似詞 ➡ 咕嚕咕嚕○○、一口就○○、全部吞下○○、大口地○○！

688　凝聚在一起○○

有效的運用方法 運用帶有「力量相當強勁的狀態」、「緊密集結在一起」等意思的詞彙，給予顧客一種「濃縮在一起」或是「力量強大」的印象。

【例】 ▶美味的條件全都凝聚在一起。歷經時間熬煮的○○

　　　 ▶凝聚在一起的美味。傳承下來的傳統滋味迄今繼續傳承

　　　 ▶凝聚在一起、牢牢地擄獲人心！街上的設計讓人印象○○

近似詞 ➡ 凝聚○○、○○凝聚在一起、○○緊緊地聚集

689 有光澤的○○

有效的運用方法 想要把「閃閃發光這件事情是最棒的概念」傳遞給女性朋友，因此運用一些可以撩撥女性心理的詞彙。

【例】 ▶ 有光澤的裸肌！○○可以讓你看到亮白肌膚在太陽光下閃耀
 ▶ 帶有光澤的光滑感真是讓人愛不釋手！○○讓你看到紋理細緻的肌膚
 ▶ 華麗帶有光澤的特別印象。給人全身散發出華麗的印象

近似詞 ➡ 有光澤度的、讓○○閃閃發光、閃閃發光的○○、閃耀的○○

690 酷／冷酷○○

有效的運用方法 藉由「冷酷」一詞本身擁有「時尚且帥氣的印象」，表達出情緒。

【例】 ▶ 讓人覺得帶有冷酷美感的成熟印象○○
 ▶ 想度過一個很酷的夜晚！在都會裡盡情享受都會○○
 ▶ 決定用冷酷來面對！想對第一印象很好的男性展現出○○

近似詞 ➡ 重口味的○○、冰冷地○○、冷靜地○○、冷淡的○○

691 舒適的○○

有效的運用方法 表現出放鬆的狀況。在給予顧客溫柔形象的同時，引導顧客對心情舒適的理由或是內容產生興趣。

【例】 ▶ 可以輕鬆度過週末、舒適的空間。通透般的○○
 ▶ 在舒適的溫泉住宿地點悠閒地度過。奢侈地享受休假的感覺○○
 ▶ 很快就沉醉在舒適的氛圍裡。享受嫻靜的○○餐點

近似詞 ➡ 內心感到安穩的○○、感覺舒爽的○○、舒心的○○

692 ○○視線

有效的運用方法 利用從視覺得到的資訊。藉由「詳細傳遞出視線的動態」，強調一種情緒。

【例】 ▶ 受到熱切視線緊盯著的設計！風格凸顯的外觀○○
 ▶ 可以感受到熱情視線的夏天！被人一直行注目禮的感覺超開心
 ▶ 誘惑那個人的視線。在今年夏天贏得○○

近似詞 ➡ 奪目的○○、用眼睛感受到的○○、○○的吸睛

693　實感○○

有效的運用方法　用於想要直接表現出「真實的感受」時。將顧客引導至受到矚目、感受到的感覺或是內容。

【例】　▶實感裸肌。彷彿什麼都沒擦的透明感○○
　　　　▶實感濕潤滑順感！進入口中瞬間就令人驚呼出聲
　　　　▶實感！驚人的解放空間！在寬廣室內裡忘卻時間地○○

近似詞 ➡ 感受○○、用肌膚去感受○○、品嘗○○感、感受到○○

694　柔軟的○○

有效的運用方法　表現時傳遞出「女性的、豔麗的、柔順的質感（觸感）」。給予顧客一種這是理想質感的印象。

【例】　▶柔軟的絲綢觸感。只要觸摸就讓人心情很好○○
　　　　▶柔軟的質感讓人愛不釋手。因為是直接要接觸到肌膚的部分，所以○○
　　　　▶給人高級且柔軟的○○印象

近似詞 ➡ 沉靜的○○、高級的肌膚觸感、給人恬靜的感覺○○

695　體內○○

有效的運用方法　想要傳達「體內感受到的感覺、情緒」時使用。表現出期待「內側會變得怎樣呢？」。

【例】　▶從體內溫暖起來。辣椒的辛辣度與味噌超搭的○○
　　　　▶從體內開啟的感動之旅。由衷享受這奢侈的時間
　　　　▶打從體內開心！平時就要使用這些會讓肌膚欣喜的營養素

近似詞 ➡ 彷彿要沸騰般○○、從身體內側感受到的○○、打從心底○○

696　讓人心頭為之一震○○

有效的運用方法　傳遞出「身體震動般的強烈衝擊性或是感受」。可以與「能傳遞出該感覺的詞彙」搭配使用。

【例】　▶讓人心頭為之一震的美麗。帶有曲線感的美○○
　　　　▶襲擊而來的快感讓人心頭為之一震！裸露度較高的穿搭足以誘惑男性！
　　　　▶讓人心頭為之一震的辛辣度。嗜辣者也○○

近似詞 ➡ 起雞皮疙瘩○○、不自覺地驚呼○○、內心騷動不已○○

697　全身輕鬆無比

有效的運用方法　傳遞出「更舒適的心情」。並且與帶有「結果會變得如何」意思的內容搭配組合表現。

【例】
▶ 全身輕鬆無比的開心氣氛！在街頭漫步，感受到○○的輕盈感
▶ 盡情享受全身輕鬆無比的戶外活動！在春天的氣候下，心情也○○
▶ 讓全身輕鬆無比的完整度假村！甚至還有女性朋友最愛的 SPA ○○

近似詞 ➡ 輕盈的○○、身心都變得很輕鬆○○、彷彿浮起般○○

698　擴散至全身的○○

有效的運用方法　表現出「舒適的狀態擴散到全身」的意思。可與「帶有舒適意思的條件」搭配使用。

【例】
▶ 擴散至全身的充實感。穿起來舒適度完全不同的材質，令人開心！
▶ 擴散至全身的深厚濃郁口感。超越對起司蛋糕的常識○○
▶ 擴散至全身的悠閒感。兩人交談到忘卻時間般○○

近似詞 ➡ 擴散到各個角落○○、行經全身的○○、滲透到身體的○○

699　欽羨的目光

有效的運用方法　傳遞出一種「某些人會投射羨慕視線的印象」，可以與「該目光表達出的想法或是說明」搭配使用。

【例】
▶ 聚集眾人欽羨目光的材質。皮革光澤○○（產生的）妖媚感
▶ 在欽羨的目光下，沉醉在美酒裡。成人聚集的○○
▶ 感受眾人欽羨目光帶來的快感。給人豪華印象的○○

近似詞 ➡ 嚮往的目光○○、含淚看著○○

700　端正的外觀

有效的運用方法　讓人直接感受到「有條不紊、整齊的視覺印象」。

【例】
▶ 端正的外觀，讓人有一種高級感。省略多餘設計的○○
▶ 俐落洗鍊的端正外觀誘惑著成人。簡單中帶有○○
▶ 端正的外觀反而新鮮。沉溺於玩樂的成人往往會選擇○○

近似詞 ➡ 洗鍊感的樣貌、美好的外觀○○、整整齊齊的外貌○○

701 細緻〇〇

有效的運用方法 用「細緻」一詞表現出「觸感很纖細，或是容易損壞的印象」。

【例】
- 細緻裸肌也能安心使用。實現溫柔觸感的〇〇
- 融化在口中的精緻口感。滑順度〇〇
- 細緻的嬰兒肌膚也可安心使用

近似詞 ➡ 纖細的〇〇、敏感性的〇〇、敏感的〇〇、纖弱的〇〇

702 砰地一聲〇〇

有效的運用方法 使用帶有魄力感的擬聲字「砰」，給予顧客一種「刺激到耳朵以及胸口的衝擊性」。

【例】
- 砰地一聲衝到胃部的辛辣感讓人愛不釋手！嗜辣者〇〇
- 從窗外看到寒冬的雪景時，彷彿砰地一聲在胸口發出巨響！溫泉的熱氣〇〇
- 砰地一聲衝到體內。隔天早晨上廁所就能感受到舒暢感！

近似詞 ➡ 哐噹一聲〇〇、砰哐〇〇、啪地〇〇、砰啪〇〇

703 起雞皮疙瘩的〇〇

有效的運用方法 具體表現出「內心激動、動搖的形象」，藉此描述出一種感覺。

【例】
- 味道衝擊到讓人起雞皮疙瘩的程度！顛覆燒烤常識的肉質口感
- 想做出讓人感動到起雞皮疙瘩的演出！因為一輩子就這麼一次〇〇
- 存在於喧囂之中，到處都是有特色到會讓人起雞皮疙瘩的宅邸

近似詞 ➡ 不寒而慄〇〇、寒毛豎起〇〇、感到一股寒氣〇〇

704 黏滑的〇〇

有效的運用方法 用一句話清楚表現出「觸感滑順又帶有黏著感」，藉此刺激顧客的五感。

【例】
- 溶在口中的黏滑感。美好的口感對身體也很友善
- 黏滑的口感！讓人愛不釋手。第一口就能實際感受到幸福至極的感覺！
- 彷彿黏滑地融入整個肌膚的感覺。對敏感肌也很溫和的〇〇

近似詞 ➡ 黏呼呼的○○、○○的黏膩感、○○的黏稠感、黏稠的○○

705　融化的○○

有效的運用方法　將「融化、逐漸融化」等詞彙表現得更輕柔。給顧客一種更「滑順而柔軟的印象」。

【例】　▶ 靜靜融化的口感！讓人完全忘了它是起司蛋糕
　　　　▶ 在口中融化的感覺，無法用言語形容！味道非常豐富○○
　　　　▶ 在熱水中靜靜融化的效能。能夠滲透至肌膚底層

近似詞 ➡ 融掉了的○○、融化般的○○、溶解擴散的○○

706　牢牢捕獲／抓住內心

有效的運用方法　「牢牢抓住對象的心，不放手」的意思。給予顧客強烈的衝擊性。

【例】　▶ 牢牢捕獲少女的心！可愛設計中帶有恬靜的○○
　　　　▶ 牢牢抓住內心的可愛設計！絕對會想○○（送給）女性朋友
　　　　▶ 牢牢抓住內心的衝擊感！讓兩人的重要時刻更顯珍貴

近似詞 ➡ 射中內心、掌握內心的○○、撼動靈魂的○○

707　有咬勁才是王道

有效的運用方法　用「有咬勁」一詞做為一個表現口感的條件，並且強調這種口感最棒。

【例】　▶ 一口就有咬勁才是王道！可以同時享受到味道與咬勁的○○
　　　　▶ 清脆有咬勁才是王道！酥脆的外皮讓內餡的奶油○○
　　　　▶ 有咬勁才是王道的最高勳章！完美的味道更加吸引人○○

近似詞 ➡ 有咬勁！、喀擦喀擦的口感○○、咬勁○○

708　爆漿○○

有效的運用方法　給予顧客一種「彈飛出來的視覺印象」，藉此強調「新鮮感或是多汁感」。

【例】　▶ 直接加入爆漿果汁的感覺。多汁的口感○○
　　　　▶ 肉汁爆漿的美味！霜降牛肉就是要有這種融化感
　　　　▶ 在口中爆漿帶來的爽快酸味。炎熱夏季○○（最棒）的享受

近似詞 ➡ 彈飛○○、噴射○○、四散出去○○、啪一聲地擴散出去

709　震撼人心的○○

有效的運用方法　使用「震撼」一詞，傳遞出「讓腦門震天乍響的衝擊與震撼」。表現出「震撼人心、具有衝擊性」等的感覺。

【例】　▶ 讓腦門震天乍響、震撼人心的辛辣度！讓人無法下嚥，只能○○（搭配）泡菜
　　　　▶ 獨具一格、震撼人心的服務！讓人忘卻時間流逝
　　　　▶ 震撼人心的強烈酸味反而引發出更高等級的甘甜度

近似詞 ➡ 具有震撼力的○○、鮮明的○○、猛烈一擊的○○

710　膨起來的○○

有效的運用方法　用「膨起來」這種視覺上的感受，表現出「又大又鬆軟」的感覺，更進一步強調出柔軟的感覺。

【例】　▶ 讓人覺得像是膨起來有彈性的麻糬。未曾吃過的麵包口感○○
　　　　▶ 膨起來的飽滿餃子皮完整封住內餡的風味
　　　　▶ 想要一座膨起來的、可以讓身體陷下去的沙發！

近似詞 ➡ 軟Q軟Q的○○、肥厚的○○、蓬鬆的○○、胖嘟嘟的○○

711　有如花朵盛開般○○

有效的運用方法　運用「花朵盛開」這種可以輕易在任何人腦海中產生影像的表現，藉此強調「顯著且強烈的變化」。

【例】　▶ 有如花朵輕輕盛開般美麗。被眼前的景色所吸引
　　　　▶ 有如紅色花朵盛開在雪中般，給人協調且鮮艷的印象
　　　　▶ 有如春天花朵盛開般，被溫柔地包圍著。在放慢步調的生活中○○

近似詞 ➡ 花朵綻放○○、花枝亂顫的○○、花開○○、盛開的○○

712　從氣氛就有差異

有效的運用方法　用「氣氛」一詞表現出與「肌膚感受以及感覺傳遞」有很大的差異。

【例】　▶ 從散發出的氣氛就有差異！用女人味做為○○的武器
　　　　▶ 從第一印象的氣氛上做出差異。今天的穿搭必須和平時不同
　　　　▶ 不僅要享受美食，從氣氛上就有差異、異國風情的義大利餐

近似詞 ➡ 從印象上就有差異○○、感覺不同的○○、在○○氣場上就有差異

713　讓人銘記在心的○○

有效的運用方法 表現出一種強調「潛入內心深處的狀態以及深度」的感覺。

【例】 ▶ 讓人銘記在心的待客之道。衷心迎接重要顧客般的○○

▶ 讓人銘記在心的味道。傳承下來的濃厚味道透過舌尖○○

▶ 讓人銘記在心的感動。從該處看到的景色，引導我們進入感動的世界

近似詞 ➡ 深受感動的○○、刻骨銘心般的○○、內心騷動的○○

714　肉眼就能感受到的○○

有效的運用方法 使用會直接聯想到視覺的「眼睛」一詞，給予顧客更「舒適的印象」。

【例】 ▶ 肉眼就能感受到的好滋味。用眼睛就可以品嘗到真正的美味

▶ 肉眼就能感受到的溫泉鄉抒情之旅。將隱藏在冬季景色中的療癒感○○

▶ 色彩豐富，用肉眼就能感受到的甜點！將食材顏色搭配組合○○

近似詞 ➡ 親眼所見○○、想要讓人更靠近地看○○、眼冒愛心○○

715　Refresh & Relax

有效的運用方法 為了給予顧客一種「舒適且健康的狀態」的印象，將兩個類似的表現「Refresh」、「Relax」搭配組合表現。

【例】 ▶ 想要盡享 Refresh & Relax！讓疲憊的身心○○

▶ Refresh & Relax！親身體驗你喜愛的療癒感○○

▶ 旅行的目的就是 Refresh & Relax。考量身體從裡到外的○○

近似詞 ➡ 舒適舒爽感○○、颯爽感○○、清爽俐落○○

E-3　展現出幸福感、幸運的條件

特色
引人注意
強調
人氣
情緒
真實感
賺到
目標
引導

顧客經常希望可以得到幸福、實際感受到幸福。藉由給予一種幸福感的表現或是幸運的感覺，刺激顧客的願望，並且讓顧客對我們想要傳遞的事物內容給予特別的關心。

E-3　展現出幸福感、幸運的條件

716　○○竟然如此讓人開心！

有效的運用方法 藉由「表現出不經意脫口而出的快樂」，給予快樂一種強烈的衝擊性，並且帶有一種很貼近生活的感覺。

【例】 ▸ 磨練自己，竟然如此讓人開心！成為社會人後，就要開始○○
　　　 ▸ 化妝，竟然如此讓人開心！只要稍微花點時間就能○○
　　　 ▸ 溫泉，竟然如此讓人開心！只不過是接觸到溫泉就會這麼快樂○○

近似詞 ➡ 那樣○○，可以嗎？、這樣○○，真是太棒了！

717　超適合○○

有效的運用方法 「與某種事物的搭配度特別好」的意思。給予顧客一種「發現非常棒的東西」的印象。

【例】 ▸ 超適合想要變漂亮的我！為了培養女人味○○
　　　 ▸ 超適合搭配火鍋！能讓人感受到冬季風情的寒冬限定滋味
　　　 ▸ 超適合豬肉！讓手工水餃更美味的食材○○

近似詞 ➡ 與○○的組合非常好、與○○超搭！

718　開心地聚在○○

有效的運用方法 表現出「一起開心聚集在某個地點」的幸福感，給予顧客一種「可以度過一段充實時間的感覺」。

【例】 ▸ 開心地聚在溫泉煙霧飄渺中。山間民宿中，○○的溫暖羈絆
　　　 ▸ 開心地祕密在城市裡相聚。擁有充分隱居條件的○○
　　　 ▸ 與許多朋友輕鬆開心地聚在一起！彷彿有一種回到家的錯覺

近似詞 ➡ ○○之宴、沉醉在○○、把○○拿來助興、沉浸在○○（地點）××（動作）

719　對○○嫣然一笑

有效的運用方法　表現出「會不自覺漾出笑容般開心」的情緒。與會造成開心理由的條件搭配使用會更有效果。

【例】▶ 對滋潤的感受嫣然一笑！化妝水滲透至肌膚的感覺是○○
　　　▶ 對夢幻級甜點的味道嫣然一笑。職人們（對味道）講究所傳遞出的○○
　　　▶ 對自己的背影嫣然一笑！有曲線的背影○○

近似詞 ➡ 對○○滿意地微笑、對○○綻開笑容、讓人開心的笑容○○

720　○○的機會

有效的運用方法　直接表現出「在某項條件下有一個特別的機會」的意思，藉此聚集顧客目光。

【例】▶ 享受高級飯店住宿，今年最後的機會終於到來！申請請洽○○
　　　▶ 免費入會還有好禮相贈的雙重好機會！請務必（把握）○○這個機會
　　　▶ 入住甜蜜房型的幸運機會！當場抽獎○○

近似詞 ➡ 絕佳的○○機會終於到來！、別錯過○○的機會

721　○○的魔法

有效的運用方法　運用「魔法」一詞本身帶有「某項條件具有神祕力量」的意思，表現出「令人欣喜的魔法力量會造成怎樣的狀況」。

【例】▶ 紅色的魔法，展現出成熟女性的氣場！提升女性魅力的○○
　　　▶ 戀愛的魔法帶來滿滿的幸福！○○打造超棒的雙人回憶之旅
　　　▶ 魁蒿（菊科植物）的魔法帶來光滑的裸肌實感！古老傳承下來的功效○○

近似詞 ➡ ○○的奇蹟、○○的咒語、用魔法的○○來決定××

722　○○天堂

有效的運用方法　運用一些能讓人想到超棒樂園形象的詞彙，刺激顧客想要追求歡樂的好奇心與欲望。

【例】▶ 盡情享受熱情的天堂國度！不用拘泥西班牙文化的○○
　　　▶ 兩人的旅行是天堂！在令人感動的樂園裡，不斷感受到驚喜
　　　▶ 通宵達旦的夜遊天堂！24 小時○○的派對氣氛

近似詞 ➡ ○○遊樂園××、○○的樂園、優雅地度過○○、奢華的○○

723　○○福袋

有效的運用方法 因為想要表現出如新年正月時期「很值得慶祝的印象，或是很划算的感覺」，所以使用「福袋」一詞，即可在提升價值的同時，添加會讓人感到幸運的條件。

【例】 ▶ 試用開運福袋拍賣！絕對不吃虧的企畫○○

　　　▶ 雙人原創 Menu 福袋！最適用於紀念日的○○

　　　▶ 划算的自選福袋！在令人驚喜的裝到滿活動下，獲得滿滿的幸福！

近似詞 ➡ 幸運的○○裝到滿活動、滿到超開心的○○、超級超值○○

724　○○祭

有效的運用方法 運用「祭典」這種便利又好用的詞彙，傳遞給顧客一種「各種條件集合在一起的歡樂氛圍」印象。

【例】 ▶ 春天慣例！新生祭！為富有生機的春天加油○○

　　　▶ 新米收穫祭！自家就能○○剛收成新米的黏稠感

　　　▶ 少女熱情歡樂祭！刺激女人心的流行品項

近似詞 ➡ ○○Festival、這就是慶典！○○大集合！、慶典氣氛○○

725　讓○○恢復精神

有效的運用方法 藉由搭配「想讓某人有精神的條件，或是想要賦予活力的條件」，引發顧客興趣並且引導出該理由。

【例】 ▶ 讓因戀愛而疲憊不堪的心靈恢復精神的住宿點。被森林的溫柔懷抱著

　　　▶ 盡情享受季節食材、讓疲累的心靈恢復精神！感受到幸福的奢侈○○

　　　▶ 讓乾燥的肌膚恢復精神！讓因夏季紫外線而受損的肌膚○○原有的活力

近似詞 ➡ 把○○充飽電、高漲的○○、○○能量滿溢

726　充分享受○○

有效的運用方法 針對「想要拚命享受，或是取得的欲望」，表現出可以讓人充分滿足的狀態。

【例】 ▶ 充分享受日本海的冬季味道！奢侈的海鮮吃到飽○○

▸ 充分享受美肌效果！可以實際感受到隔天早晨肌膚變化的○○

▸ 充分享受公主般的氛圍！俘虜女性朋友的祕密就在於○○

近似詞 ➡ 超級享受○○、盡享○○味道的××、充分享樂○○

727　**HAPPY○○**

有效的運用方法　「HAPPY」一詞可以輕易傳遞出「幸福或是幸運的印象」，可以多加利用這種幸福的感覺。

【例】　▸ HAPPY MY HOME！打造出幸福感的基本設計讓人安心○○

　　　　▸ 用 HAPPY PLAN 打造名人氛圍！與平時稍微不同的高級○○

　　　　▸ 特別的日子就用 HAPPY MENU 盡享幸福的滋味！

近似詞 ➡ 開心的○○、Lucky○○、超級幸福感○○、Smile○○

728　**令人開心的○○**

有效的運用方法　用淺顯易懂的方式表現出「某項條件就是理想的狀態」。

【例】　▸ 非常令人開心的待客之道。想住民宿的話就是○○

　　　　▸ 令人開心的真正減重效果！終於每天都能開開心心地○○

　　　　▸ 令人開心的假日。想要好好把握偶爾一個人的時光○○

近似詞 ➡ 開心又快樂的○○、超多開心的○○、喜悅的○○

729　**戀人氣氛的○○**

有效的運用方法　運用甜美又帶點苦澀「對戀愛或是戀人的美好感受」表現出一種感覺。

【例】　▸ 最適合戀人的約會！能連結兩顆心的○○

　　　　▸ 帶有戀人氣氛的甜點！隱藏在些微甘甜中的○○

　　　　▸ 如戀人氣氛般永保新鮮！用新鮮鮮奶做出的感動○○

近似詞 ➡ 幸福的預感、愛得火熱的氣氛○○、情緒激動的○○、戀愛的預感

730　**令人雀躍○○**

有效的運用方法　直接表現出「某項條件會讓人心臟怦怦跳」，藉此吸引顧客注意。

【例】　▸ 雀躍的使用心情！正因為會直接接觸到肌膚，所以○○

　　　　▸ 令人雀躍的美味！如果小看這碗拉麵，就會出現讓人驚豔的○○

▶ 如預期般擁有一個令人雀躍的紀念日。〇〇打造你專屬回憶

近似詞 ➡ 心情雀躍的〇〇、全世界最幸福的〇〇、滿滿的開心〇〇、心跳不已的〇〇

特色
引人注意
強調
人氣
情緒
真實感
賺到
目標
引導

731　幸福氛圍〇〇

有效的運用方法 將理想狀態表現為「呈現幸福氛圍的狀態」。藉由傳遞出幸福的感覺，引發顧客興趣。

【例】 ▶ 今晚想在幸福氛圍包圍下入睡！最愛的香氣〇〇
　　　 ▶ 帶有幸福氛圍的自宅！隨著時間，幸福也逐漸熟成的家
　　　 ▶ 幸福氛圍！夢想氛圍！讓人身處於樂園般的氣氛〇〇

近似詞 ➡ 能讓你幸福的〇〇、快樂氛圍的〇〇、感受到幸福的〇〇

732　怦然心動的〇〇

有效的運用方法 簡單表現出「有怦然心動的幸福感覺或是印象」。

【例】 ▶ 令人怦然心動的白色大衣！今年冬天就要可愛！
　　　 ▶ 令人怦然心動的度假村！週末想要來點輕名媛氣氛，就去〇〇
　　　 ▶ 兩人一起度過的怦然心動時間。由一流廚師施展手藝的真正〇〇

近似詞 ➡ 緊張的〇〇、興奮的〇〇、心臟怦怦跳的〇〇、讓人悸動的〇〇

733　變得加倍快樂

有效的運用方法 給予顧客一種「強調快樂程度、更加快樂」的印象。

【例】 ▶ 讓旅行變得加倍快樂！〇〇符合你個人喜好的規畫
　　　 ▶ 讓早上化妝這件事情變得加倍快樂！每晚睡前的保養逐漸滲透〇〇
　　　 ▶ 讓看鏡子這件事情變得更快樂！每次看鏡子都能看到肌膚的變化

近似詞 ➡ 越來越快樂〇〇、可以一直享受快樂的〇〇、快樂〇倍！

734　交談甚歡／可以好好聊聊〇〇

有效的運用方法 更加強調「話題不會結束、開心的、放鬆」的意思。並且將該「印象中的情境」轉換為詞句。

【例】 ▶ 能讓人交談甚歡的義大利餐廳。在舒適的氣氛下享受餐點
　　　 ▶ 可以好好聊聊感情故事的的咖啡廳。能讓兩名女性賴著不想走的氛圍

> ▸ 令人欣喜的待客之道、讓人交談甚歡的知名住宿地點！女老闆的
> 人品展現在○○

近似詞 ➡ 越談越起勁○○、話題不斷的○○、始終在談論的○○話題

735　一見鍾情○○

有效的運用方法 表現出「直覺的、感覺上很喜歡」的意思，藉此更加聚集目光。

【例】 ▸ 一見鍾情的大衣特輯！不論幾歲都會覺得可愛的○○
　　　 ▸ 一見鍾情的街角咖啡廳。悄悄佇立在街邊的○○
　　　 ▸ 對傳說中的甜點一見鍾情！在網路上引爆人氣的○○

近似詞 ➡ 胸口悸動的○○、不知不覺就愛上○○、戀上○○

736　魔法般的○○效果

有效的運用方法 把「魔法」以及「效果」兩個詞彙搭配組合，表現出「令人無法置信的欣喜效果」。強調令人驚喜的效果或是力量。

【例】 ▸ 魔法般的保溫效果！ 從體內溫暖起來的幸福氣氛
　　　 ▸ 魔法般的美女效果，緊抓住男人們的視線！
　　　 ▸ 隔天早上就會出現魔法般的美肌效果！實際感受到驚人效果，所
　　　　使用的○○

近似詞 ➡ 魔術的○○效果、神祕的○○效果、神奇的○○力量

E-4　強調感動

　　針對一些打從心底感動的事物，我們可以運用一些詞彙直接把情緒傳遞給眼前的對象。同樣的，直接表現出打從心底對於某些商品或是條件感動的熱切心情，也可以刺激顧客的情緒。

特色
引人注意
強調
人氣
情緒
真實感
賺到
目標
引導

E-4　強調感動

737　○○不禁××

有效的運用方法 表現出「心中強烈感覺到某種情緒，因為該原因而不假思索行動」的感覺，藉此表現出「強烈的感動」。

【例】　▶ 眼前的景色令人不禁陶醉。眺望時可以實際感受到自己被療癒了

　　　　▶ 擴散在嘴裡的濃厚味道讓人不禁讚嘆。凝聚許多美味的○○

　　　　▶ 美麗的外觀不禁讓人目不轉睛。因為是長久以來熟悉的家○○

近似詞 ➡ 不知不覺○○、不禁○○、回過神後發現○○

738　○○得令人感激

有效的運用方法 針對某項事物直接表現出「感動或感激」，即可輕易表達出情緒。

【例】　▶ 令人感激的好吃！一口即可實際感受到令人欣喜的味道差異○○

　　　　▶ 令人感激的肌膚觸感。獨特的材料質地，讓表面的肌膚觸感○○

　　　　▶ 令人感激的寬大客房空間！○○改變了舒緩旅途疲憊的方式

近似詞 ➡ 令人感動的○○、○○得令人感謝、值得稱讚○○、隱藏不住的感激○○

739　心醉於○○

有效的運用方法 表現出「經歷過某些事情後，讓人產生陶醉的感覺」，藉由該「讓人陶醉的條件」吸引顧客的目光。

【例】　▶ 心醉於店家待客之道的氣魄。想要去拜訪一次的○○飯店

　　　　▶ 心醉於講究細部的技藝。看不見的部分也都○○（需要）技術

　　　　▶ 心醉於夢幻級甜點的滋味。能帶給人們一段幸福時光的味道

近似詞 ➡ 心思被○○奪走、沉醉於○○、被○○偷了心

740　○○年來，人生第一次××

有效的運用方法　為了強調並且傳遞出感動的內容，表現時用「目前為止的人生或是人生經驗」來比喻。

【例】　▶ 20 年來，人生第一次體會到的感動！極品的滋味簡直就是○○
　　　　▶ 38 年來，人生第一次體驗到這麼高級的款待。一流的○○
　　　　▶ 50 年來，人生第一次看到的絕佳美景！從窗戶眺望的○○

近似詞 ➡ 出生以來第一次○○、人生第一次的○○經驗、未曾體驗過的○○

741　成為○○的俘虜

有效的運用方法　傳遞出「因為某項條件絕佳，所以愛上了」。

【例】　▶ 我成了這款化妝水的俘虜。只要用過一次就會○○成為回頭客
　　　　▶ 成為油膩濃郁湯頭的俘虜！濃郁中帶有○○
　　　　▶ 成為一口辣翻天的俘虜！停不下來的滋味，超有人氣的○○

近似詞 ➡ 打從內心迷戀○○！、沒有○○就無法××！、對○○著迷

742　OH！○○

有效的運用方法　用驚呼聲「OH！」來表現「想要傳遞出忍不住發出驚呼聲的感動內容」，可與「感動的內容」搭配使用。

【例】　▶ OH！真是美味！遠超過預期的絕妙口感就是○○
　　　　▶ OH！真是絕景！竟然有如此絕佳的景色，讓人不禁出聲讚嘆
　　　　▶ OH！太美了！看到的人都會目不轉睛的燦爛裸肌○○

近似詞 ➡ 竟然有這種程度的○○！、驚訝到啊地一聲○○、想不到是○○！

743　熱淚○○

有效的運用方法　藉由「熱淚」這個關鍵金句傳遞出「非常有感觸的感動情緒」。

【例】　▶ 那樣的景色讓人止不住熱淚。大自然打造的神奇景象○○
　　　　▶ 止不住熱淚的感動。把婚禮當做人生最盛大的回憶
　　　　▶ 熱淚布滿臉頰。在與友人交談的夜裡想喝點○○

近似詞 ➡ 淚水湧上心頭○○、熱淚盈眶○○、感動到不禁落淚

744　沉醉於精彩的○○

有效的運用方法　「因為一些受到強烈衝擊的條件，而使情緒激昂」的意思。

【例】　▶ 沉醉於精彩的細膩服務。輕鬆感受時間流逝，一邊○○啜飲美酒
　　　　▶ 沉醉於精彩的自然山間！把身體沉浸在溫泉中，聆聽大地聲音○○
　　　　▶ 沉醉於精彩的海鮮料理。只有在這片土地上的人能夠盡享日本海的○○

近似詞 ➡ 對於○○的魄力，忍不住讚嘆、不自覺地感嘆○○

745　讓人倒吸一口氣○○

有效的運用方法　直接表現出「驚訝到不自覺地倒吸一口氣」的情緒波動，藉此強調感動。

【例】　▶ 肌膚的變化讓人不自覺地倒吸一口氣！甚至想當做祕密不讓人知道的○○
　　　　▶ 美到讓人倒吸一口氣。完美的紅色穿搭，成為冬季街頭視線焦點！
　　　　▶ 從溫泉眺望的美景讓人不自覺地倒吸一口氣。彷彿沉醉在景色的○○

近似詞 ➡ 讓人茫然到一直佇立著的○○、變得動彈不得○○、嘆一口氣地○○

746　一輩子一定要吃一次的○○

有效的運用方法　針對某些「味道與食物」，傳達出一種「近乎感動」的感受。

【例】　▶ 一輩子一定要吃一次的甜點。連小編也忍不住○○
　　　　▶ 一輩子一定要嘗一次的夢幻級牛肉。吃過的人都讚不絕口！
　　　　▶ 一輩子一定要喝一次的當地葡萄酒特輯！歷經一年時間的○○

近似詞 ➡ 希望你至少一嘗○○味道、希望你一定要吃一次○○

747　一輩子都忘不了○○

有效的運用方法　強烈傳達出「烙印在心中的感動」。

【例】　▶ 一輩子都忘不了那一天的活動。刻劃在記憶裡的○○
　　　　▶ 一輩子都忘不了的旅行。打造可以永遠留下的旅行回憶

▶ 一輩子都忘不了的味道。某一天在那間店吃到的味道迄今○○

近似詞 ➡ 留在回憶裡的○○、想留在記憶裡的○○、一生的○○

748　足以改變命運的○○

有效的運用方法　傳遞出「該衝擊能對人生產生影響」的意思。

【例】　▶ 與足以改變命運的奶油邂逅了。目前為止的煩惱都彷彿謊言般○○
　　　　▶ 講究到足以改變命運的待客之道。因為對真品的講究○○
　　　　▶ 打造足以改變命運的家。花一輩子想要打造一個真正的家！

近似詞 ➡ 足以改變人生的○○、無法思考地一直佇立著○○、貫穿大腦的衝擊是○○

749　能為到訪者帶來幸福的○○

有效的運用方法　為了傳遞出「能讓從某處來的某人感受到巨大喜悅」的感動，表現時會與「該場所」搭配組合。

【例】　▶ 能為到訪者帶來幸福的飯店。待客之道的精髓○○
　　　　▶ 能為到訪者帶來幸福的法式餐廳。好吃到讓人○○洋溢著笑容
　　　　▶ 能為到訪者帶來幸福的街道。整個街道散發出的歷史○○

近似詞 ➡ 能讓訪客感受到幸福的○○、持續讓人感受到幸福的○○

750　終於實現令人感動的○○！

有效的運用方法　表現出「某項條件終於達到令人感動的階段或是品質」的訊息。

【例】　▶ 終於實現令人感動的品質！在品質等級上的堅持反映出○○
　　　　▶ 終於實現令人感動的優異溫泉水質！注入泉水內的熱情可以說是溫泉的命○○
　　　　▶ 終於實現令人感動的畫質！拚命追求的畫質，終於達標！

近似詞 ➡ 深入追求感動的○○、讓超越想像的○○成為可能

751　因感動而噴淚

有效的運用方法　直接表現出「淚水滿溢的感動」。

【例】　▶ 因感動而噴淚。想要鮮明地保留住愛子的開朗模樣
　　　　▶ 因感動而噴淚。現在也能回想起那充滿自然驚奇的○○

▶ 因感動而不自覺噴淚！全家人一起旅行所感受到的○○

近似詞 ➡ 不自覺地流下眼淚○○、感動得流淚○○、不自覺落淚○○

752　刻劃感動的○○

有效的運用方法　為了表現出「留在心底的感動」，使用「刻下」、「刻劃」等詞彙，藉此強調相關內容。

【例】　▶ 協助打造刻劃感動的超棒回憶！每個人都能如願的○○
　　　　▶ 刻劃感動的耶誕節。在電影般的場景下送你○○
　　　　▶ 刻劃感動的巧克力。訊息中包含著愛的告白

近似詞 ➡ ○○的感動、想要刻劃在記憶裡的○○、刻劃在胸口的○○

753　令人心跳不已的○○

有效的運用方法　直接表現出「會引發心跳情緒的條件」，藉此表達情緒。

【例】　▶ 令人心跳不已、怦然心動的旅程。在未知的街道，盡情享受未曾體驗過的事情
　　　　▶ 在如隱居般、不同風情的空間內體驗○○
　　　　▶ 完成了令人心跳不已的芳醇風味！葡萄酸味恰到好處的○○

近似詞 ➡ 感受到特別躍動的○○、無法靜下心來○○

754　令人心頭一震的○○

有效的運用方法　淺顯易懂地表現出「會讓人覺得情緒動搖、內心受到衝擊的事物」。

【例】　▶ 令人心頭一震的邂逅就在這裡發生！感動的澳洲○○
　　　　▶ 令人心頭一震的連續感動。○○珍惜與他人之間的連結
　　　　▶ 接觸到令人心頭一震的味道。○○日益成熟的真實風味

近似詞 ➡ 在心中迴盪的○○、撼動內心的○○、占據胸口的○○

755　觸動心弦的○○

有效的運用方法　為了表達出「觸動內心微妙部分的感動」，運用帶有情緒的詞彙來表現。

【例】　▶ 觸動心弦的待客之道。真正重要的是用心○○
　　　　▶ 觸動心弦的旅程。讓來訪者心情放鬆的○○

▸ 觸動心弦的日式料理。在內心深處品味日式風情雅趣的○○

近似詞 ➡ 觸及內心微妙之處的○○、潛入心底深處的○○、動搖內心的○○

756　我鍾愛的○○

有效的運用方法 使用一些能夠表達出「這是我最愛事物」的感覺詞彙，表現出自己「對所愛事物的感受」，藉此帶來一些衝擊感。

【例】 ▸ 沉醉在我鍾愛的美酒裡！甚至是能讓人感受到愛的名貴的酒裡○○

　　　 ▸ 帶有我鍾愛印象的舞台。因為是人生的燦爛舞台，所以○○

　　　 ▸ 我鍾愛的品質！能夠充分○○職人耗時費工完成的好滋味

近似詞 ➡ 最愛的○○、不斷讓人戀愛的○○、永遠愛不完的○○

757　讓人忍不住拿起畫筆○○

有效的運用方法 直接使用一些可以顯示行動的詞彙，傳達出「有一些讓人忍不住想畫下來的感動事物或是景色等」。

【例】 ▸ 庭院的雅趣，讓人忍不住拿起畫筆。日本庭園呈現出的氛圍實在療癒人心

　　　 ▸ 溫泉的景色，讓人忍不住拿起畫筆。泡在溫泉裡感受到一種快樂

　　　 ▸ 沒入海平面的夕陽，讓人忍不住拿起畫筆。一邊享受美景一邊享受海鮮

近似詞 ➡ 想留存在腦海裡○○、刻劃在記憶裡的○○、彷彿在畫中○○

758　嗨到最高點

有效的運用方法 將「嗨（High）」與「最高點」一詞搭配組合，表現出「對於某項條件的情緒高漲得令人驚訝」。

【例】 ▸ 正宗韓國激辣料理，讓你嗨到最高點！會上癮的辣度○○

　　　 ▸ 用嗨到最高點迎接週末！徹底享受週末

　　　 ▸ 嗨到最高點瘋狂享受！用一種身處居酒屋的感覺，與同輩朋友一起○○

近似詞 ➡ 緊張激動○○、氣氛高漲○○、達到高潮的○○

特色

引人注意

強調

人氣

情緒

真實感

賺到

目標

引導

759　忘卻時間○○

有效的運用方法　表現出「對於某事件相當熱衷，像是心被偷走般」，可以運用一些會讓人想像該狀態的詞彙。

【例】　▶ 想要忘卻時間、好好放鬆。解放心情，好好地度過○○

　　　　▶ 能讓人忘卻時間的小型餐廳。讓人經常想來○○

　　　　▶ 忘卻時間般的感覺讓人覺得很開心。能夠平靜地○○

近似詞 ➡ 忘了自己是誰（失去理智）○○、忘卻時間經過○○、茫然地○○

760　超越○○

有效的運用方法　表達出一種「超越想像的情緒感受」。

【例】　▶ 超越人類感覺的味道。無法說明的味道深度○○

　　　　▶ 遇見超越感動的絕佳美景。訴諸靈感的○○

　　　　▶ 打造出超越帥氣的形象！鎖定目標，進行部分○○

近似詞 ➡ 遠遠超越○○、否定過去的○○、無法想像的○○

761　無法置信○○

有效的運用方法　這是在擁有「過度驚訝」的感覺時，會用到的詞彙。使用「無法置信」一詞，可以表達出包含驚訝感的內心激動狀態。

【例】　▶ 事到如今還無法置信。甚至還留有那些印象○○

　　　　▶ 無法置信竟然有這麼多的當地美酒。值得喝一杯的○○

　　　　▶ 無法置信的傳說中減重法！令人驚訝的是可以長期維持

近似詞 ➡ 迄今仍無法置信○○、心跳到無法抑制○○

762　夢想中的○○

有效的運用方法　表現時會包含對「心中憧憬事物」的熱切心情。

【例】　▶ 如公主般生活在夢想中的世界。被稱做可愛的○○

　　　　▶ 存在於虛幻夢想中的正宗風味。一直在尋找的本尊就在這裡○○

　　　　▶ 終於完成夢想中的競賽。新米與梅干緊急進貨！

近似詞 ➡ 夢想的○○、如夢般○○、難以想像○○、○○的美夢

F 【真實感】 運用數字，更真實地表現出來

顧客會把「數字」當做可以信任的東西，並且藉由數字對事物產生一種真實感。讓顧客把目光放在想要行銷事物本身具有的「數字性、客觀條件」，即可進行最佳的運用。

　　想要顯示客觀事實時，可以運用一些理所當然的數字或是數據。因為「數字不會騙人」這種對數字有所信仰的想法已經根深柢固。數字存在著讓人信服的魔力，所以只要能夠妥善運用數字，就能夠順利推動、說明困難的內容。在銷售時一定要妥善運用數字才行。

　　希望各位試著將想要行銷事物本身所擁有的數字或是數據做最充分的運用。只要在文案表現上使用數字，應該就能產生驚人的銷售效果。

　　此外，用時間軸來表示數字也能讓顧客感受到實際狀況、讓顧客明確意識到目前的狀況。這個部分也可以用季節來表現，能夠藉此帶給顧客真實感。讓顧客感受到真實感，就能與想要行銷事物產生更親近的感覺。只要讓顧客覺得很貼近生活，就會變得很好賣。

　　本章節從「運用數據、數字」、「表現出期間、期限、時間、季節」等面向，收集與數字條件組合、運用的關鍵金句。期望各位可以運用這些關鍵金句，把顧客引導至更真實的世界。

F-1 運用數據、數字

只要有客觀的數據或是數字展現在眼前，顧客就會覺得該內容有正確的依據。我們必須經常思考如何運用與想要行銷商品相關的數據或是數字，並且充分利用。

特色
引人注意
強調
人氣
情緒
真實感
賺到
目標
引導

F-1 運用數據、數字

763　○○%的人都會覺得有驚人的

有效的運用方法 為了「有效傳遞出驚人的結果等」，而以該驚人之處為基礎，同時運用「實際數字、比率」等來表現。

【例】 ▶ 根據試用調查報告，有 87% 的人都會覺得有驚人的效果！
　　　▶ 96% 的人都會覺得有驚人的效果，而成為回頭客的夢幻級乳液終於進貨！
　　　▶ 95% 的人都會覺得滿意的驚人程度！從問卷結果就很明顯地○○

近似詞 ➡ 總之○人當中，會有○的人、○成的人會感受到××

764　○○%的××

有效的運用方法 藉由「數字具有的力量」，針對該內容「給予可靠性」或是「聚集目光焦點」。即使不是真實的數字，也可期待聚集顧客的目光焦點。

【例】 ▶ 在待客之道方面，享有 120% 滿意度的飯店。超越期待的服務
　　　▶ 200% 成功的獨棟設計！不失敗的○○
　　　▶ 95% 隔天會覺得感動的保濕乳霜。想要找回彈力肌的○○

近似詞 ➡ 可以達到200%感動的○○、可以滿足99%的○○、滿意度達○○○%

765　百大○○！

有效的運用方法 針對某項要件或是條件，給予顧客一種「嚴選收集而來的 100 種、100 個」的印象，藉此獲取顧客的矚目或是關心。

【例】 ▶ 日本百大絕景！○○造訪排名前幾位的絕佳美景
　　　▶ 全國百大美味拉麵！○○各地的好吃拉麵店
　　　▶ 吃了也會瘦的百大減重法！想要邊吃邊減重的○○

近似詞 ➡ ○○百選、百人○○、100 種快樂的方法○○

766　隱藏在○○g中的價值

有效的運用方法　僅有少許份量，卻能產生驚人的效果。表現出「幾g」所具有的驚人效果或是能力。

【例】　▶ 隱藏在 20g 中的價值。只要些許用量就能○○的效果

　　　　▶ 隱藏在 100g 原料中的價值！用數值○○（證明）對品質的講究

　　　　▶ 隱藏在每天只要 5g 中的價值！○○使用稀且高價的原料

近似詞 ➡ 隱藏在○○cc裡的祕密、位於○○g中的××、正因為這○○g的重量

767　××%會想○○

有效的運用方法　「運用實際問卷或是調查得到的優良評價數據或是數字」，提高顧客的信任感。可以搭配使用「具體的結果、內容」以及「比率、數字」。

【例】　▶ 120% 會想再度造訪。想再來的理由是○○

　　　　▶ 97% 會想回購。展現驚人回購率的○○

　　　　▶ 88% 會想介紹給朋友。會想告訴親密友人的○○

近似詞 ➡ ××%認為會○○、○○%會選擇××、××%會喜歡○○

768　嚴選○○種××

有效的運用方法　針對某項條件「以實際數字表示出嚴選的事實」，更能提高信任感並且帶出衝擊性。

【例】　▶ 嚴選 34 種原材料！經常接受專業檢驗的原材料○○

　　　　▶ 嚴選 15 種天然原料。講究天然的○○

　　　　▶ 嚴選、搭配 4 種專利成分！將公認有效的成分製成○○

近似詞 ➡ 從○○種中嚴選、篩選到最後○○種的××、嚴選○○種

769　○○的×大重點

有效的運用方法　使用「一些歸納整理後的數字」表現「幾個想要傳遞出的歸納重點」，藉此傳遞出重要性，並引導顧客關心該內容。

【例】　▶ 絕不失敗的居家設計 3 大重點！設計專家傳授的○○

　　　　▶ 絕不後悔的買保險 7 大重點，大公開！應該掌握住的重要○○

　　　　▶ 人氣急遽攀升！極品甜點的 5 大重點！從問卷調查即可得知○○

近似詞 ➡ ○大重點××、今年最後的○大新聞、○個重大差異

770　○○多半會選擇的

有效的運用方法 關於某項內容，顧客「喜好的選擇超過半數」時，表現為顧客「多半會選擇的事物」，藉此提高說服力。

【例】　▶ 住宿者多半會選擇的加值服務。最受歡迎的服務就是○○

　　　　▶ 20 歲女性多半會選擇比較性感風格的手表。若有似無地○○（撩撥）男性

　　　　▶ 顧客多半會選擇的主要菜色。請務必品嘗看看○○

近似詞 ➡ 超過半數以上實際感受到○○的效果、過半數會○○

771　享受○○倍的樂趣

有效的運用方法 針對某項條件「表達出只要去做就會很有趣」，展現出與一般事物比較起來「○○倍享受、有趣」的衝擊感。

【例】　▶ 第一台個人電腦可以讓人享受到 10 倍的樂趣！讓初學者快樂學習的○○

　　　　▶ 享受 5 倍冬季換裝樂趣的輕鬆穿搭術！只要搭配組合即可○○

　　　　▶ 在知名飯店裡享受 3 倍的樂趣！聰明運用老飯店內的○○

近似詞 ➡ ○○倍享受、快樂○○倍！、感受○○倍的價值

772　也能提升○○率！

有效的運用方法 「某項條件擁有相關數據或比率」時，如果「能夠用數字表達出該效果」，就可以將其表現為「○○率」，並且強調該狀況有所提升。

【例】　▶ 也能提升回客率！只要買過一次就會○○感動於該味道

　　　　▶ 也能提升顧客滿意率！為了讓顧客經常處於滿意狀態，○○

　　　　▶ 也能大幅提升勞動效率！在淡季裡○○，讓人每天在心中都充滿感謝

近似詞 ➡ 完美提升○○率、驚人的○○率、表示顧客信任的○○率

773　讓○○能夠××的△大重點

有效的運用方法 歸納與某些事件相關的「重點」，並且利用「問題點、目的」以及「重點數字」表現出「理想的結果」。

【例】　▶ 讓裸肌維持年輕感的 5 大重點！裸肌美人說○○

　　　　▶ 讓棘手的英文會話一天比一天更好的 3 大重點！現在立刻開始○○

▸ 股票投資成功的 7 大重點是？資產運用達人都會○○

近似詞 ➡ 成為○○的必要××重點、運用○○的重點，成為××

774 能感覺到○○的BEST××

有效的運用方法 將「理想的狀態」表現為「能感覺到○○」，顯示出實現該狀態的最佳重點，藉此聚集顧客目光。

【例】▸ 能感覺到趨勢的 BEST 5 品項！用流行品項○○（做出）差異
　　　▸ 能在餐廳能感覺到滿意的 BEST 3 服務！除了口味以外的服務○○
　　　▸ 能感覺到冬季魅力的 BEST 5 行程！盡情○○（感受）冬季的魅力

近似詞 ➡ 感動排行榜○○、最棒的○○BEST××、嚴選BEST○○

775 ○○年連續××

有效的運用方法 如果「某個好的結果持續了好幾年」，就可以將該部分具體表現出來，讓顧客對該內容更加注意。

【例】▸ 連續 20 年顧客滿意度達成率 96%！持續受到顧客支持鼓勵的
　　　　○○
　　　▸ 連續 15 年蟬聯日本全國美味拉麵排行榜前 10 名！
　　　▸ 連續 7 年榮獲世界甜點大賽金獎！世界公認的美味

近似詞 ➡ 連續○○年達成××、○○年持續××、○○年的累積

776 3大○○

有效的運用方法 可以妥善運用「3」這個數字，會讓人不自覺地有興趣或是關心該內容，表現為 3 大重點，藉此聚集顧客目光。

【例】▸ 3 大優惠推薦！現在申請者將毫無保留全數附贈
　　　▸ 3 大最佳觀光景點完全制霸！想要全部獨享的○○
　　　▸ 親子客群最愛的 3 大服務！可以與孩子一起體驗的○○

近似詞 ➡ ○○嚴選3大商品、全部擁有才不損失的3項產品

777 TOP○○

有效的運用方法 從某個檔案中選出「前幾名的事物」，將該內容表現為「TOP ○○」，藉此提高信任度，更能聚集顧客目光。

【例】▸ 人氣 Menu TOP 5！一定會想訂購的超人氣 Menu
　　　▸ 由讀者選出今年必定流行的 TOP 10 品項！今年的趨勢是○○

▶超人氣調貨甜點 TOP 10 ！○○現正熱賣中

近似詞 ➡ 頂尖○○、BEST○○、前幾名的○○、推薦前幾名的○○、High Level

特色
引人注意
強調
人氣
情緒
真實感
賺到
目標
引導

778　好吃的○個關鍵字

有效的運用方法 針對食物或是餐廳等「與食物相關的事物」，藉由表現出「歸納的關鍵條件」，引發顧客對該內容產生關心。

【例】 ▶人氣義大利麵店好吃的 5 個關鍵字。頗受女性朋友歡迎的祕密○○

▶大排長龍的甜點，好吃的 3 個關鍵字

▶超人氣店家之所以好吃，就只有 1 個關鍵字！ 所有祕密盡在○○

近似詞 ➡ 美味的○個祕密、掌握美味關鍵的○個偵測器

779　選出的前○○名

有效的運用方法 關於某項內容「實際選拔出的結果」，具體地用「選拔出的前○○名」來介紹，藉此聚集目光。

【例】 ▶從高齡者選出的旅行地點中，選出的前 10 名！讓人想多次造訪的○○

▶由讀者模特兒選出，今年最推薦的商品前 5 名！

▶從成本與設計面兩方面○○選出的人氣外觀設計前 3 名！

近似詞 ➡ Choice○○、Best Selection○○、嚴選的○○商品

780　日本百大○○

有效的運用方法 從日本國內無數或是眾多存在中，選出「100 個」，並且利用「100 這個數字本身具有的強大能量價值」來表現。

【例】 ▶日本百大拉麵！由美食雜誌記者實際走訪後選出○○

▶嚴選日本百大旅館！由導遊領隊傾聽旅客心聲後選出的○○

▶日本百大點心！跨越全國日式糕點、西式糕點類型選出的○○

近似詞 ➡ 日本5大○○、日本3○○、百大熱銷、日本百選品牌

781　排行○○

有效的運用方法 運用足以煽動好奇心、容易「影響行為選擇」的「排行」一詞，會「讓人聯想到排行榜」，藉此吸引顧客目光。

【例】 ▶上半年度本店暢銷排行！實際由顧客選出的品項是○○

▶ 甜點排行前 10 名！有固定粉絲支持的○○
▶ 義大利家具人氣排行前 20 名！俐落洗鍊的設計是受歡迎的○○

近似詞 ➡ BEST○○Ranking、由○○選出的BEST○○、由前幾名的○○進行××

782 ○○白皮書

有效的運用方法 利用會讓人聯想到「公家機關報告書或是預測報告」等的「白皮書」一詞力量提高信任感，並且導入想要傳遞的內容。

【例】 ▶ 真實的女性白皮書。根據今年的問卷調查即可明確知道○○
　　　 ▶ 人氣建築設計白皮書。從環保的觀點看來也能確實受到歡迎的○○
　　　 ▶ 2008 年美肌白皮書。想要維持通透感的白嫩肌膚○○

近似詞 ➡ 真正的○○故事、實際的○○、真正的○○報告書

特色

引人注意

強調

人氣

情緒

真實感

賺到

目標

引導

F-2　表現出期間、期限、時間、季節

表現出期間、期限、時間、季節，可以有效讓顧客意識到「當下」、「現在」。這些能夠讓人意識到時間的表現，可以讓顧客覺得眼前的事物帶有真實感。

F-2　表現出期間、期限、時間、季節

783　○○起終於

有效的運用方法　表現時將「終於」一詞與「從何時開始」等內容搭配組合，給予顧客一種「等待許久終於開始」的印象，同時表達出「開始的時間點」。

【例】　▶ 春天起終於開始受理，在開滿油菜花的高原上享受○○

　　　　▶ 明天起終於開始服務！大家都等待已久的新服務

　　　　▶ 5月1日起終於開始販售！現在已經開始接受預售！

近似詞 ➡ ○○起開始、○○起開始××、因為○○所以××

784　○○開始

有效的運用方法　將「從現在開始的內容」與「從何時開始的時間點」搭配組合，直接淺顯易懂地表現出狀態。

【例】　▶ 今日中午開始接受申請＆諮詢！！

　　　　▶ 今年9月開始的新菜單！敬請期待！

　　　　▶ 因為受到好評，決定從今年春天開始進行第二梯次的熟客限定特賣！

近似詞 ➡ 自○○開始、從○○開始、終於要開始○○！、就從○○開始

785　○○迫在眉睫！

有效的運用方法　為了傳達「某個時間點，對象事物就會結束」這件事情，表現為「結束點迫在眉睫」，讓顧客意識到即將截止。

【例】　▶ 某人氣企畫的截止日期迫在眉睫！若尚未投稿，請盡快提出！

　　　　▶ 優惠預售申購期限迫在眉睫！請別錯過3大優惠！

　　　　▶ 期待已久的開幕式迫在眉睫！大排長龍店家內的知名○○

近似詞 ➡ ○○也只剩一點點！、接近○○只剩××、到○○僅剩××

786 ○○一度／一次的

有效的運用方法 表現出「只有在某段期間會出現一次，或是舉辦」的狀況，讓顧客感受到其稀有價值。

【例】 ▶ 每半年一次的大特賣！想要把握這個機會的○○

▶ 一年一度的薄酒萊終於解禁！將當年度製造的紅酒○○

▶ 10 年一次的夢幻逸品。如果不認識這個味道，就不能說自己吃過越光米！

近似詞 ➡ 每月一次○○、在○○僅限一次的、○○這已經是最後

787 ○○天內

有效的運用方法 藉由傳達出某個內容的「期限」以吸引顧客注意，並且引導出預計後續會發生的「事實」。

【例】 ▶ 3 天內就銷售一空！連續讓人驚呼不已的事件都在這發生！

▶ 10 天內就會申請一空？依前次狀況預估售罄速度

▶ 從今天開始 7 天後，紀念促銷活動就會結束！趕快手刀來搶！

近似詞 ➡ 在○○週內、只剩○○天就××、僅有○○天的××

788 ○○的時間囉！

有效的運用方法 為了有活力地傳遞出「想讓人矚目的內容開始了」，所以將欲進行的某項事情表現為「○○的時間」。

【例】 ▶ 那麼，即將是開門的時間囉！請各位先到店內等候！

▶ 終於輪到你的時間囉！敬請放鬆心情好好享受！

▶ 現在開始是成人的時間囉！想成為一個成熟洗鍊的○○男人

近似詞 ➡ 進行○○的時間、進行○○的時機就是現在、○○就趁現在！

789 ○○到××點為止

有效的運用方法 為了有效率地傳遞出「這是某項條件結束的時間點」，所以直接表現為「○○到××點為止」。與能夠引導顧客行動的詞彙搭配組合會更有效果。

【例】 ▶ 申請只到今晚 10 點為止。現在請立刻來電！

▶ 訂購只到今晚 7 點為止！限量 500 個，請即早下訂！

▶ 營業時間到深夜 2 點，敬請安心使用！歡迎只想來泡澡者！

近似詞 ➡ 到○○點結束××、到○○點為止，請加快腳步

特色
引人注意
強調
人氣
情緒
真實感
賺到
目標
引導

790　○月特別企畫

有效的運用方法　表現出「這是僅在該月才會進行的特別事物」，藉此提升其價值。

【例】　▶ 年終慣例的 12 月特別企畫！跨年前務必確認這件事！
　　　　▶ 總結算！4 月特別企畫的緊急特賣！千萬別錯過！
　　　　▶ 1 月特別企畫！新年早鳥特惠商品大量登場！

近似詞 ➡ ○月限定××、○月緊急企畫、僅在○月的、每○月的特別企畫

791　清晨的○○

有效的運用方法　直接運用「清晨一詞所帶有的清爽的形象」，特別彰顯出「存在於清晨時的事物」，藉此讓顧客覺得該事物的價值較高。

【例】　▶ 度過一段清晨的悠閒時間。可以讓人放鬆的○○香氣
　　　　▶ 就由清晨的健康餐桌開啟新的一天！為了能充滿精神地照顧○○
　　　　▶ 清晨的運動能夠影響健康！用舒緩操喚醒○○

近似詞 ➡ 清晨限定的○○、因為是清晨，所以○○、Morning○○、忙碌早晨的
　　　　○○

792　瞬間

有效的運用方法　給予顧客一種瞬間的印象，引導出某項條件所擁有的優點或是價值。

【例】　▶ 瞬間接近截止日期！現在請立即拿起電話○○
　　　　▶ 瞬間出現令人欣喜的效果！使用一週即可實際感受到○○
　　　　▶ 瞬間烤好美味的麵包！

近似詞 ➡ 立刻○○、只要○○立刻就會××、一發現就○○

793　一整天○○

有效的運用方法　讓顧客有意識地感受到「一整天、整天、24 小時」等「一整天的感覺」，讓該項條件產生一種「更貼近生活」的感覺。

【例】　▶ 享受一整天的平穩安心感。佇立在森林中的療癒村落
　　　　▶ 一整天都能享受到熱騰騰的料理！即使深夜肚子餓也○○
　　　　▶ 一整天都會受到夏天太陽的攻擊！能在強烈太陽下守護你的○○

近似詞 ➡ 早晚都○○、不分晝夜地○○、24小時○○

794 ○○隨時／不打烊

有效的運用方法 表現出「時間的另一種意思」、「與時間無關」的價值。

【例】 ▶ 24 小時不打烊！想到就可以立刻○○！

　　　 ▶ 包廂式露天溫泉，隨時都可以享受到溫泉！

　　　 ▶ 隨時申請都 OK ！專屬的線上客服○○

近似詞 ➡ ○○24小時、早晚都○○、經常○○、煩惱時，隨時都可以○○

795 本次○○

有效的運用方法 運用「本次」一詞顯示就是這個瞬間，引導顧客對「存在於該瞬間的好處」產生興趣。

【例】 ▶ 本次全店商品半價！別錯過這難得的機會！

　　　 ▶ 耶誕特賣會舉辦中！本次獻上活動優惠價格！

　　　 ▶ 本次抽獎最高可獲得 3 折的機會！詳情請洽你附近的○○

近似詞 ➡ 現在應該是○○、就是現在○○、只有現在○○、○○就趁現在！

796 All Season○○

有效的運用方法 使用帶有「與季節無關」意思的「All Season」一詞，讓顧客「意識到可以存在於各種季節」。

【例】 ▶ All Season 皆可舒適度過，全檜木打造的家！木頭本身具有的獨特○○

　　　 ▶ 材質輕薄、All Season 皆 OK ！可自由穿搭的○○

　　　 ▶ All Season 皆可享受到不同季節變化的菜單，堪稱極品！

近似詞 ➡ 一整年○○、無視於季節的○○、跨越四季的○○

797 就是今年一定要○○

有效的運用方法 把各自擁有的目標或是夢想與「就是今年一定要」這個關鍵金句綁在一起表現，更能「讓顧客意識到真實性」。

【例】 ▶ 就是今年一定要挑戰！進入社會後即可拉開○○的差距

　　　 ▶ 就是今年一定要幸福！抓住男人心的○○

　　　 ▶ 就是今年一定要擁有那個憧憬的包包！國際的名牌包就是○○

近似詞 ➡ 今年最後的○○、本年度的○○、要在今年內成為○○！

特色
引人注意
強調
人氣
情緒
真實感
賺到
目標
引導

798 當週○○

有效的運用方法 用更淺顯易懂的方式，讓「以週為單位、每週存在的」特別事物更貼近生活。

【例】 ▶ 當週的珍藏甜點！由超強糕點師傅一較高下的○○

▶ 比其他地方都更早通知當週的推薦商品！週末就是要○○

▶ 當週特別企畫！新型車試乘體驗，○○（將贈送你）耶誕蛋糕

近似詞 ➡ 只有本週○○、只有這一週可以○○、Weekly○○

799 週末的○○

有效的運用方法 讓顧客「意識到週末這個區隔點」，藉由想要傳遞出的優點或是內容，引導出顧客對其產生興趣。

【例】 ▶ 週末推薦的嚴選豪華住宿點！一直想住住看的飯店就是○○

▶ 等不及的週末好康資訊滿載！只要免費登錄會員，即可每週○○

▶ 想要優雅地度過週末夜晚！沉醉在夜景佳餚美酒中的○○

近似詞 ➡ 本週六日，兩日限定、因為週末所以想○○、週末就要○○！

800 ○○季節

有效的運用方法 讓顧客意識到存在於各種條件中的「季節」，表現出「季節感，以及同時存在於該時期的特殊價值」。

【例】 ▶ 旅行季節！盡情感受寒冬中的北海道之旅！

▶ 深入感受季節！在義大利料理中享受富有季節感的食物！

▶ 用食材盡情品嘗這個季節！顛覆日本料理常識的食材運用方法

近似詞 ➡ ○○的季節到來、最適合接下來的這個季節、○○的必要季節

801 短期○○

有效的運用方法 強調「短期一詞本身所具有的價值以及衝擊性」。

【例】 ▶ 短期集中！在考試時拉大差距！制霸這個夏天才能笑到最後！

▶ 短期快速減重課程！目標是○○（打造）玲瓏有緻的身材

▶ 目標是短期達到美肌效果！利用晚間祕密護理，○○（造就）光滑裸肌

近似詞 ➡ 期間限定的○○、短期間即可○○、瞬間○○

802　夜晚的○○

有效的運用方法　運用與清晨相對的「夜晚所具有的獨特形象」，引導出夜晚一詞本身具有的「意義或價值」，同時也讓顧客對該目的內容產生興趣。

【例】　▸ 香草香氣是夜晚睡不著覺的好朋友。被療癒的香氣包圍○○
　　　　▸ 肚子餓的夜晚就用這個當宵夜！3 分鐘即可享受真正的○○
　　　　▸ 會讓人聯想到夜晚世界的情趣設計！給習慣於遊戲的成人○○

近似詞 ➡ 深夜的○○、熬夜中的○○、靜靜沉睡的夜晚○○、三更半夜的○○

803　當日○○

有效的運用方法　運用帶有「每天會有所變化」意義的詞彙，表現出「每天變化所擁有的價值、對每天變化的堅持講究」等。

【例】　▸ 推薦你選擇當日特餐！根據當日進貨食材決定菜單！
　　　　▸ 當日最划算商品！今日限定的划算企畫○○
　　　　▸ 搭配新鮮季節食材的當日風味！敬請○○（把握）這個機會

近似詞 ➡ 日日○○、每天的○○、每日的○○、今日的○○、今早的○○

804　依照慣例每○的××

有效的運用方法　將「每到某個區隔點就會進行」的這件事情，傳遞出本身因為「成為慣例而會讓人感到欣喜」。

【例】　▸ 依照慣例每年夏季大特賣開鑼了！今年將於 7 月 1 日開始！
　　　　▸ 依照慣例每月提供的香草茶服務！本月香草茶的療癒效果是○○
　　　　▸ 依照慣例每年的熟客感恩特賣！包含對各位一整年的感謝

近似詞 ➡ 每○都很期待的××、○○月一定要××、○○的必備××

805　往年沒有的○○

有效的運用方法　表現出「超越過去幾年狀況」的意思。

【例】　▸ 往年沒有的多汁甜味！今年的津輕蘋果好吃到令人感動！
　　　　▸ 往年沒有的肉質緊實度，最適合用於火鍋料理！今年冬天就要○○
　　　　▸ 往年沒有的寒冷度，讓溫泉氣氛熱到最高點！雪山中的○○

近似詞 ➡ 這個季節最難得的○○、往年沒有○○、近期非常珍貴

806 僅需○分鐘的

有效的運用方法 只需極少時間的意思，藉此表達出「在這麼短的時間，真厲害」。

【例】 ▶ 僅需 3 分鐘的奢侈感！晚上睡前的 3 分鐘按摩○○

　　　 ▶ 僅需 10 分鐘的正宗義大利餐！完美重現餐廳主廚自豪的風味！

　　　 ▶ 僅需 5 分鐘的簡易美容護膚！只需要微波一下○○

近似詞 ➡ 僅需○○秒的、僅需○○時間的、僅需少許時間○○

特色
引人注意
強調
人氣
情緒
真實感
賺到
目標
引導

Ⓖ 【賺到】 強調買到賺到，藉此刺激顧客

顧客經常「希望賺到」，所以都會去搜尋一些比較划算的資訊。與「划算的資訊，以及其理由（根據）」搭配組合表現，就能輕鬆地給予顧客一種「划算」的感覺。

　　每位顧客都希望能夠感受到划算、有賺到巨大的價值。價格便宜是最容易讓顧客覺得「賺到」的條件。

　　然而，覺得價格便宜這件事情，只會出現在與相同價值的對象比較後覺得便宜的時候。也就是說，在強調價格便宜程度時，必須要有「為何比較便宜」等的明確基準，同時必須要有該優惠的根據以及理由。理由不明確的價格優惠反而只會讓顧客產生「便宜沒好貨」的不信任感。

　　在說明優惠時，最重要的是顯示優惠的基準以及明確的理由，才能向顧客強調該優惠以及划算賺到的感覺。

　　此外，最好的優惠條件當然是不用對價，也就是所謂的免費。該免費的力量雖然很強大，但是同時也必須注意該部分所造成的廉價感。免費的部分，如果讓顧客感受不到價值就沒有意義。針對讓顧客感受到事物價值的部分，也必須要有免費提供的明確理由存在。

　　期望各位務必注意這些重點，並且多加運用本章節中所詳細介紹的「強調價格的便宜程度」、「強調無償、免費提供」等關鍵金句。

G-1 強調價格的便宜程度

特色
引人注意
強調
人氣
情緒
真實感
賺到
目標
引導

只要顧客認同該品質，顧客就會儘可能地去尋求最便宜的價格購買。所以只要表示自己價格便宜，顧客就會有所反應，並且對不確定是否便宜的事物失去興趣。如果是價格便宜就好的事物，就必須淺白地對顧客強調該優惠程度。

G-1 強調價格的便宜程度

807 ○○% OFF

有效的運用方法 「用具體的數字表現出便宜的比例」，即可用淺顯易懂的方式傳遞出便宜的狀態。

【例】 ▶ 所有品項結帳再 30%OFF！目前的標價再下殺○○
　　　 ▶ 店內所有商品 30% ～ 60%OFF SALE！快來好好挖寶○○
　　　 ▶ 50%OFF 所有商品半價特賣！任何商品的售價都比平常少一半！

近似詞 ➡ 最多折扣○○%、○折、○○%的折價價格、○折扣價格

808 ○○紅標商品特賣會

有效的運用方法 使用象徵價格優惠的「紅標」一詞，讓顧客覺得對象事物的售價非常便宜。

【例】 ▶ 不惜賠售的紅標商品特賣會！絕對有來瞧一瞧的價值！
　　　 ▶ 一年一度的紅標商品特賣會！包含對顧客感謝的商品釋出大特賣！
　　　 ▶ 划算商品滿載的紅標商品特賣會！特價品中可能還會有驚喜！

近似詞 ➡ ○○大特價、○○大特價活動、○○紅標商品大回饋、一年一度的○○特價

809 ○○出清

有效的運用方法 藉由給予顧客「是為了要出清所以便宜」的印象，強調這是「划算且便宜的事物」。

【例】 ▶ 庫存全數出清超特價！主打商品一口氣大量釋出！
　　　 ▶ 最後出清特賣實施中～！賣到沒貨即截止！
　　　 ▶ 期末出清！本期最後一檔超划算特賣會！

近似詞 ➡ ○○出清拋售、抱歉○○即將銷售一空、探底出清○○

810 ○○元均一價

有效的運用方法 「有一個統一且淺顯易懂的商品價格區間」。價格一致可以給顧客一種安心感，同時也會有更划算的感覺。

【例】 ▶ 全部千元均一價！本櫃商品任選，每項商品皆為 1000 元！
　　　 ▶ 全部百元均一價特賣中！這些商品全都是 100 元！
　　　 ▶ 任選 3 項自由搭配，合計萬元均一價大回饋！任選皆○○

近似詞 ➡ 全部○元、任選皆○○元、全部安心價○○元

811 ○○紀念××

有效的運用方法 強調「因為有必須紀念的條件，所以一定給予降價」的印象。

【例】 ▶ 感謝大家平日的照顧，謹以 10 週年紀念價格回饋顧客！
　　　 ▶ 開店 3 週年紀念特賣！店內所有品項 7 折！毫無例外！
　　　 ▶ 慶祝○○奪冠紀念特賣！店內商品○○（折扣）與（教練）背號相同

近似詞 ➡ 紀念日○○、感謝平日的○○、酬賓感謝價

812 ○○現金回饋

有效的運用方法 「以現金方式回饋特定金額（退款）」，會帶給顧客一種「這次的特賣非常便宜且划算」的印象。

【例】 ▶ 現金半價回饋活動！將會退還一半的購買金額
　　　 ▶ 5000 元現金回饋大特賣！只要購買總計超過 3 萬元的商品
　　　 ▶ 最高萬元現金回饋！以抽獎方式當場決定退還金額

近似詞 ➡ 保證回饋○○、半價優惠券回饋、無條件回饋○○％！

813 ○○宣傳活動

有效的運用方法 運用「宣傳活動」這種能讓人感受到條件划算的便利詞彙，附加優惠的理由，即可提高對該優惠的說服力。

【例】 ▶ 開幕宣傳活動！○○地區開店紀念××
　　　 ▶ 在此提供至 3 月底為止的宣傳活動價格！
　　　 ▶ 春天宣傳活動特賣中！新生入學必需品特輯！

近似詞 ➡ ○○全館感謝祭、慶典氣氛的○○大回饋、挑戰酬賓價

814 ○○到滿／到飽／到滿意

有效的運用方法 如果有「不論多少（多少次）都可以的條件」，即可運用能帶給顧客划算印象的詞彙「到滿／到飽／到滿意」來表現，藉此強調划算感。

【例】 ▶ 千元任選，袋子裝到滿！歡樂任選○○

　　　 ▶ 唱到爽！吃到飽！喝到滿！竟然只要 5000 日幣！

　　　 ▶ 輕鬆訂製，可任選材質到你滿意！來自義大利的原料

近似詞 ➡ ○○用到飽、○○服務、○○隨時都OK！、○○開放

815 ○○拍賣（市集）

有效的運用方法 表現出「某項商品被賤賣、賣光」等感覺，運用「處分（市集）」一詞，給予一種整體價格很便宜的感覺。

【例】 ▶ 過季商品最終處分！因產品更新，過季商品大量釋出！

　　　 ▶ 展示品大量處分特賣會！因產品更新，庫存商品緊急降價！

　　　 ▶ 店內商品徹底處分特賣會！店內商品全部半價！

近似詞 ➡ ○○大清倉、一件不留○○特賣、最後出清處分○○

816 ○○大量釋出

有效的運用方法 用淺顯易懂的方式表達出「將某項商品大量釋出」的意思，在優惠方面給予顧客一種衝擊性。

【例】 ▶ 不惜賠售的大量釋出特賣！人氣商品也即將銷售一空的大特賣！

　　　 ▶ 人氣品牌商品超特價大量釋出！搶先回饋特賣！

　　　 ▶ 清晨現採的蔬菜大量釋出！搶先採收當地的季節蔬菜！

近似詞 ➡ 請隨意○○、快來○○搬貨吧！、○○大開放！

817 ○○只需這個價格

有效的運用方法 表現出包含「某些內容以及組合有驚喜優惠」的驚喜感，藉此吸引顧客目光。

【例】 ▶ 攝影必備 3 件組，整組只需這個價格！而且不需手續費！

　　　 ▶ 附 3 大優惠，只需這個價格！本日限定驚喜價格！ 現在立即○○

　　　 ▶ 正宗日本料理套餐加贈飲料喝到飽，只需這個價格！新年聚會就來這裡！

近似詞 ➡ 用驚喜價格○○、○○卻只要這種價格、○○優惠價格

818　○○**即可追加**

有效的運用方法 直接表現出某些內容「只要負擔少許金額即可取得」，讓顧客覺得該追加金額很划算。

【例】　▶ 只要 5000 日幣即可追加升等功能

　　　　▶ 只要 3000 日幣即可追加會讓人閃閃發光的時尚剪裁

　　　　▶ 現在只要 5 萬日幣即可追加豪華套餐。平常都要○○

近似詞 ➡ 追加○○就OK！、可以追加至○○的××、全部只要○○

819　○○**特賣**

有效的運用方法 表現時直接讓顧客聯想到某項商品因為是「特別銷售活動」所以才會有優惠價格。

【例】　▶ 慣例的月底特賣活動！本月是由北海道食材聚集一堂！

　　　　▶ 搶在春天之前的特賣企畫！在春季正式來臨前，使用當季食材○○

　　　　▶ 10 週年酬賓特賣！10 週年真心感謝銷售活動！

近似詞 ➡ ○○特別販售、緊急販售○○、主打商品特賣、特別銷售價格○○

820　○○**特價**

有效的運用方法 運用帶有「價格特別便宜」意思的「特價」一詞，讓顧客感覺便宜，藉此聚集目光。

【例】　▶ 3 週年感恩大特價！3 週年紀念大特賣中！

　　　　▶ 九州美味食品嚴選特價！地方人氣特殊美食商品○○

　　　　▶ 本日限定特價市集！嚴選商品今日限定的划算價格！

近似詞 ➡ 特別價格○○、會員價格○○、本次限定的○○價格

821　○○**大挑戰**

有效的運用方法 與帶有「價格便宜等相關詞彙」搭配組合，表達出該便宜狀況其實是一種挑戰，帶來衝擊性。

【例】　▶ 優惠大挑戰！追求探底的優惠價格！

　　　　▶ 極限大挑戰！挑戰對特色商品的價格極限！

　　　　▶ 對低價銷售的挑戰！請務必與我們競爭對手的價格比較看看！

近似詞 ➡ 對○○的挑戰、用挑戰價格○○、對○○下戰帖、一決勝負的價格

822　剛好○○

有效的運用方法　淺顯易懂表現出「某個支付金額非常剛好，沒有超出負擔的必要」，在給予顧客安心感的同時，強調價格的便宜程度。

【例】　▶ 附飲料喝到飽只需剛好 5000 日幣！可以安心結帳，也幫了活動主辦人一個大忙！

　　　　▶ 這種內容、這種服務只需剛好 2 萬日幣！即可在奢華氣氛下○○

　　　　▶ 價格只需剛好 1 萬日幣，保證給你充實的內容！○○豪華感的假日

近似詞 ➡ 不須收費超過○○、必要的只是○○、Only○○

823　○○商品最終特賣

有效的運用方法　表現出「這是銷售過季商品或是特殊商品的機會」，藉此機會呼籲顧客要及早購入。

【例】　▶ 春天商品最終特賣！請務必把握這個購買機會！

　　　　▶ 稀有商品最終特賣！只有在這裡可以買到的稀有品項○○

　　　　▶ 當季限定商品最終特賣中！想要入手的品項○○

近似詞 ➡ Final○○Sale、○○店結束營業、全數出清○○

824　平均一天○○

有效的運用方法　表現時把商品價格換算成一天的花費金額，呈現出「用更貼近生活的具體數字傳遞出優惠的感覺」。

【例】　▶ 平均一天只要 30 日幣的電費！可以聰明省下○○

　　　　▶ 平均一天只要優惠價 120 元！從用喝一杯果汁的感覺開始○○

　　　　▶ 平均一天僅需負擔 78 元，即可取得嚮往的○○！

近似詞 ➡ 平均一次○○、平均一件○○、平均一餐○○

825　次級○○

有效的運用方法　逆轉「因為次級品，所以便宜！」給人的印象，把該印象向上提升，藉此強調優惠。

【例】　▶ 提供次級梅干的回饋價格！味道與高級品一致的○○！

　　　　▶ 因為特殊原因以次級品的價格銷售！僅限前 100 名！

　　　　▶ 盡情享受次級美食帶來的划算感！可用平易近人的價格○○享用的菜單

近似詞 ➡ 因為是B貨，所以○○、有點難得的○○、次級品的○○

826　不惜賠售的○○

有效的運用方法　特別強調價格非常優惠。藉此聚集顧客目光，並引導顧客對該內容產生興趣。

【例】　▶ 不惜賠售的 VIP 貴賓專屬特別銷售會！持續會有○○商品售罄

　　　　▶ 不惜賠售的酬賓感謝日！將提供 3 日限定的超級酬賓感謝價！

　　　　▶ 不惜賠售的實惠價！請用親眼見證這驚人的價格！

近似詞 ➡ 不惜損失的○○、不惜超大損失的○○、不在乎利潤的○○

827　現正／現在有首購優惠○○

有效的運用方法　明確表現出「因為首購所以可以得到優惠」的理由，並且將「現在」、「優惠內容」兩種詞彙搭配組合。

【例】　▶ 現在來店就有首購優惠！半價優惠券現金回饋！

　　　　▶ 現正有首購限定半價回饋活動！獻給新客的開心優惠！

　　　　▶ 首購折扣優惠現正實施中！請務必把握機會提出申請！

近似詞 ➡ 僅限初次購買者○○、首購限定○○、標籤價○○

828　大清倉○○

有效的運用方法　表現出「彙整目前現有的庫存商品，並且全數出清」。給予顧客「庫存一掃而空，所以特別便宜出售」的印象。

【例】　▶ 春季大清倉特賣會！春季衣物徹底出清！

　　　　▶ 大清倉特賣實施中！徹底出清目前庫存品！

　　　　▶ 半年清點一次，大清倉市集！完全清倉大特賣！

近似詞 ➡ 所有商品全部○○回饋、庫存徹底出清○○、總清倉○○

829　大幅○○

有效的運用方法　將「價格下殺的幅度非常大」這件事情與「表示價格會變便宜的相關詞彙」搭配組合，做出更淺顯易懂的表現。

【例】　▶ 比平時更大幅降價！想入手的商品竟然只要○○

　　　　▶ 大幅降價！最後機會更要來一看究竟！

　　　　▶ 驚喜！大幅折扣！先搶先贏的超划算特賣！

近似詞 ➡ 徹底降價、驚喜的價格、實惠價○○

830　**划算○○**

有效的運用方法 單純表現出「價格便宜，所以現在購買最划算」。運用顧客「想要優惠的心理」。

【例】 ▶ 滿滿的划算商品！令人驚喜的價格不斷迎接你○○
　　　 ▶ 划算品項大量釋出！數量有限，抱歉即將銷售一空！
　　　 ▶ 整組購買，將提供你更欣喜的划算價格！千萬別錯過！

近似詞 ➡ 超值○○、○○買了不會損失、不會後悔的○○

831　**價格實惠**

有效的運用方法 直接表現出「不僅是價格便宜，該價格本身也很有價值」的意思。

【例】 ▶ 價格實惠，絕對划算！年度最後機會！
　　　 ▶ 價格實惠，現在正是最佳機會！心動就立刻行動○○
　　　 ▶ 價格實惠到讓人嚇一跳！請仔細比對看看這價格有多麼優惠！

近似詞 ➡ 超值價！、特賣價、划算價

832　**連批發商都不可置信的價格**

有效的運用方法 為了「更加強調價格優惠」，表現出一種「連批發商都會驚訝的價格」的意思。

【例】 ▶ 店內全都是連批發商都不可置信的價格！不論怎麼選，價格都很驚喜！
　　　 ▶ 挑戰連批發商都不可置信的價格！請務必親自感受這驚喜！
　　　 ▶ 連批發商都不可置信的價格！沒想到會連續推出讓同業哭泣的價格。真是太感激了！

近似詞 ➡ 批發商臉色鐵青的○○、同業都震驚的○○、專家都意想不到的驚訝○○

833　**不讓家庭開銷緊繃○○**

有效的運用方法 用更貼近生活的方式表現出「價格便宜，可以輕鬆買」的意思。表現給掌管家計的主婦會特別有效。

【例】 ▶ 不讓家庭開銷緊繃的安心價格！每月的回饋金還可以滾入私房錢
　　　 ▶ 不讓家庭開銷緊繃的省油設計！不用擔心加油費用爆表的○○
　　　 ▶ 實現不讓家庭開銷緊繃的破盤價！低價且充滿驚喜的內容！

特色
引人注意
強調
人氣
情緒
真實感
賺到
目標
引導

241

近似詞 ➡ 讓家庭開銷變輕鬆的○○、注意到家庭開銷的○○、輕鬆適當的價格○○

834　可以輕鬆購得的○○

有效的運用方法 意思是「日常生活中，不用特別盤算即可輕鬆購買的價格」，藉此表現出優惠程度。

【例】 ▶ 回饋給你可以輕鬆購得的價格！請務必一試！

　　　 ▶ 用私房錢即可輕鬆購得的超低價格！請試用看看！

　　　 ▶ 不用過度思考即可輕鬆購得的商品全都在此！

近似詞 ➡ 輕鬆好買的價格○○、容易購得的○○、價格較低的○○

835　○○跳樓價

有效的運用方法 為了「給予價格優惠上的衝擊性」，強調並且包含該價格本身已經是「探底價格」的意思。

【例】 ▶ 原價跳樓價，請務必前來採購！

　　　 ▶ 不惜賠售跳樓價！為了出清庫存，特以此價格回饋顧客！

　　　 ▶ 有賠錢覺悟的跳樓價！有信心絕不讓你吃虧！

近似詞 ➡ ○○最低售價、挑戰極限價格！、讓人眼花撩亂的回饋價格○○

836　盤點○○

有效的運用方法 表現時會讓一般人聯想到「盤點時的銷售價格較便宜且折扣較多」的感覺。

【例】 ▶ 利用盤點價格進行特賣！○○確認價格

　　　 ▶ 本週末是盤點的大型商談會！前來比較看看○○絕對是你可以接受的價格

　　　 ▶ 盤點庫存特賣！週末請到附近的賣場，親身體驗這驚人的價格！

近似詞 ➡ 總盤點○○、庫存大處分○○、○○盤點大特賣會、結案○○

837　回饋○○

有效的運用方法 包含對顧客的感謝之意，傳達出「具有超越價格的價值，很值得」的感覺。

【例】 ▶ 特別回饋品特賣！為了表達平日的感謝，在此提供今日的○○

　　　 ▶ 本月回饋價！讓人感受到季節的○○

> ▶ 會員回饋活動！會員專屬特別價格，只到 12 月為止○○

近似詞 ➡ 感謝○○、在此提供○○、服務○○、大感謝○○、奉獻○○

特色
引人注意
強調
人氣
情緒
真實感
賺到
目標
引導

838　一口價

有效的運用方法 表現出「一個價格中包含了各種服務或是優惠等」，藉此強調這個內容非常划算。

【例】　▶ 一口價，用多少都沒問題！每月固定○○費用
　　　　▶ 有吃、有喝、有唱，一口價每小時 100 日幣！
　　　　▶ 安心的一口價，可以隨便點自己喜歡的！

近似詞 ➡ 全包的○○、全部總計的價格、一組的驚喜價○○

839　庫存出清○○

有效的運用方法 「庫存全數出清、賣光」的意思。傳遞出價格便宜的正當化理由。

【例】　▶ 庫存出清特賣！如此驚喜的價格不會再有！
　　　　▶ 庫存出清特賣，以原價 6 折的價格銷售！
　　　　▶ 本月庫存出清，將給你最特別的價格。

近似詞 ➡ ○○庫存特賣、庫存品全數處分○○、剩下商品全數處分○○

840　再／更○○

有效的運用方法 為了強調「價格優惠」，可以藉由與「帶有價格便宜意思的詞彙」搭配組合。

【例】　▶ 現在的標價再半價！最終特賣○○
　　　　▶ 價格再降！這種價格只有這次機會了！
　　　　▶ 可以用更優惠的價格購買！現在立即○○

近似詞 ➡ 比現在的價格更低、比現在更○○、超出預期的○○

841　超級價格

有效的運用方法 強調「價格非常便宜」的意思。用於廣告標語時，往往可以抓住人們的目光。

【例】　▶ 值得採買的超級價格宣言！對優惠有所堅持！
　　　　▶ 超級價格供應中，請務必前來尋找有沒有想要的東西！
　　　　▶ 超級價格體驗！會令人上癮的超便宜驚喜價格！

近似詞 ➡ 特殊價格、驚喜的價格○○、用超驚人價格○○

842　全〜部○○

有效的運用方法　有好幾種商品存在時，淺顯易懂地傳達出「所有的商品價格都很便宜且划算」的意思。

【例】　▶ 任選全〜部日幣千元均一價！這裡有大量划算的商品！
　　　　▶ 全〜部都是很划算的價格！敬請隨意四處挖寶！
　　　　▶ 激勵價！全〜部都很划算！既然要買，趁現在最划算！

近似詞 ➡ 全部一起○○、每一個都○○、這裡所有商品全部均一○○

843　整組更划算！

有效的運用方法　用於想要表達「好幾個商品搭配組合，會變得更加划算」的意思。

【例】　▶ 3 式一組更划算！將原本就已經很划算的 3 項商品搭配組合，價格會更便宜○○
　　　　▶ 要買就要買整組更划算！活動特價○○（只需）9800 日幣
　　　　▶ 本次整組購買更划算！再送你方便好用的小附件！

近似詞 ➡ ○○一起更划算的××、一起買超划算的○○

844　底價○○

有效的運用方法　與「底價」這個詞彙搭配使用，可以表現出「價格已經降到最低」的意思，藉此強調價格優惠。

【例】　▶ 今年最後一場底價特賣會！最優惠價格包含我們一整年的感謝！
　　　　▶ 剛好到底價，廉價出售中！已經不會再比這個價格更低了！
　　　　▶ 最終底價！看到這種價格立刻下手準沒錯！

近似詞 ➡ 最便宜價○○、最便宜，所以現在買！、最低 Price！、超低價○○

845　○○全館感謝祭

有效的運用方法　意思是「為了感謝顧客或是熟客所作的企畫」。藉此表達出「有超值的內容」。

【例】　▶ 顧客全館感謝祭！感謝各位平時的惠顧，在此獻上驚喜的價格！
　　　　▶ 貴賓全館感謝祭開始！可以比一般顧客更早進場，僅限貴賓
　　　　▶ 一年一度的全館感謝祭！給你滿滿的實惠價！

近似詞 ➡ 感謝大特賣、大感謝祭、包含平日的感謝○○、感謝惠顧祭

特色
引人注意
強調
人氣
情緒
真實感
賺到
目標
引導

846　直達／直接○○

有效的運用方法「直接銷售」、「當地直接進貨」等，運用「直接（直達）」一詞會給予顧客一種價格比較優惠的感覺，藉此強調便宜的理由。

【例】 ▶ 產地直達的銷售市集！精挑細選的產地直銷品○○
　　　 ▶ 品質講究的直接優惠實施中！專家嚴選的○○
　　　 ▶ 等待已久的直接價格！價格之所以優惠是因為直接從產地○○

近似詞 ➡ 因為直接銷售，所以○○、○○直接銷售、直接○○所以××

847　僅需○○

有效的運用方法用於「強調價格便宜度」，表現時包含驚喜的意思。

【例】 ▶ 驚喜服務僅需 3000 日幣！用低價格買到充實的服務
　　　 ▶ 驚喜的超低價格！一晚僅需 5000 日幣即可入住的飯店資訊滿載！
　　　 ▶ 僅需 1 萬日幣即可享受全身正統按摩！從頭到腳都療癒的○○

近似詞 ➡ 僅○○、只要○○、少額○○、安心的定額○○

848　超值份量○○

有效的運用方法淺而易懂地傳遞出「有份量，且價格便宜」的意思。

【例】 ▶ 划算的超值份量商品！品質及份量都無話可說的夢幻逸品！
　　　 ▶ 超值份量品項！這個金額竟然可以買到人氣商品○○
　　　 ▶ 再增加份量的超值商品！大幅增量，更划算！

近似詞 ➡ 特大份量的○○、○○已經很划算，再加上××、更加超值的○○

849　從直營工廠○○

有效的運用方法提出因為是「從直營工廠直接調貨」，表現出「高品質以及價格便宜」的合理性。

【例】 ▶ 從直營工廠直接配送，才能取得如此划算的價格！
　　　 ▶ 划算的理由是因為從直營工廠直送！
　　　 ▶ 從直營工廠直接宅配到府！以直送價格銷售！

近似詞 ➡ 工廠直送，所以○○、工廠直接銷售○○、因為直營，所以才有如此的

低價

850　○○清倉

有效的運用方法 表現出「某項商品徹底釋出」的意思。利用該詞彙本身擁有的「划算以及低價銷售的形象」。

【例】▶ 年終清倉特賣！今年最後特賣價格！
　　　▶ 春天清倉活動舉辦中！請實際來感受這優惠的價格！
　　　▶ 庫存一掃而空的清倉拍賣！竟然低到這種程度的清倉價格！

近似詞 ➡ 最終拍賣、最後拍賣、徹底降價○○、徹底售罄

851　店長優惠○○

有效的運用方法 給予顧客一種「這是由該店代表人（店長）決定的商品價格」的印象，藉此強調價格的便宜程度。

【例】▶ 特賣店的店長優惠價！為顧客著想的心意完全反映在價格上！
　　　▶ 店長優惠的驚喜特價！絕對有一探究竟的價值！
　　　▶ 請親眼來見證店長優惠的超划算價格！

近似詞 ➡ 店長說了算○○、老闆優惠價○○、連進貨人員都驚嘆的價格○○

852　合理／可以接受○○

有效的運用方法 將「合理／可以接受」這個關鍵金句與「帶有低價意思的詞彙」組合，藉此更加強調並且傳遞出低價格的感覺。

【例】▶ 合理價格大爆發！若你不滿意這個價格將全額退費！
　　　▶ 總是給你合理且安心價格！請務必前來看看今日推薦商品！
　　　▶ 顧客可以接受的價格！能讓顧客滿意的價格○○

近似詞 ➡ 合情合理的價格○○、能讓你滿意的價格○○、滿意的價格

853　特賣○○

有效的運用方法 運用帶有「便宜出售」意思的「特賣」一詞，在強調價格便宜度的同時，可以搭配「簡直是在挖寶」等詞彙一起表達。

【例】▶ 請親自前來體會什麼叫做特賣價！
　　　▶ 千萬別錯過這個特賣機會！抱歉即將銷售一空○○
　　　▶ 好好享受這次的特賣價格！超划算的優惠慶典！

近似詞 ➡ Sale特別價○○、廉價銷售○○、簡直是挖到寶了○○

854　破盤價○○

有效的運用方法 用在表現驚訝於「例外或是破壞行情的價格」，同時傳遞出該事實。

【例】 ▶ 破盤價商品都集結在此！這個價格即可充分品嘗／享受來自北國的海鮮
　　　 ▶ 驚人的破盤價，特此通知！價格便宜到讓人藏不住驚訝！
　　　 ▶ 因為是破盤價，請務必把握這次機會！

近似詞 ➡ 成功設定異常價格、破盤的○○、破壞行情的○○

855　超便宜○○

有效的運用方法 表現時強調令人驚喜的價格便宜程度。藉此吸引顧客目光。

【例】 ▶ 你也可以來體驗什麼叫做超便宜！一起開心享受這次的特賣市集！
　　　 ▶ 超便宜價！人氣商品限定之超便宜價格大回饋！
　　　 ▶ 千萬別錯過這個超便宜的大好機會！絕對不會讓你後悔！

近似詞 ➡ ○○超便宜快閃活動、特別優惠○○、超划算特惠、爆炸級的便宜度○○

856　拆售○○

有效的運用方法 強調「平常都是好幾個捆在一起賣」，現在以「拆售」方式販賣，所以變得更划算。

【例】 ▶ 因為拆售，敬請放心購買！可任選喜歡的商品！
　　　 ▶ 因應低價格，所以拆售！請先挑選喜歡的商品！
　　　 ▶ 拆售特賣會！只要喜歡也可以單買○○

近似詞 ➡ 一個也可以○○、一個就○○、單品銷售○○、可拆成小份○○

857　半價○○

有效的運用方法 藉由傳遞出「某項商品價格是平常的一半」，強調價格的便宜度。如果同時表現出「半價的理由」會更有效果。

【例】 ▶ 全商品半價活動！店內商品價格全是標價的一半！
　　　 ▶ 半價試賣中！現在你可以用半價試試看○○
　　　 ▶ 半價回饋特賣實施中！人氣商品只要平時價格的一半○○

近似詞 ➡ 50% OFF○○、打5折○○、打對折○○、折扣50%

858　一起買○○

有效的運用方法 在強調價格便宜的同時，表達「一起買更划算」，吸引顧客大量採購。

【例】 ▶ 一起買絕對划算！期間限定的超便宜價格，所以一次○○
　　　 ▶ 非常推薦你一起買！銷售商品的數量有限！
　　　 ▶ 一起買划算得非常合理！不會再出現這種價格！

近似詞 ➡ 因為一起買所以○○、全部一起○○、一次購足的特別價格

859　○○清倉特賣

有效的運用方法 使用帶有「將庫存品一起出清等」意思的「清倉特賣」一詞，明確傳達出該價格的便宜程度以及其理由。

【例】 ▶ 清倉特賣！連某品牌的○○商品都是容易下手的價格
　　　 ▶ 年終清倉特賣中！年終決算前，○○獻上如此大膽的價格
　　　 ▶ 讓各位等待許久的清倉特賣終於開鑼！請即刻○○

近似詞 ➡ ○○大特賣、廉價出清、價格下殺○○、跳樓大拍賣

860　省下無謂的○○

有效的運用方法 表現出會影響商品價格便宜度的「會造成成本提升的原因已經排除」，藉此強調價格的便宜程度。

【例】 ▶ 省下無謂的流通成本，實現低價格！○○可以輕鬆購買
　　　 ▶ 省下無謂的成本、挑戰業界的驚人價格！
　　　 ▶ 省下無謂的製造過程，成功使成本大幅下降！

近似詞 ➡ 利用成本下降的成果○○、刪除○○去做××、徹底削減○○

861　主打○○

有效的運用方法 單純表現出「商品划算」，藉此刺激購買欲望。

【例】 ▶ 價格超殺的主打商品特賣！用讓人大徹大悟的驚喜價格，○○買到想買的商品
　　　 ▶ 超殺的主打價格，先搶先贏！盡早下單申請是必要的○○
　　　 ▶ 全都是主打商品！直到備受矚目的新商品○○出現為止

近似詞 ➡ 目光焦點的○○、視線全聚集在○○、非常具有衝擊性的○○

862 我們○○在意是否便宜！

有效的運用方法 淺顯易懂地表現出「自己為了提供便宜的價格而經常努力」，藉此強調「對物美價廉的講究」。

【例】 ▶ 我們經常在意是否最便宜！！保證永遠最低價！

　　　 ▶ 我們總是在意是否最便宜！經常以最低價回饋顧客！請務必比較看看

　　　 ▶ 我們在意是否能夠提供顧客最便宜的價格！可以在 **3** 天前來實際感受便宜度！

近似詞 ➡ 追求徹底的便宜度、總是超便宜的○○、便宜的基本方針是○○

特色
引人注意
強調
人氣
情緒
真實感
賺到
目標
引導

863 任選○○

有效的運用方法 表現出「有各式各樣划算的商品存在，可以自由選擇自己喜愛的東西」的意思。

【例】 ▶ 任選划算商品優惠中！不論你挑選任何東西都○○

　　　 ▶ 隨挑任選！怎麼選都划算！最後一定會銷售一空！

　　　 ▶ 全部任選！市集開張期間，可以在任何店面使用○○

近似詞 ➡ 任選皆○○、選擇你喜愛的商品，絕不會吃虧○○、每一個都○○

864 合理的○○

有效的運用方法 直接表現出價格的便宜程度，引導顧客關心該價格便宜度的內容。

【例】 ▶ 更合理的挑戰！不要錯過這個機會！

　　　 ▶ 合理的講究價格！用便宜當武器的特價品○○

　　　 ▶ 完全的合理性！這 **3** 天可以前來挑戰驚喜便宜度！

近似詞 ➡ 容易入手的○○價格、超好買的○○、容易入手的價格○○

865 物流手續費大幅刪減

有效的運用方法 「物流有好幾個階段，所以要直接取得商品相當困難」，所以變更交易方式，即可提供更便宜的價格。

【例】 ▶ 物流手續費大幅刪減！直接進貨以實現破盤價！

　　　 ▶ 物流手續費大幅刪減，更容易取得的優惠價！

　　　 ▶ 物流手續費大幅刪減！用價格便宜度一決勝負！

近似詞 ➡ 流通改革後，更進一步○○、不須經過物流的○○、物流成本Cut

866 ○○有理

有效的運用方法 將價格便宜的理由表現為「有理」,藉此傳遞出便宜的理由,同時讓價格的便宜程度正當化。

【例】 ▶ 有理的特賣價格!味道與品質都毫無問題的商品○○

　　　 ▶ 即將結算,大量釋出特價有理的商品!優惠價格實施中,只有現在!

　　　 ▶ 商品便宜得有理!請務必前來一探究竟!

近似詞 ➡ 難得的○○、便宜有理、不符規格的商品以低價方式回饋

G-2　強調無償、免費提供

　　沒有人不喜歡免費取得的事物或是無償提供的事物。如果有可以免費贈送出去的事物，我們在確實傳遞出原有價值的同時也應該強調「免費」是對顧客最大的好處。

G-2　強調無償、免費提供

867　免費（招待）○○

有效的運用方法　在「可招待免費前往、提供免費服務時」使用，給予顧客一種「免費贈送高級品的感覺」。

【例】　▶ 免費招待全家！依申請順序，前 100 名○○

　　　　▶ 將會從索取資料者中抽出，免費招待參加紀念演唱會！

　　　　▶ 將會從現場來賓抽出 10 名，免費招待至高級餐廳用餐！

近似詞 ➡ 提供○○、通知○○、回饋○○、請○○

868　完全無需任何○○

有效的運用方法　淺顯易懂地表現出接受某項服務時，該服務「完全不須任何費用」。

【例】　▶ 完全無需任何費用！敬請輕鬆地前來嘗試！

　　　　▶ 完全無需任何費用！所有旅行團員都很享受○○

　　　　▶ 真的無需任何費用！也不會追加費用！

近似詞 ➡ ○○一切都不用、○○一切都不需要、○○完全免費

869　連朋友的部分一起

有效的運用方法　想要更親切地表達出「免費提供」某項商品，所以表現出「連朋友都可以得到免費優惠」。

【例】　▶ 趁這機會連朋友的部分一起領！可自由索取○○

　　　　▶ 可以輕鬆地連朋友的部分一起領！歡迎介紹親朋好友

　　　　▶ 請你連同朋友的部分一起領！這樣的好機會不會再有第二次！

近似詞 ➡ 與朋友一起○○、請連朋友的份一起、任何人都可以○○

特色
引人注意
強調
人氣
情緒
真實感
賺到
目標
引導

870　0元（價格免費）

有效的運用方法　比起強調某項條件「完全免費」，這樣的表現更單純、更具衝擊性。

【例】　▶0元宣言！這些品項完全不需任何相關費用

　　　　▶這些商品現在0元！請別錯過這個機會！

　　　　▶0元！希望你務必前來體驗看看，只有今天免費提供

近似詞 ➡ 不收取費用、零元的○○、不需費用的○○、無償○○

871　請隨意

有效的運用方法　「欲提供免費事物」時使用，會比用「無償提供」更能淺顯易懂地傳達並且引導顧客進行目標行動。

【例】　▶那麼，請隨意！請務必把握這個機會試用！

　　　　▶請隨意試用！可以免費索取！

　　　　▶請隨意取用！歡迎試吃新商品！

近似詞 ➡ 可自由索取、可自由索取的○○、Take Free○○

872　僅限本次免費○○

有效的運用方法　為了「提升免費提供的事物價值」，表現時含有僅限本次無償提供服務（優惠）的意思。

【例】　▶僅限本次免費回饋！請自由索取！

　　　　▶免費試用活動！僅限本次免費服務

　　　　▶僅限本次免費，請試用看看！敬請實際前來體驗一次！

近似詞 ➡ 僅限第一次免費、本次限定的免費○○、僅限本次的○○免費優惠

873　免費試用品

有效的運用方法　「特別免費提供一般來說較為高價的事物」時，表現時會帶有「因為是試用品所以可以免費提供」的意思。

【例】　▶免費試用品！初次限定，原廠試用品免費○○（發送／提供）

　　　　▶這是免費試用品。敬請放心索取！

　　　　▶期間限定的免費試用品！可以試用看看的好機會！

近似詞 ➡ 免費試用品，所以○○、試用品免費○○（發送／提供）、○○商品試用

874 ○○而且免費！

有效的運用方法 「欲提供一般不太可能免費的優惠」時，會先宣傳該事物的價值，引發顧客興趣後，再進一步強調「免費」。

【例】 ▶ 份量這麼多而且免費！開幕紀念活動
　　　 ▶ 滿滿的優惠，而且免費！不成為會員是你的損失！
　　　 ▶ 雙人入會享優惠，而且免費！前 3 個月免費○○

近似詞 ➡ 還是免費的！、明明○○，卻是免費的、不可置信的免費○○

875 僅限前○○名免費

有效的運用方法 「提升免費提供的事物價值」同時給予顧客行動的契機，可與用來表示限定的「僅限前○○名」以及「免費」等詞彙搭配組合。

【例】 ▶ 來店好禮！僅限前 100 名可免費獲得一盒 10 入雞蛋！
　　　 ▶ 僅限前 10 名可免費選擇一項服務！
　　　 ▶ 僅限前 5 名免費租借！

近似詞 ➡ 依序發送免費的○○好禮、早鳥免費○○

876 不需費用的○○

有效的運用方法 表現時把「接受某項服務時，該項服務免費」這件事情與「服務內容」搭配組合。

【例】 ▶ 不需費用的免費方案終於登場！限定前 100 名○○
　　　 ▶ 不需費用的初次申請優惠！新客戶親善優惠活動！
　　　 ▶ 期間內申請不需費用，超划算的優惠活動實施中！

近似詞 ➡ 費用全免的○○、不須付費的○○、零負擔費用的○○

877 不用花錢就可以○○唷！

有效的運用方法 切身地表現出「免費到令人感動」，而不自覺說出口的感覺。

【例】 ▶ 不用花錢就可以入會唷！現在就是申請的好機會！
　　　 ▶ 不用花錢就可以用餐的機會！這個冬天最推薦的划算企畫！
　　　 ▶ 竟然不用花錢就可以做美容美體課程……驚！！這個一定要衝！

近似詞 ➡ 可以免費○○、免費就可以○○、不需費用的○○

878　免費供應中！

有效的運用方法　以廣告標語方式呈現出「目前有免費提供的東西」，即可抓住人們的目光。

【例】　▶ 免費供應中！請實際在家中試用看看！

　　　　▶ 入會折價券免費供應中！請自由索取！

　　　　▶ 商品現貨免費一箱供應中！請實際感受一下我們的高品質！

近似詞 ➡ 免費小禮物、○○免費發送、○○零元試用品供應中

879　免費體驗○○

有效的運用方法　直接吆喝、表現出「可以免費體驗」服務。

【例】　▶ 免費體驗活動！歡迎邀請朋友一起免費試上○○

　　　　▶ 冬季熱瑜珈免費體驗服務實施中！讓身心都溫暖的○○

　　　　▶ 免費體驗一次部分除毛！每日限定 5 名免費○○，須事前預約

近似詞 ➡ 免費嘗試○○、敬請免費測試、體驗免費的○○

880　○○免費機會

有效的運用方法　包含「可以免費取得商品的絕佳機會」的意思，也可以將「免費機會」表現在「如何呢？會變得如何呢？」等內容中。

【例】　▶ 好好利用這次免費機會吧！冬季情侶限定的○○

　　　　▶ 利用免費機會，幫助你成就戀情吧！情人節的○○

　　　　▶ 使用這個免費機會，取得真正想要的商品吧！

近似詞 ➡ 免費取得○○的機會、藉由免費的機會○○

881　希望能讓你免費○○一次

有效的運用方法　表現時含有「務必把握機會嘗試平常無法免費體驗到的事物」的心情。

【例】　▶ 希望務必能讓你免費來試一次！體驗真實的服務並且予以認同！

　　　　▶ 希望能讓你免費來試一次！我們有自信這些內容能夠滿足你！

　　　　▶ 我們抱持著希望能讓你免費體驗一次的心情來○○（策畫）這次的企畫

近似詞 ➡ 因為免費，就來試一次○○（也好）、這樣的免費機會請你務必○○（把握）

882 試用活動

有效的運用方法 藉由「招募試用者的理由」，強調「免費提供有價值的事物」。

【例】
▶ 顧客試用活動！免費試用的大好機會！
▶ 可享 3 個月免費的試用活動，入會即可○○使用
▶ 開幕紀念試用活動！限定前 200 名○○

近似詞 ➡ 試了就會愛上的○○、成為免費試用會員○○、試用機會

883 不拿是你的損失

有效的運用方法 表現出「如果沒拿到無償提供的事物，反而是你的損失」的意思，藉此引導顧客行動。

【例】
▶ 因為免費，不拿是你的損失！先到先贏，前 200 名限定企畫！
▶ 不拿是你的損失！這樣的機會絕對不多！
▶ 不拿是你的損失唷！領取免費試用品活動，熱烈○○（展開中）

近似詞 ➡ 不用是你的損失、不申請是你的損失

特色
引人注意
強調
人氣
情緒
真實感
賺到
目標
引導

❶【目標】 鎖定目標，讓特色更明顯

> 在為數眾多的顧客當中，有一些是「真正想要傳遞訊息的目標顧客」。為了看清楚目標，並且有效傳遞訊息。必須找出真正能感受到價值的顧客。

　　世界上有各式各樣的顧客存在。為了更有效地傳遞出欲販售的事物相關資訊，必須鎖定目標顧客。想要對各式各樣的顧客亂槍打鳥、一次傳達出該商品的優點，會很難真正傳遞給目標顧客。這裡所謂的「鎖定目標顧客」是指我們認為想要行銷事物對該顧客而言會是必需品（能夠真正感受到事物價值），藉此明確區隔出目標顧客。

　　能夠感受到欲提供事物優點與價值的目標顧客，會對該優點很敏感。鎖定能夠成為目標的顧客後，盡可能強調最大的優點特色，即是可以發揮最大效果的手法。

　　本章從「區分目標客群」、「運用命名」等面向介紹關鍵金句。期望在明確目標顧客樣貌時，運用出最適當的關鍵金句。

H-1　區分目標客群

　　一些鎖定目標的詞句表現可以讓顧客意識到「這項商品對自己而言是必要的」。一些更具體、更切身的表現，會讓顧客心動並且認為這項商品彷彿屬於自己。

特色
引人注意
強調
人氣
情緒
真實感
賺到
目標
引導

H-1　區分目標客群

884　○○就是主角

有效的運用方法 用「主角」一詞表現「希望鎖定的目標對象」或是「理想的樣貌」等，引發顧客對目標的興趣。

【例】　▶ 有實力的男人就是主角！在商場上表現出不一樣的氣質！

　　　　▶ 夏天的白皙美人就是主角！在夏日海邊格外耀眼的○○

　　　　▶ 不論何時，女生都是主角！不讓人發現年齡的肌膚○○

近似詞 ➡ ○○為主角、○○是女主角、主角是○○、要角是○○

885　○○讓人開心

有效的運用方法 藉由表現出「理想的畫面（形象、姿態）」，吸引有需求者的目光。

【例】　▶ 用零用錢就能讓老婆開心！最適用的小禮物！

　　　　▶ 會讓小女生開心的香味也很棒。不要讓人用香水判斷你的年齡○○

　　　　▶ 疲憊的身體最開心能喝到用新鮮蔬果做的健康飲品！每天的健康就是○○

近似詞 ➡ 用○○奪回笑容、○○讓人綻放笑容、○○讓人微微笑！

886　超過○○歲就要

有效的運用方法 呼籲「對象年齡以上者」要特別注意。

【例】　▶ 超過 30 歲就是要進行暗沉護理的年齡！令人在意的肌膚年齡也要○○

　　　　▶ 超過 28 歲就要注意！從現在開始密集保養！

　　　　▶ 超過 20 歲就要開始學習如何過生活

近似詞 ➡ 以○○歲為界線、女人○○歲××、○○歲就該××

887　只有○○的人才能××

有效的運用方法　「聚焦在只有某項經驗者的表現」，藉由明確的目標，吸引顧客注意。

【例】▶ 只有在那裡住過的人才能感受到的隱藏版樂趣。口耳相傳的人氣○○

▶ 只想傳遞給那些有感受力的人，他們才能感受到那種巨大的喜悅！

▶ 只有申請的人才能享有的優惠！原創影像可以重複○○

近似詞 ➡ 只有感受到○○者才可以、只要對○○有感覺、會○○的人才能

888　喜歡○○，喜歡到不行

有效的運用方法　為了聚集「對某些興趣或是嗜好強烈者」目光。

【例】▶ 喜歡甜點，喜歡到不行！草莓特有的深層甜味，超讚！

▶ 喜歡溫泉，喜歡到不行的住宿地點！讓人意猶未盡的溫泉氛圍

▶ 喜歡吃辣，喜歡到不行、頭皮發麻的辛辣度！地獄極辣○○

近似詞 ➡ 只知道自己喜歡○○、○○的粉絲、聽到○○就想到

889　○○歲的

有效的運用方法　將年齡「以 10 歲做間隔」區分，明確表現出以某個年代的人為目標。

【例】▶ 30 歲男人的必備行頭！打造男人魅力，從足部時尚開始！

▶ 淨化 40 歲的肌膚！賦予肌膚活力的美容乳霜○○

▶ 10 歲開始的基礎保養！ 為了擁有美麗的肌膚○○

近似詞 ➡ 因為要從○○歲開始、○○歲專用、為了○○歲的、沒想到竟然是○○歲！

890　從○○歲開始

有效的運用方法　用「歲數」表現為某件事情開始的時期，藉此呼籲並且引導顧客對該行動產生興趣。

【例】▶ 30 歲開始的體態改造計畫！在身體曲線上做出○○差異

▶ 20 歲開始的美肌對策！○○越早越好

▶ 40 歲開始的肌膚抗老護理！○○還來得及

近似詞 ➡ 因為○○歲所以、○○歲之前、進入○○歲之前、因為還沒○○

891 就連○○也想××

有效的運用方法 藉由可以讓目標對象想像「自己想做的事以及理想樣貌」的表現，給予顧客刺激。

【例】 ▶ 就連少女也想好好化妝！向化妝專家學習○○

　　　 ▶ 就連男人也想抗老！適合男性肌膚的○○

　　　 ▶ 就連學生也想吃法式料理！用輕鬆約會的感覺好好享受一頓○○

近似詞 ➡ 因為是○○所以更想××、因為○○所以千萬不要××

892 就連○○都能做到這種地步

有效的運用方法 表現出「目標事物其實是更棒的東西」，藉此引發顧客興趣，並且引導出其理由以及說明。

【例】 ▶ 就連大叔都能做到這種地步！不論何時都要○○當個帥氣的男人

　　　 ▶ 就連日本料理都能做到這種地步！超越日本料理精髓的創意法式懷石料理！

　　　 ▶ 就連我都能做到這種地步！三天打魚五天曬網的我都能持續○○

近似詞 ➡ 對於不擅長○○的人、○○新鮮人專屬、○○新人也可以××

893 給已經無法××（動詞）○○（名詞）的你

有效的運用方法 特定目標條件，表現出「某項條件已經無法滿足某人」。強調對符合該條件者的關心。

【例】 ▶ 給已經無法滿足於普通火鍋的你！獨具一格的○○

　　　 ▶ 給已經無法接受英語補習班的你！商場專用的○○

　　　 ▶ 給已經無法滿足於只單純出席的你！從頭開始○○

近似詞 ➡ 無法接受○○、無法滿足於○○、○○令人不安

894 與○○一起度過的××

有效的運用方法 表現時讓顧客聯想到「與理想目標對象一起度過」，藉此引發興趣。

【例】 ▶ 與情人一起度過的特別週末！兩人可以○○與平時約會不一樣的夜晚

　　　 ▶ 輕鬆與家人一起度過的溫泉住宿之旅！讓假日更舒適愜意○○

　　　 ▶ 與女性朋友們一起度過的奢華之旅！偶爾來一點輕名媛風○○

近似詞 ➡ 和緩平靜地○○、歷經歲月地○○、與○○同時××

895　給想要積極○○的××

有效的運用方法　可以用來直接吸引「想對某項條件表現積極者」。

【例】
▶ 想要推薦給想積極瘦身的女性！大豆製成的○○
▶ 給必須在夜晚積極交際應酬的商務人士！從接待客戶到約會○○
▶ 給想要積極擁有自然美的女性！天然無添加，所以○○

近似詞 ➡ 給想要更○○的人、給追求更○○的人

896　○○派××

有效的運用方法　用一種標語式的感覺將理想目標對象的模樣狀態表現為「○○派」，藉此吸引顧客詳細注意該內容。

【例】
▶ 美麗系大和撫子派！可以悄悄提升女性價值的○○
▶ 成為知性派美人的內在訓練！從基礎開始學習的技能特輯！
▶ 經常追求自然派食品！○○（尋找）能夠安心的真正價值

近似詞 ➡ ○○系、小○○風的××、想要○○風、○○的樣子

897　想要○○的人快來集合！

有效的運用方法　直接衝擊性地表現出「這個目標對象是會讓人想要的事物」，讓該事物受到矚目。

【例】
▶ 想要美味無農藥蔬菜的人快來集合！堅持講究的農家○○
▶ 想要名牌包的人快來集合！令人憧憬的品牌小配件○○
▶ 想要男朋友的人快來集合！可以在街頭散發魅力的簡易化妝術！

近似詞 ➡ 想要尋找○○的話、想買○○的話、想要○○的話

898　○○專屬的××

有效的運用方法　在「特定目標」的意義下，直接表現並且附加容易讓人理解的特徵詞彙。

【例】
▶ 圓潤媽媽專屬的輕鬆減重方法！邊做家事邊○○
▶ 隻身外派男性專屬的簡單料理教室！邊享受邊學習基礎料理
▶ 工作忙碌女性專屬的美容美體課程！把平日的疲勞○○寄託在非日常的空間

近似詞 ➡ ○○專用、○○專門、超適合○○、用來○○的

899 讓○○變特別

有效的運用方法 為了給予目標對象衝擊性，藉此吸引顧客關心，因此表現出欲提供的事物可以讓目標對象「變特別」。

【例】 ▶ 讓女性變特別的日子。度過與平常不同的、獨特美好的一天○○
▶ 讓爸爸變特別的香水！讓人感受到男性魅力的○○
▶ 讓少男少女變特別！判若兩人的○○

近似詞 ➡ 提升○○的××、刺激○○心、讓○○充滿最大的魅力

900 讓○○著迷

有效的運用方法 表現出「該事物可以魅惑目標對象」的意思，藉此讓顧客對該內容產生興趣。

【例】 ▶ 讓女人們著迷。能感受到女人味的春季裝扮，不論在公私領域都○○
▶ 讓少女心著迷的色彩！熱情的紅色緊抓住街頭人們的視線
▶ 讓女人心著迷的設計。只有可愛是不夠的！

近似詞 ➡ ○○們都深陷、讓○○成為俘虜、誘惑著○○

901 第一次的○○

有效的運用方法 為了呼籲「對某項條件沒有相關經驗的人」，用「第一次的○○」來表現，藉此引導顧客對「初次接觸者也能安心的內容」產生興趣。

【例】 ▶ 第一次的英語補習班！想從頭開始就選○○
▶ 第一次的家族旅行！讓帶孩子出遊的家庭開心地○○
▶ 第一次購屋，所以要選可以安心的！

近似詞 ➡ 初次○○、完全最初○○、完全業餘所以○○

902 成熟人士的○○

有效的運用方法 將「俐落洗鍊的」的形象表現為「成熟人士的○○」，藉此勾起想達到其理想狀態者的興趣。

【例】 ▶ 度過一段成熟人士時間的住宿地點！想要奢侈地享受假日○○
▶ 成熟人士的隱藏版家庭餐館！在與平時不同的氛圍中○○
▶ 邁向流行尖端成熟人士的療癒空間。自我磨練的○○

近似詞 ➡ 大人模樣的○○、成人系的○○、每多一歲就○○、成人的○○

特色 引人注意 強調 人氣 情緒 真實感 賺到 **目標** 引導

261

903　下班後的○○

有效的運用方法 以「在公司工作的人」為目標對象，藉由「下班時間的形象」，吸引顧客注意。

【例】 ▶ 下班後的一盤法式料理讓人超滿足！做法正統卻○○

　　　 ▶ 下班後可以輕鬆學！培養興趣的奢侈選擇！

　　　 ▶ 享受下班後的運動時光！從辦公室輕鬆移動○○

近似詞 ➡ 下班時間○○、工作中的○○、工作結束後稍微○○

904　推薦給○○的人

有效的運用方法 將「想要聚焦的目標對象特徵」淺顯易懂地表現為「○○的人」，藉由想向該目標對象傳達「推薦的事物」，聚集顧客目光。

【例】 ▶ 推薦給這樣的人！想要盡早把英文學好！

　　　 ▶ 推薦給意志薄弱的人！想吃又想瘦的新選擇！

　　　 ▶ 推薦給崇尚自然的人，奢侈的日本料理便當！連食材品質都○○

近似詞 ➡ 推薦給○○、特別適合○○的人！、○○就是要這個！

905　給所有的商務人士

有效的運用方法 以「所有工作者」為目標對象，廣泛地呼籲「給所有的商務人士」，給予顧客一種現在要傳達非常有意義事情的感覺。

【例】 ▶ 給所有在關西工作的商務人士。善用通勤時間○○

　　　 ▶ 給所有的商務人士！在辦公室散發出獨具一格魅力的○○

　　　 ▶ 獻給所有的商務人士！在商場上取得勝利的○○

近似詞 ➡ 商務人士必讀！、運用在商場上的○○、在企業中○○（動作）

906　總之就是想要○○的人

有效的運用方法 以「強烈要求某些條件者」為目標對象，直接把他們當做「總而言之就是想要○○的人」。

【例】 ▶ 總之就是想要療癒的人！○○從身心內側療癒

　　　 ▶ 總之就是想要住在易居的獨棟者！由專業人員為你○○

　　　 ▶ 總之就是想要安心的人！○○可以消除你對房車的疑慮

近似詞 ➡ 不論如何都想要○○的人、想要追求○○就、○○狂粉必見

特色

引人注意

強調

人氣

情緒

真實感

賺到

目標

引導

907　讓人感受不到年齡的○○

有效的運用方法　針對某項條件，以「經常不想讓人察覺年齡的人」為目標對象，用「讓人感受不到年齡的○○」的逆向表現，來引起顧客注意。

【例】　▶ 擁有讓人感受不到年齡的裸肌！用裸肌拉大○○差距
　　　　▶ 打造讓人感受不到年齡的身材！透過燃脂運動，有效率的瘦身！
　　　　▶ 想要讓人感受不到年齡的身體曲線！○○給這樣的你

近似詞 ➡ 正值愛玩年齡的○○、讓人生發光發熱的○○、讓第二人生○○（成為）

908　商務界常用的○○

有效的運用方法　針對「從事商務的人士」，表現出這是「商務界常用的○○」，藉此表達出在工作場合中這是「非常自然、不彆扭的事物」。

【例】　▶ 商務界常用的皮製包，十分帥氣！
　　　　▶ 商務界人士常用的資訊工具！成功人士對配件的堅持！
　　　　▶ 商務界經常前往的日本料理包廂餐廳！可以在小包廂內輕鬆地○○

近似詞 ➡ 工作中的我的○○、最適合企業鬥士的○○、有助於商務的○○

909　○○必需品

有效的運用方法　與「顯示目標事物狀態的詞彙」組合表現成「○○必需品」，藉此吸引認為該事物有必要者的目光。

【例】　▶ OL 必需品！公私領域分明的女性朋友神隊友！
　　　　▶ 商務人士必需品！藉由隨身的資訊工具，隨時○○（接收）必要資訊
　　　　▶ 家族旅行必需品！讓全家人旅行更開心的○○

近似詞 ➡ ○○不可或缺的、○○必須的、○○，所以更需要

910　支援單身○○

有效的運用方法　將「目標對象一個人做些什麼」這件事情表現為「單身○○」，並且藉由傳遞出我們會支持該行為，引發顧客興趣。

【例】　▶ 支援女子單身旅行！療癒的個人美容美體課程！

▸支援單身的日子！彙整一個人過日子必需品的〇〇

▸支援單身生活！ 24 小時隨君任選喜歡的時間，隨時都〇〇

近似詞 ➡ 一個人的〇〇、給自己的〇〇、只有自己的〇〇、我專屬的〇〇

911　給喜愛真／真正／實體〇〇的××

有效的運用方法 為了強調對為了吸引「有真實意圖目標對象」的關心，藉由「給喜愛真／實體〇〇的××」刺激其自尊。

【例】 ▸給喜愛真男人的女人們！〇〇決定男人價值

　　　 ▸給喜愛實體車的人！回想車子本身具有的〇〇目的性

　　　 ▸給喜愛真正手工家居設計的人！連木材品質都是嚴選的〇〇

近似詞 ➡ 〇〇愛好者也會很興奮、真實意圖的〇〇、要求講究的〇〇

912　我家的〇〇計畫

有效的運用方法 運用「我家的」一詞淺顯地表現出「以家族（全家）為目標對象」，再把想要強調的條件用「〇〇計畫」來表示。

【例】 ▸我家的健康改善計畫！從每天的飲食生活開始〇〇

　　　 ▸我家的歡樂旅行計畫！從規畫旅程開啟旅程

　　　 ▸我家的獨棟夢想建築計畫！因為是全家人要住在一起的家，所以〇〇

近似詞 ➡ 我家的〇〇、全家（家族）的〇〇、〇（大人人數）大×（小孩人數）小的家庭

H-2　運用命名

「人如其名」，實際上僅用商品命名就能夠傳遞出事物的價值、影響銷售狀況。我們可以充分運用簡單明確的命名，讓目標顧客直接感受到好處（價值）。

【命名時要注意的重點】

提供商品或是服務時，命名之前，必須先確認是否已有相同或是類似商標。此外，登錄新商標時，建議必須先與專家諮詢，並且進行相關申請手續。

H-2　運用命名

913　（國名）○○

有效的運用方法 使用「世界各國的國名」，利用該國家特有的氛圍或是形象，做為商品名稱或是服務名稱。

【例】 ▶ 日本捲！紅豆風味與奶油搭配的絕妙好滋味！

　　　 ▶ 墨西哥三明治！辛辣度讓人頭皮發麻！

　　　 ▶ 單手即可輕鬆享用的滋味！義大利燒！番茄酸味帶來的異國獨特風味！

近似詞 ➡ （都市名）○○、（知名的遺跡名）○○、（知名人物）○○

914　（知名地名）○○

有效的運用方法 運用「在某個領域相當知名的場所或是地名」，將該地名所具有的形象與商品名稱或是服務搭配使用。

【例】 ▶ 東京旅行風情三明治！各種食材竟然都能○○放在一起

　　　 ▶ 銀座塗裝！由職人完成的沉穩配色。帶有高級感的○○

　　　 ▶ 札幌雪饅頭！如雪般的鬆軟口感讓人忍不住食指大動！

近似詞 ➡ （產地名）○○、○○紀行、○○的故鄉、○○的地方、○○大陸

915　○○Soft

有效的運用方法 將帶有柔軟形象的便利詞彙「Soft」與有相關訴求的商品或是服務搭配使用。

【例】 ▶ Soft & Creamy！乳霜般起泡且柔軟的口感！

▶ **Eye Soft**！守護眼睛疲勞充血的你！

▶ **Car Wax**、**Triple Soft**！ 3 大 **Powerful** 效果，○○你的愛車

近似詞 ➡ 輕飄飄地○○、柔軟的○○、鬆鬆軟軟的○○、○○Touch

916 ○○**Delicate**

有效的運用方法 運用「Delicate」一詞帶給顧客「這是纖細、敏感事物」的印象，與商品名稱搭配組合，藉此傳遞出纖細的感覺。

【例】▶ **Neck Delicate**！幫助敏感的頸部肌膚防禦紫外線！

　　　▶ 給敏感肌的你！ **Hand Cream Delicate**！刺激性較低的○○

　　　▶ **Delicate** 大麥麵包！以大麥為原料，仔細手工揉捏製作而成的○○

近似詞 ➡ ○○ Damage Care（修護）、○○Coat（塗層／覆蓋）、○○Barrier（保護遮蔽）、○○Safe（安全防護）

917 ○○**之王**

有效的運用方法 為了呈現出「這是在某個領域內最優異的商品或是服務」的感覺，運用可以讓顧客有所聯想的「國王」一詞。

【例】▶ 日本魚板之王！從營養價值面聚集顧客目光、傳說中的半平魚板！

　　　▶ 紅豆麵包之王！由日本國內嚴選的紅豆與外側麵包○○（搭配）

　　　▶ 燒肉之王！極盡奢侈的肉質風味！○○享受帝王氣氛

近似詞 ➡ ○○王者、King○○、Queen○○、○○大王、○○王

918 ○○**之鄉**

有效的運用方法 運用能讓人感受到「某領域的原點或是歷史」的「故鄉」一詞，藉此強調「帶有歷史以及淵源的感覺」。

【例】▶ 梅干之鄉！大量使用紀州梅，呈現清爽好滋味！

　　　▶ 松阪牛之鄉！○○使用被稱作頂尖國產牛的松阪牛

　　　▶ 秀吉之鄉！○○對味道的講究足以一統天下

近似詞 ➡ ○○的故鄉、○○的故里、○○之里、○○之鄉里、○○之國

919　○○來源

有效的運用方法　運用「○○來源」一詞表現出「某項條件是關鍵性的存在」，並且用於命名等。

【例】　▸ 工作的動力來源！商務人士的神隊友！用○○充滿電

　　　　▸ 精力旺盛的來源！為疲累的身體注入活力！24 小時充滿能量！

　　　　▸ 維生素鈣質來源！孩子所需的必要維生素與鈣質○○（都在／只要）這一瓶

近似詞 ➡ ○○的元素、○○的源泉、○○的××來源、○○的要件、○○的Strike

920　來自（知名地名）○○

有效的運用方法　運用「來自（知名地名）○○」命名，藉此給予顧客一種「由某個知名地名開始的事物，具有一定價值」的印象。

【例】　▸ 來自義大利的純番茄汁！番茄酸味強烈，所以○○

　　　　▸ 來自大阪的章魚燒飯！大阪名產的滋味直接○○（注入／放在）炒飯內

　　　　▸ 來自北海道的奶油起司布丁！展現出新鮮牛奶風味！

近似詞 ➡ 來自○○的××、○○產的××、○○之篇章、○○版的××、○○Love

921　Basic○○

有效的運用方法　命名時運用「Basic」一詞，可以傳遞出一種「這就是某項條件的基本部分或是基礎」的印象。

【例】　▸ Basic English ！從基礎開始○○商務必備英語

　　　　▸ Basic Face Care ！適合敏感性裸肌保養的○○

　　　　▸ Basic Flooring ！充分運用木頭溫度的地板○○

近似詞 ➡ ○○的基礎、○○基礎的根本、○○base、○○的基石

922　○○Rich

有效的運用方法　傳達出一種「富含某項條件，或是某項條件是奢侈的存在」的印象。

【例】　▸ Coffee Rich ！高品質咖啡豆香與新鮮牛奶完美○○搭配

　　　　▸ 芝麻 Rich ！芝麻醬在口中擴散！芝麻風味○○

　　　　▸ 寬廣度 Rich ！即使空間狹窄也能充分有效運用○○

近似詞 ➡ ○○Plus、○○Match、○○Full、○○More、○○Good

923　第一名的○○

【有效的運用方法】命名時加上「第一」一詞，可以傳遞出一種「在某些領域表現優異或是突出、最好」的印象。

【例】　▶ 第一名的獨棟別墅！買獨棟就要選第一名！親切的專業○○

　　　　▶ 第一名的微笑！服務人員的貼心應對○○抓住投宿客人的心

　　　　▶ 第一名的葡萄柚！酸甜平衡的絕妙好滋味！

近似詞 ➡ ○○TOP、○○BEST、○○天字第一號、○○的高峰、One of○○

924　療癒的○○

【有效的運用方法】直接使用「療癒」一詞，藉由「可以放鬆的、療癒內心的」感覺，給予顧客一種很友善的印象。

【例】　▶ 療癒的小包廂！可在包廂內體驗到正統的法式餐廳！

　　　　▶ 療癒的牛奶！北國牧場細心生產的濃郁風味！

　　　　▶ 療癒的起司蛋糕！入口的瞬間，就會漾出笑容的○○

近似詞 ➡ 療傷的○○、○○的療癒感、溫暖的○○、暖呼呼的○○

925　最優質的○○

【有效的運用方法】將帶有「俐落洗鍊、卓越的」形象的「優質」一詞搭配使用。

【例】　▶ 最優質的 BAQET！嚴選小麥製成的最棒口感！（譯註：BAQET 為日本連鎖商店）

　　　　▶ 最優質的美容美體課程！不僅是外在，從體內一起美麗！

　　　　▶ 最優質的家！會讓人想持續住上 100 年的○○

近似詞 ➡ ○○GOOD、卓越的○○、絕佳的○○、○○菁英

926　綠寶石級○○

【有效的運用方法】命名時運用一些「帶有寶石形象」的詞彙，能夠傳遞出「高價且具有稀有性的印象」。

【例】　▶ 綠寶石級咖啡！由熟悉咖啡豆的職人烘培製成○○

　　　　▶ 綠寶石級提包！表面充滿高級感的光澤！藝人朋友最○○

　　　　▶ 綠寶石級牛仔褲！豐富的染色與嶄新的設計！

近似詞 ➡ 鑽石級○○、○○的鑽石、紅寶石級○○、○○的珍珠

927　黃金（金）○○

有效的運用方法 命名時運用「貴重金屬所擁有的不變價值形象」，藉此強調在某些領域「擁有極大的價值」。

【例】　▶ 黃金優格！講究剛完成的新鮮度，趁新鮮○○
　　　　▶ 黃金蘋果！含有大量金色且燦爛的甜蜜蘋果！
　　　　▶ 黃金湯頭！金色燦爛的湯頭從內在療癒了疲憊身體

近似詞 ➡ 鉑金○○、○○Gold、Silver○○、銀的○○

928　撼動人心的○○

有效的運用方法 在商品或是服務命名時運用「撼動人心的」一詞，帶有一種「在某領域非常感動到具有衝擊性」的感覺。

【例】　▶ 撼動人心的蠟筆！不覺得是蠟筆塗出來的顏色表現，任何人都可以輕鬆上手！
　　　　▶ 撼動人心的蛋包飯！鬆軟的雞蛋口感直衝腦門！只要吃過一次就○○
　　　　▶ 撼動人心的牛丼！奢侈地使用了霜降和牛！味道是真正的○○

近似詞 ➡ 熱情的○○、○○的熱情、熱切的○○、心的○○、○○Heart

929　Super（超級）○○

有效的運用方法 帶有「份量大到令人驚喜、無以倫比的優異」的類似意思。

【例】　▶ Super 瑪芬！外酥脆內濕軟的○○
　　　　▶ Super 相撲鍋！咖哩風味在相撲鍋裡鮮活了起來！
　　　　▶ Super 洗衣店！各類衣物只需百元日幣即可洗得乾乾淨淨！

近似詞 ➡ 強力的○○、亢奮的○○、○○豪華、猛烈的○○、特別的○○

930　Star（星級）○○

有效的運用方法 命名時運用帶有「在某領域是閃耀且燦爛的存在」意思的「Star（星級）」一詞。

【例】　▶ Star Loan（星級貸款）！親切是本公司的方針！
　　　　▶ Star House（星級房屋）！因應顧客期望，提供○○諮詢

▶ **Star Pet Grooming**（星級寵物美容）！給你潔淨，讓你喜悅！

近似詞 ➡ 耀眼的○○、Shiny（閃亮的）○○、○○的光輝、○○之（彗）星

931 名人級○○

有效的運用方法 命名時運用帶有「名人喜愛、名人愛用」等印象的「名人級」一詞來表現。

【例】 ▶ 名人級的礦泉水！○○補充現代人體內容易不足的礦物質
　　　 ▶ 名人級的豪宅！豪華內裝與帶有高級感的居家環境！
　　　 ▶ 名人級的擺盤！義大利料理主廚的手藝○○

近似詞 ➡ 優雅的○○、○○名媛、氣質高尚的○○、○○高貴

932 減重○○

有效的運用方法 給予顧客一種有減量效果的印象，通常會與「減重」搭配使用。或是與食品名稱搭配組合，會更有效果。

【例】 ▶ 減重開始！從現在開始重新○○（進行）一次真正的減重
　　　 ▶ 減重餅乾！在不減餅乾風味下，熱量○○
　　　 ▶ 減重拉麵！蒟蒻做成的麵條與味噌超麻吉！

近似詞 ➡ ○○Sweater（爆汗）、○○Down（降）、○○Low（低）、卡路里○○

933 天使的○○

有效的運用方法 運用「天使」這個詞彙本身帶有的「溫柔與神聖形象」，與商品或是服務名稱搭配使用。

【例】 ▶ 天使的布丁！吃起來像是身處天堂的甜蜜誘惑！
　　　 ▶ 天使的洗髮精！天使光圈降臨的感覺超棒的！
　　　 ▶ 天使的毛巾！用肌膚觸感去選擇，讓你移不開目光！

近似詞 ➡ ○○Heart、女神的○○、○○的仙女、維納斯的○○

934 美人的○○

有效的運用方法 命名時運用「美人」一詞本身具有的形象（典雅、清新洗鍊、白嫩等）。

【例】 ▶ 白皙美人竹輪！展現出高品質魚肉的滑順口感！
　　　 ▶ 美人的濁酒！白濁中帶有不可思議的香甜口感，在女性之間相當受到歡迎！

特色
引人注意
強調
人氣
情緒
真實感
賺到
目標
引導

▸美人的燒烤店！不僅是肉質，也要講究美容效果！

近似詞 ➡ 美女的○○、Beauty○○、美男子○○、美麗的○○、○○美人

935　**快速○○**

有效的運用方法 與「快速（Fast）」這個關鍵金句組合命名，會帶給顧客一種「快速因應、High Speed 的事物」的印象。

【例】 ▸快速 SPA！下班後即使沒有預約也能輕鬆前往的美容 SPA！

　　　▸快速印刷！讓你比任何人都早拿到重要的紀念照片！

　　　▸美！快速維護！歡迎諮詢各種施設內部清潔服務！

近似詞 ➡ 迅速（Speed）○○、短（Short）○○、閃（Spark）○○、快（Quick）○○

936　**微○○**

有效的運用方法 命名時與帶有「稍微一點點、小尺寸、輕鬆愉快」感覺的「微」一詞搭配組合。

【例】 ▸微壽喜燒！雖然小巧卻能享受到正宗的大阪風味！

　　　▸微剪屋！只要有一點空檔就可以來剪髮的○○

　　　▸微蘋果！完全封藏住蘋果的美味！

近似詞 ➡ 迷你（Mini）○○、短（Short）○○、小不點○○、稍微○○、寶寶（Baby）○○

937　**頂級○○**

有效的運用方法 命名時與能夠帶給顧客一種這是「附加價值較高的事物、高一個等級的事物」的「頂級」一詞搭配使用。

【例】 ▸頂級住宅！因應顧客需求、完全客製化！

　　　▸頂級漢堡！僅使用國產食材，味道濃厚的○○

　　　▸頂級潤髮乳！讓閃亮秀髮更有光澤度○○

近似詞 ➡ 特別的○○、極品○○、魅力的○○、高品質的○○

938　**魔法○○**

有效的運用方法 在命名時加入「魔法」一詞，給予顧客一種「這是具有驚奇效果的事物，以及具有不可思議效果或是效能的事物」。

【例】 ▸魔法米！單純加水煮飯，即可享用正宗料亭的○○米飯

▶ 魔法冰！巧克力與優格的邂逅！

▶ 魔法披薩！講究披薩餅皮的厚薄度，才能〇〇造就如此美味的披薩

近似詞 ➡ Magical〇〇、Magic〇〇、〇〇的神祕、神級〇〇、天上的〇〇

939　整個都是〇〇

有效的運用方法 命名時運用「整個都是」一詞，給予顧客一種「就這樣、直接地、完整放入」等的印象。

【例】 ▶ 整個都是草莓！一整顆草莓直接放入〇〇

　　　 ▶ 整個都是辣味！用大量刺激辛香料熬煮而成的〇〇

　　　 ▶ 整個都是鮪魚！就這樣重現鮪魚美味的〇〇

近似詞 ➡ 一點不剩都是〇〇、就這樣〇〇、All〇〇、充實〇〇、全部〇〇

❶【引導】 引導顧客進行目標行動

想要「順利引導顧客進行目標行動」,「臨門一腳的推波助瀾（Push）」最具效果。在顧客已經感受到好處（價值）,但心中還在猶疑時,悄悄去除顧客心中阻擋著行動的煞車零件。

　　各個銷售場合,大家最終想要達到的目標都一樣。就是希望可以自然而然地把顧客引導至我們所期望的理想行動。所謂理想的行動係指「購買」、「申請」、「到場」、「來電」、「諮詢」、「介紹朋友」等,所有我們希望顧客進行的行動。

　　然而,想要順利引導顧客進行我們的目標行動並不是一件簡單的事。或許你的商品確實有值得驕傲自滿之處,但是恐怕很常遇到的狀況是已經提出了很棒的銷售文案、讓人感受到好處,最終卻無法達到目標行動。

　　顧客為了避免失敗,在付諸行動之前,往往會再次深入考量。這時心中會煞車。因此,最重要的是我們必須臨門再推顧客一把、去除顧客「心中的煞車零件」。

　　本章從「表現出推薦、建議」、「驅使行動」等面向,收集可以發揮最後臨門一腳效果的關鍵金句。應該可以傳達至還在舉棋不定的顧客心中,順利引導顧客進行我們所期望的目標行動。

I-1　表現出推薦、建議

　　銷售的基礎是如何正確且適切地傳達出商品所能提供的好處。推薦／建議並且讓顧客淺顯易懂地了解該好處，即可順利引導顧客買單。

I-1　表現出推薦、建議

940　○○可以拯救你

有效的運用方法 針對某項條件，提供給「正在煩惱的人」建議。

【例】▶ 這種減重方法可以拯救你！符合你需求的專屬○○

　　　▶ 本次選用的保濕霜可以拯救你！深入肌膚底層的感覺○○

　　　▶ 我們的專業團隊可以拯救你！！從專業觀點給予全方位建議！

近似詞 ➡ ○○是你的神隊友、○○會守護你、○○是救世主

941　○○是關鍵

有效的運用方法 直接表現出某項特色會是「最後決定性的一票」。

【例】▶ 這個觸感是關鍵！會直接接觸到纖細的肌膚，所以○○

　　　▶ 入口的瞬間是關鍵！對這衝擊性的味道上了癮！

　　　▶ 顯著的設計感是關鍵！想要依自己喜好的設計選擇包包！

近似詞 ➡ ○○最好、最重要的證據是○○、就決定是○○

942　因為○○所以××最划算／最好！

有效的運用方法 把「說明划算的理由」與「想要推薦的事物」搭配組合表現。

【例】▶ 因為產地直送，所以新鮮蔬菜最划算！把最新鮮的蔬菜○○（送到／擺在）餐桌上

　　　▶ 因為是正宗法式料理，所以選套餐最划算！主廚自豪的○○功夫菜

　　　▶ 因為剛烤好，所以現在最好吃！趁著香氣還在，趕緊○○

近似詞 ➡ 因為○○所以××很方便、因為○○所以建議××、因為○○所以要這個

943　可不容錯過○○

有效的運用方法 在情緒上強調某項條件「如果錯過就是損失，只有這個可不容錯過」的感覺。

【例】 ▶ 現代女性朋友可不容錯過進修！女性必須鍛鍊自我，成為一種武器！

▶ 想要變健康可不容錯過大豆！大豆製成的○○

▶ 可不容錯過自然木材！考量對身體的影響就要○○

近似詞 ➡ ○○是目標、絕對應該正視○○、別錯過○○！

944　○○的神隊友

有效的運用方法 與「可以明確限縮目標對象」的詞彙搭配組合，表現為是「目標對象」需要的事物。

【例】 ▶ 主婦育兒的神隊友！○○讓每天要做的家事變輕鬆

▶ 減重的神隊友登場！大量食用膳食纖維、○○

▶ 隻身旅行的神隊友！即使只有一個人也能安心享受○○

近似詞 ➡ 在○○大顯身手、○○的因應對策就是××、○○的強烈夥伴

945　○○的基本步驟

有效的運用方法 傳遞出這是「進行某件事情時的基本條件」的意思。

【例】 ▶ 呈現自然性感妝容的基本步驟！雖然自然，但是○○

▶ 在自己家中煮中華料理的基本步驟！善用雞骨高湯○○

▶ 讓孩子願意閱讀的基本步驟！一開始要坐在孩子旁邊○○

近似詞 ➡ ○○的敲門磚、○○的絕對論、○○的基本程序

946　○○就是要這樣

有效的運用方法 會在一般會話中出現的表現方法，給人自然的印象，同時推薦目標事物。

【例】 ▶ 溫泉就是要這樣！真正能讓人放鬆的溫泉住宿全靠老闆娘的○○

▶ 情人節就是要這樣！因為是一年一度的好機會

▶ 通勤公事包就是要這樣！不只是機能性的設計，還要有○○

近似詞 ➡ 果然○○就是要××吧！、○○就用這個決定吧！

947 ○○已經是一種常識

有效的運用方法 「想要推薦」某個目標事物時，恰如其份地傳達。

【例】 ▶ 男性裸肌保養已經是一種常識！不要步入中年才開始後悔○○

▶ 日常英文會話已經是一種常識！未來不僅是在商務領域需要！

▶ 飲食減重法已經是一種常識！藉由改善飲食，不要勉強○○

近似詞 ➡ ○○是必備的、○○的常識！、選擇○○就是關鍵、○○是理所當然的

948 ○○也讚不絕口

有效的運用方法 表現出「連知名人士或是著名人物都讚不絕口的事物」，藉此強烈推薦。

【例】 ▶ 人氣模特兒也讚不絕口！美麗時尚的女性可以○○（展現出）丸型包的可愛

▶ 職業運動選手也讚不絕口！機能性出眾的運動手表登場！

▶ 一流作家也讚不絕口！希望你務必讓母親大人過目的○○

近似詞 ➡ ○○絕讚、極力稱讚○○、○○讚賞、○○也十分稱讚

949 ○○不膩

有效的運用方法 傳遞出「長期愛用的事物」的意思，不知不覺中就讓人很想要推薦該目標商品。

【例】 ▶ 久住不膩的居住心情！讓人身心安穩的居家設計○○

▶ 超推薦的百看不膩設計！想要長期使用所以這樣選擇！

▶ 濃郁卻不膩的味道！包裹在濕潤麵團內的○○

近似詞 ➡ 有韻味的○○、不會感到厭煩的○○、有深度價值的○○

950 為你的○○生活加油！

有效的運用方法 表現出該事物「在某個領域有所助益」，強調能夠給予顧客支援。

【例】 ▶ 為你和樂的家庭生活加油！全家人一起度過○○

▶ 為你的 Single Life 加油！舒適的單身生活就要○○

▶ 為你的 Business Life 加油！善用通勤時間○○

近似詞 ➡ 對生活有益的○○、支持你的○○、有助於○○生活

951 **超推的○○**

有效的運用方法 直接表現出想要推薦的事物，給予顧客一種衝擊感並且使其注意。

【例】 ▶ 超推的春季旅行！欣賞盛開在高原上的花，同時○○旅行風情
　　　 ▶ 超推的嚴選霜降牛排！○○（動作）由專家選出的牛肉
　　　 ▶ 在名人之間相當有人氣、超推的進口家具！適合時尚家庭的○○

近似詞 ➡ 比其他都○○、果然還是要○○吧！、強力介紹、建議

952 **現在最該買的○○**

有效的運用方法 表現出一口斷定「這個就是現在應該購買的事物」的意思。

【例】 ▶ 現在最該買的休旅車就是這款！這是家用車的選購常識！
　　　 ▶ 現在最該買的公寓祕密有三！第一點是○○
　　　 ▶ 現在最該買的粉底！只要按壓上去就○○

近似詞 ➡ Must Buy○○、要買的話，絕對該買○○、不買這個還能買什麼

953 **現在想要○○的就是××**

有效的運用方法 因為是「可以在現在這個時點、時機推薦的事物」，所以向顧客推薦該目標事物。

【例】 ▶ 現在想要你務必一試的是彩色絲襪！在冬季街頭發光的時尚感！
　　　 ▶ 現在想要去旅行的地方就是溫泉鄉！增添日本海冬天風味的溫泉住宿○○
　　　 ▶ 現在想要確認的就是最新的模特兒時尚 ○○（引領）這個春天的流行

近似詞 ➡ ○○就是現在！、現在應該○○的××、理所當然想要○○

954 **推薦的○○**

有效的運用方法 把想要推薦的事物與「用來顯示範疇、種類等相關詞彙」搭配組合後直接表現出來。

【例】 ▶ 我推薦的商品！把喜愛的商品向你○○
　　　 ▶ 員工推薦的配件！不知不覺就想出手的商品是○○
　　　 ▶ 主廚推薦的菜單！讓當日好食材做最美味呈現的方法○○

近似詞 ➡ ○○的正解、推薦○○、建議你○○、推薦你○○！

特色
引人注意
強調
人氣
情緒
真實感
賺到
目標
引導

955　身為擁有相同煩惱的○○

有效的運用方法　關於某項煩惱條件，表現出「因為我也擁有該煩惱，所以我推薦你這個」的意思，並將顧客導向該目標事物。

【例】　▶ 身為擁有相同煩惱的父母，異位性皮膚炎就推薦這個！
　　　　▶ 身為擁有相同煩惱的我，○○（動作）不勉強的減重方法
　　　　▶ 身為擁有相同煩惱的商務人士，建議一定要擁有這項證照！

近似詞 ➡ 因為不斷出現同樣痛苦的○○、因為我也已經脫離痛苦，所以○○

956　○○的聰明選擇

有效的運用方法　表現出「某項選擇才是聰明的選擇」的意思，並且讓顧客對該選擇的具體原因內容產生興趣。

【例】　▶ 諮詢專家後才決定的聰明選擇！可信賴的專家是○○
　　　　▶ 你選這間公司真是聰明的選擇！既然選了就繼續○○
　　　　▶ 為了不失敗的聰明選擇！大家喜歡選擇的人氣○○

近似詞 ➡ Good Choice、不能排除○○、○○的正確選擇

957　一直在尋找的○○

有效的運用方法　表現出「一直在尋找的就是這個」的意思。讓顧客關心該目標事物。

【例】　▶ 一直在尋找的就是這個商品！忙碌的早晨也要確實○○（攝取）營養
　　　　▶ 一直在尋找的就是這個！敏感肌也要溫柔滲透○○
　　　　▶ 一直在尋找的就是這樣的家！全家人一起分別○○實現各自的喜好

近似詞 ➡ 符合你條件的○○、一直很想要的就是○○

958　沒關係！會變得更○○

有效的運用方法　「只要使用這項商品，姿態樣貌就會變得更加理想」的意思，同時傳遞出一種安心感。

【例】　▶ 不要放棄，沒關係！會變得更漂亮！今天開始○○
　　　　▶ 沒關係！會變得更苗條！一邊有氧運動，一邊○○（消除）脂肪
　　　　▶ 沒關係！會變得更光滑柔亮！給予秀髮營養的○○

近似詞 ➡ 沒關係！會超越○○、請放心！因為已經○○

特色

引人注意

強調

人氣

情緒

真實感

賺到

目標

引導

959　絕對就是要○○

有效的運用方法 藉由一口斷定「該選擇很明顯是正確選擇」的意思，表達強烈的衝擊性，同時推薦給顧客。

【例】　▶ 絕對就是要住溫泉度假村！能夠感受到冬季寒冷雪山的○○
　　　　▶ 絕對就是要用芝麻油！豐富的芝麻風味與味噌超麻吉！
　　　　▶ 絕對就是要用瓦斯！美味的燒烤顏色是足以自誇的料理○○

近似詞 ➡ 最終結論就是○○、一定就是○○、絕對只能是○○！

960　考量使用者立場，所以○○

有效的運用方法 意思是某項商品的「推薦依據」是「站在實際使用者立場所考量的事物」。

【例】　▶ 考量使用者立場，所以想選這個！○○（推薦給你）真的很棒的東西，
　　　　▶ 實際考量使用者立場，所以想要推薦！
　　　　▶ 考量使用者立場，所以選這個才正確！

近似詞 ➡ 一定適用的○○、實際用了就知道的○○、因為是愛用者，所以○○

961　因為是每天都要用的○○

有效的運用方法 「因為是每天都要使用的事物，所以在此有想要推薦給你的商品」的意思，藉此向顧客推薦目標事物。

【例】　▶ 因為是每天都要用的牙刷，所以當然要用正貨！
　　　　▶ 因為是每天都要用的香水，所以要選這個！性感男人的○○
　　　　▶ 因為是每天都要用的枕頭，所以當然要選好的！○○舒適的夜晚

近似詞 ➡ 因為是每天的○○、因為天天的○○、享受○○Life

962　拿到都會很開心的○○

有效的運用方法 做為推薦用的詞彙，表現時會傳遞出一種「從使用者立場來看都會有一些好評價」。

【例】　▶ 拿到都會很開心的精緻甜點！講究食材並且有控制糖分的○○
　　　　▶ 拿到都會很開心的現採蔬菜！一般難以取得的○○
　　　　▶ 拿到都會很開心的重點配飾！因為體型小所以容易使用○○

近似詞 ➡ 做為禮物也非常適合、受贈者拿到會很開心的○○

963　毫無道理地○○

有效的運用方法　「不論如何就是想要推薦這個事物」的意思。強力推薦，藉此吸引顧客對該目標事物注意。

【例】　▸ 毫無道理地就是要這個！幾經煩惱思慮後，最終選擇的是○○
　　　　▸ 毫無道理地選擇這個商品！必要的附屬品全都包在一起○○
　　　　▸ 毫無道理地選擇講究健康的事物！從原料開始確認○○

近似詞 ➡ 說到○○，就是這個！、決定○○這個套路、這個就對了！

964　我們所選擇的○○

有效的運用方法　傳遞出因為是「位於你身邊」的「我們」所選擇的事物，所以可以安心，藉此推薦該目標事物。

【例】　▸ 我們所選擇的最適合的減重商品！實際試用看看就知道○○
　　　　▸ 我們所選擇的推薦禮品！收到會非常開心的○○
　　　　▸ 專業如我們選擇的才是真正的手表！選擇能伴你一生的商品！

近似詞 ➡ 精挑細選的○○、自己掏腰包購買的○○、鍾愛的○○

965　我個人的必備○○

有效的運用方法　意思是想要推薦的事物是「自己經常選擇的事物」。強調這是「私人推薦」的事物。

【例】　▸ 我個人的必備品！持續使用當然有其理由存在！
　　　　▸ 我個人的必備品！推薦常用商品的最佳採購時間！
　　　　▸ 我個人的必備之選！不選這個一定會後悔！

近似詞 ➡ ○○自豪的、自信滿滿的○○、我選擇的是○○、我最推薦的

I-2　驅使行動

　　和顧客溝通的最大目的是要讓顧客進行某項目標行動。具體指示並且期望、驅使顧客進行「購買商品」、「提出申請」、「到場」等行動。

I-2　驅使行動

966　○○到翻／到爽！

有效的運用方法 用命令的口吻強力呼籲「目標行動」，驅使顧客執行該目標行動。

【例】 ▶ 電玩遊戲給我打到翻！從小孩到成人都能盡情玩樂的家庭式電玩遊戲！

　　　 ▶ 冬季風味吃到爽！在最佳品蟹季節盡情品嘗！

　　　 ▶ 秋季旅行玩到爽！在秋季出遊季節盡情享受○○

近似詞 ➡ 給我拚命○○！、給我盡情○○！、徹底享受○○吧！

967　請不要○○

有效的運用方法 藉由呼籲「請不要」，給予顧客一種「如果進行了某項行動就會造成損失」的印象，藉此聚集目光，並且引導顧客進行相反的行動。

【例】 ▶ 請不要後悔！因為是每天保養的必備品，所以○○

　　　 ▶ 請不要選錯造成損失！真正正確的是○○

　　　 ▶ 請不要失敗！欲進行正確的選擇，首先要○○

近似詞 ➡ 不要○○！、避免○○！、別○○！

968　○○過就會明白

有效的運用方法 為了引導顧客進行某項目標行動，將該行動表現為「只要有過經驗，就會有理想的結果」。

【例】 ▶ 只要住過一晚就會明白！讓人打從心底開始療癒的飯店○○

　　　 ▶ 只要體驗過就會明白！可以免費試用的體驗活動！

　　　 ▶ 只要用過試用品就會明白！實際使用看看最重要！

近似詞 ➡ ○○的話，就知道、只要○○就可以理解

969　好！就用○○一決勝負！

有效的運用方法　為了引導顧客進行某項行動，加入「吆喝眾人進行某項行動的聲音」。也可表現為「用○○來××吧！」。

【例】　‣ 好！就用每晚敷面膜的方式一決勝負！給你截然不同的裸肌透明感！
　　　　‣ 好！就用美麗的都會夜景一決勝負！讓這個特別的夜晚精彩呈現○○
　　　　‣ 好！就用每天早上 5 分鐘的餐點一決勝負！藉由均衡的早餐從體內○○

近似詞 ➡ 用○○來拚輸贏！、用○○決勝負、用○○來挑戰！

970　請搜尋○○

有效的運用方法　直接呼籲顧客、希望「引導顧客上網搜尋」某個關鍵字時使用。

【例】　‣ 現在請立刻搜尋這個關鍵字！免費試用品○○（贈送）
　　　　‣ 請搜尋「極品○○」！現在免運費○○
　　　　‣ 請搜尋「黃金的○○」！初次申請半價○○

近似詞 ➡ 請用○○查詢、搜尋○○、搜尋可用「○○」

971　請指名○○

有效的運用方法　「想讓顧客記住名稱」或是「想讓顧客在選擇商品時想起」，引導顧客指出「具體的名稱或是內容」。

【例】　‣ 請指名「全紅包裝的眼藥水」！店內會以紅色做為標記！
　　　　‣ 請指名「○○商品」！現正優惠試賣中！
　　　　‣ 請指名「○○負責人」！由熟練的工作人員○○

近似詞 ➡ 請說○○、請記住○○、請訂購○○

972　○○備受矚目

有效的運用方法　直接表現、讓顧客對某項條件有所關心。引導顧客聆聽該相關說明。

【例】　‣ 大豆新成分備受矚目！根據研究結果，大豆內含有○○
　　　　‣ 當今二十幾歲女性的流行品項備受矚目！因為是必備行頭，所以○○

> ▶ 驚人的寬廣室內空間備受矚目！○○務必實際感受這種開放感

近似詞 ➡ 請見○○、來看○○！、請看這個部分！

973　敬請把握機會

有效的運用方法 為了傳達「某項內容（狀況、條件）正是絕佳的機會，務必要有所行動」的意思，所以呼籲顧客「敬請把握這個機會」。

【例】 ▶ 敬請把握機會！目前正舉辦試賣活動！

　　　 ▶ 前100名限定！敬請把握機會購買！

　　　 ▶ 現在最划算！敬請把握機會！買家不容錯過的3大優惠是○○

近似詞 ➡ 敬請多加利用這個機會、敬請把握這個到手機會

974　開啟○○模式

有效的運用方法 用一種輕鬆的感覺表現出「想要變化而成的目標氣氛」，並且把該目標氣氛表現為一種「模式」。

【例】 ▶ 開啟認真模式吧！想從基礎學到入門的○○

　　　 ▶ 開啟少女模式！取得可愛小物的可愛○○

　　　 ▶ 開啟鄉村模式！在富饒的大自然中，以無農藥栽培的○○

近似詞 ➡ 把心情轉換為○○吧！、回到○○吧！、不論何時你都可以○○

975　來體驗○○吧！

有效的運用方法 直接呼籲顧客「建議可以挑戰某種寶貴的體驗」，並且引導顧客進行該行動。

【例】 ▶ 來體驗新材質吧！可以實際感受到完全不同的肌膚觸感！

　　　 ▶ 來體驗真正的義大利料理吧！由義大利歸國主廚○○

　　　 ▶ 來體驗速度感吧！其他地方可感受不到這種咻咻咻的動態舒適感！

近似詞 ➡ 實際來感受○○吧、親身感受○○吧、經歷一下○○吧

976　找出○○吧！

有效的運用方法 把「最好盡快找出某項重要條件」的意思，用「找出○○吧！」的方式呼籲，讓顧客注意。

【例】 ▶ 找出真正的好東西吧！店員也會不自覺點頭的推薦商品！

283

▸ 找出最適合自己的東西吧！讓人覺得很有品味的○○
▸ 找出幸福吧！買一個能讓全家人歡笑的家！

近似詞 ➡ 去探索○○吧、試著選出喜歡的○○吧、那麼，該選什麼好呢？

977　GO！GO！○○

有效的運用方法　表現出單純讓顧客注意到該行動的契機，帶有一種衝擊性的表現，讓顧客「意識到該行動」。

【例】　▸ GO！GO！超級公共澡堂！全家人一起在此忘卻時間地享受！
　　　　▸ GO！GO！模擬體驗屋！讓你遇到緊急時刻不慌張○○
　　　　▸ GO！GO！最終特賣！可以挖到一大堆寶，所以○○

近似詞 ➡ 快去快去○○！、去吧！○○、選○○吧！、申請○○吧！

978　現在就是抉擇的時間點

有效的運用方法　「想要驅使顧客進行某項抉擇或是判斷時」，強烈呼籲「必須快點下決定」，藉此做為引導顧客執行該行動的契機。

【例】　▸ 現在就是抉擇的時間點！現在正適合下手！人氣物件將依排隊順序受理○○
　　　　▸ 那麼，現在就是抉擇的時間點了唷！請仔細比較，任何問題皆可詢問！
　　　　▸ 現在就是抉擇的時間點！舉棋不定前，請先申請試用品！

近似詞 ➡ 那麼，請抉擇、現在就是決定的時間點、要選擇就趁現在、那麼，請決定！

979　現在是購買的好時機

有效的運用方法　「現在正是購買的好機會」的意思。驅使顧客購買。

【例】　▸ 現在是購買的好時機！請立即申請詳細資料！
　　　　▸ 現在真的是購買的好時機！沒有太多猶豫的時間！
　　　　▸ 現在是購買的好時機！早鳥申請優惠就到本月底！

近似詞 ➡ 立即購買！、現在正是購買的時機、現在就是應該購買的時間點、就是現在！

980　**現在請立即○○**

有效的運用方法　將「呼籲目標行動的詞彙」與「現在立即」這種會讓顧客起身行動的詞彙搭配組合，呼籲顧客要立即行動。

【例】　▶ 現在請立即購買！庫存沒剩多少，○○
　　　　▶ 現在請立即申請！可以○○（撥打）免付費專線申請
　　　　▶ 現在請立即試用！可以實際感受到真正價值的大好機會！

近似詞 ➡ 盡快○○、現在正是○○、現在開始○○、趁現在○○、立刻○○

981　**請盡速！**

有效的運用方法　在「顯示目標行動或是選擇相關詞彙」加上「請盡快！」等促使行動的表現，在讓顧客產生焦慮感的同時引導其進行目標行動。

【例】　▶ 請盡速！現在正好可以趕上全商品半價的特別優惠！
　　　　▶ 請盡速！請務必在排隊優惠額滿之前取得！
　　　　▶ 請盡速！僅限今晚 9 點前申請的顧客○○

近似詞 ➡ 請盡快、請來電、請行動

982　**別錯過！**

有效的運用方法　給予顧客「如果不進行某項行動，就是損失」的印象，同時引導顧客進行目標行動。

【例】　▶ 今天絕對別錯過這個機會！那麼，現在請立刻○○（拿起）電話
　　　　▶ 別錯過！這樣的內容、這樣的價格！請你務必親眼見證！
　　　　▶ 別錯過！除了北海道，只有這裡可以購得這款商品！

近似詞 ➡ 只有這件事不能錯過、必看！、請務必見證、別錯過了！

983　**請務必確認**

有效的運用方法　為了「讓顧客更有意識地面對、更認真地思考」某項內容而直接強烈呼籲「請務必確認」。

【例】　▶ 請務必確認！不看會是你的損失！
　　　　▶ 請務必確認內容！內附不容錯過的優惠贈品○○
　　　　▶ 請務必確認這划算的優惠內容！來看一看也○○

近似詞 ➡ 請務必詳閱、請務必確認內容

984 想改變就趁現在

有效的運用方法 藉由呼籲「希望顧客能夠對目前所發生的變化以及新事物挑戰做出抉擇」，強調一種情緒。

【例】 ▶ 想改變就趁現在！請不要浪費這難得的機會！

　　　 ▶ 是的，想改變就趁現在！從明天開始改變到夏天！

　　　 ▶ 想改變就趁現在這個瞬間！希望你務必從現在開始認真進行！

近似詞 ➡ 要做就趁現在！、現在正是改變的時機、現在不做更待何時？

985 那麼，○○

有效的運用方法 為了讓顧客進行某項行動，將「那麼」以及「可以表現行動的詞彙」搭配組合，藉此呼籲顧客「這是最後的叮嚀」。

【例】 ▶ 那麼，現在就開始吧！實際使用看看，即可初次感受！

　　　 ▶ 那麼，就試著來做做看吧！因為同年齡層較多，所以可以自由參加○○

　　　 ▶ 那麼，打起精神來！從身體到心靈全部放鬆○○

近似詞 ➡ 你看！○○、欸！○○、一起說！○○、那個，○○、瞧！○○、哎呀！○○

986 請實際感受一下

有效的運用方法 「想讓顧客體驗某種感覺時」或是「想讓顧客實際感受到理想的條件時」，直接呼籲顧客「請實際感受一下」並且引導其進行相關行動。

【例】 ▶ 請實際感受一下這種感觸。搞不好會上癮的○○

　　　 ▶ 請實際感受一下！這種美味！○○新鮮食材原有的味道

　　　 ▶ 請用身為顧客的五感實際感受一下！一個家的真正價值是○○

近似詞 ➡ 請用身體去感受看看、請體驗看看、請務必感受○○

987 犒賞自己一下

有效的運用方法 將高價的事物或是平常不會購買的事物，當做給予自己的一種「犒賞」引導顧客購買。

【例】 ▶ 今天犒賞自己一下！讓努力過的自己看起來更可愛的○○

　　　 ▶ 犒賞自己一下！所以今天要在與平時不同的氛圍中○○

　　　 ▶ 犒賞自己一下！正統法式料理讓女性朋友盡情○○

近似詞 ➡ 用○○犒賞自己、給自己的禮物、把○○當做對自己的投資

988　不知道不行

有效的運用方法 藉由帶有衝擊性的表現，吸引顧客注意，給予顧客一種「必須要去理解該內容」的感覺，引導顧客去接觸該目標內容。

【例】 ▶ 不知道絕對不行！只有這個重點要○○
　　　 ▶ 不知道不行！○○不得不去正視這個重點
　　　 ▶ 不知道不行！會影響你全家人幸福的○○

近似詞 ➡ 不允許你不知道這件事！、搞不清楚是無法結案的！

989　○○人生的第二個舞台吧！

有效的運用方法 讓顧客意識到「人生的第二個舞台，或是心情上的切換」，引導顧客有意識地展開新的行動。

【例】 ▶ 盡情享受人生的第二個舞台吧！打造更快樂的人生○○
　　　 ▶ 讓人生的第二個舞台閃閃發光吧！○○（運用）空閒時間
　　　 ▶ 讚嘆人生的第二個舞台吧！現在開始還不算遲的○○

近似詞 ➡ 讓第二人生○○吧！、○○（動作）Second Life吧！

990　請務必確認

有效的運用方法 「想讓顧客確認某項內容，或是希望顧客確實閱讀時」的呼籲。可有效將顧客導向該行動。

【例】 ▶ 請務必用你的雙眼確認！在寬廣的空間中沉靜！
　　　 ▶ 請務必確認！這個差異即是正品的證明，請用你的雙眼確認！
　　　 ▶ 請務必確認！技壓群雄的廚房設備充實度○○

近似詞 ➡ 請務必確認、請仔細確認、麻煩你確認

991　○○確認！

有效的運用方法 呼籲「請確認、請把目光放在某些內容上」，引導顧客注意並且引導其進行目標行動。

【例】 ▶ 最終確認！快來今年最後一檔冬季特賣會中挖寶○○
　　　 ▶ 務必確認！交給你特賣會上最劃算的第一手資訊！
　　　 ▶ 用你的雙眼確認！由專家嚴選的食材，讓料理呈現出最佳的美味度！

近似詞 ➡ ○○CHECK！、注意○○！、請把目光放在○○！

992　申請程序超簡單

有效的運用方法 使用一些能夠表達出該內容程序簡易度的詞彙，給予顧客「申請入會的契機」。

【例】 ▶ 申請程序超簡單，敬請放心！將由專業客服○○（為你服務）

　　　 ▶ 申請程序超簡單！請立刻拿起電話！免收電話費的○○

　　　 ▶ 只需拿起手機，申請程序超簡單！只要發送空白簡訊即可○○

近似詞 ➡ 申請程序簡易！、立刻就能完成申請程序、輕鬆申請！

993　接下來就看你○○了

有效的運用方法 讓顧客注意「把目光朝向自己的行動或是內心」，同時讓顧客進行目標行動。

【例】 ▶ 接下來就看你出場了！○○擁有能在大街上格外閃耀的肌膚

　　　 ▶ 接下來就看你的決心了！真正重要的是你的心情要○○

　　　 ▶ 接下來就看你了！請先索取資料，然後慢慢挑選○○

近似詞 ➡ 接下來是你、接下來你要○○、接下來就輪到你○○

994　還不趕緊開始○○嗎？

有效的運用方法 「想讓某項行動開始」時，直接進行呼籲，讓顧客意識到要開始這件事情，並且引導至目標行動。

【例】 ▶ 還不趕緊開始健康生活嗎？藉由每天早上的習慣，就能○○（產生）戲劇性的變化

　　　 ▶ 還不趕緊開始對未來投資嗎？用來磨練你實力的○○

　　　 ▶ 還不趕緊開始健康蔬食生活嗎！○○身體必要營養素

近似詞 ➡ 開始吧！○○、開始○○吧！、開啟○○吧！

995　預防萬一，○○

有效的運用方法 針對「接下來可能會引發危機或是不安條件」，在給予顧客不安全感的同時，提供顧客對目標展開行動的契機。

【例】 ▶ 預防萬一，現在就要開始保養！用裸肌做出外觀年齡的差距！

　　　 ▶ 預防萬一，趁早申請！從現在開始還不遲○○

　　　 ▶ 預防萬一，從現在開始做好準備！緊急時的○○

近似詞 ➡ 為意想不到的事情做好準備○○、為重要時刻做好準備○○

特色
引人注意
強調
人氣
情緒
真實感
賺到
目標
引導

996　**請先連至○○**

有效的運用方法　「想要引導顧客前往網站等目標網頁」時，呼籲顧客「請先」，並且具體地把希望顧客檢索的內容表現出來。

【例】　▶ 請先連至本公司網站！尚未公開的划算資訊○○
　　　　▶ 請先連至活動頁面！接著登錄會員○○
　　　　▶ 請先連至網站！立即取得更詳細的資訊！

近似詞 ➡ 請先瀏覽○○、請先前往○○

997　**大家都○○**

有效的運用方法　「多數人都採取一致行動」的意思。用一種很自然的感覺引導顧客進行目標行動。

【例】　▶ 大家都能做出正確選擇。經過仔細比較後選擇○○
　　　　▶ 大家都會持續使用！長期愛用的祕密是安心的支援○○
　　　　▶ 大家都感到安心！由貼身的專業人員因應顧客的○○

近似詞 ➡ 大家○○（動作）、許多人○○（動作）、全體人員○○（動作）

998　**目標！○○○**

有效的運用方法　將「能讓人感覺到理想狀態的詞彙」與「目標！」一詞搭配使用，在產生衝擊性的同時訴諸情緒表現，並且引導顧客進行目標行動。

【例】　▶ 目標！完美體態！在夏天之前，悄悄做出○○視覺化差異
　　　　▶ 目標！一間可以住上 200 年的家！從結構開始全都與眾不同的○○
　　　　▶ 目標！聚集男人視線的魅力雙唇！靜靜地散發出○○

近似詞 ➡ 目標！○○、成為○○！、一定能夠成為○○！、把○○當做目標

999　**拿出勇氣○○**

有效的運用方法　表現出「進行某項行動時，需要勇氣或是心理準備時」，給顧客一個契機的感覺，引導顧客進行該目標行動。

【例】　▶ 拿出勇氣，試著踏出一步！接下來的人生要用自己的手去○○
　　　　▶ 拿出勇氣來挑戰！就可以想像出那閃閃發光的自己○○

▸ **拿出勇氣去選擇！為了絕對不後悔的○○**

近似詞 ➡ 提起勇氣、引爆熱情、那麼，現在就開始○○吧！

1000　**請詳閱**

有效的運用方法 針對某些內容直接強調「想要提高顧客對該內容的關心度，或是想要引導顧客更深入理解該內容時」。

【例】 ▸ **請詳閱內容！並且敬請充分考慮！**
　　　 ▸ **請詳閱！請確實理解該價值的差異！**
　　　 ▸ **請詳閱！並請盡早前來諮詢○○**

近似詞 ➡ 請確實詳閱、請好好斟酌、請仔細閱讀

本書 A-I 列出的文案關鍵句

■ 強調新鮮感、新穎性、嶄新度

最頂尖的〇〇、〇〇的新法則、早在〇〇年前就已××、〇〇革命者、顛覆〇〇標準、〇〇已經是基本條件、〇〇新思維、〇〇首次××、刷新〇〇、新〇〇形態／之道、領先一步〇〇、前所未見的〇〇、劃時代的〇〇、近未來〇〇、最新〇〇、嶄新〇〇、新〇〇、進化的〇〇、新感覺〇〇、新時代的〇〇、搶先〇〇、先進的〇〇、〇〇大改革、終於〇〇、

■ 強調歷史性、傳統性、懷舊性

（知名地名）名門、受到〇〇喜愛、知名〇〇、〇〇年、一起前往〇〇的世界、受到〇〇風土民情淬鍊、〇〇的殿堂、〇〇半世紀、〇〇列傳、刻劃出〇〇、〇〇回歸、傳承下來的〇〇、永遠的指標性〇〇、恆久不滅的〇〇、威信的〇〇、跨世代都喜愛的〇〇、千年〇〇、創業以來〇〇、蓄積而來的〇〇、傳說中的〇〇、傳統薰陶的〇〇、祕傳的〇〇、古〇〇的趣味、美好舊時代的〇〇、一如往昔的〇〇、踏上〇〇故事的舞台、有歷史淵源的風格〇〇、充滿二手懷舊感、名垂青史的〇〇、帶有懷舊感的〇〇、名品〇〇、

■ 強調高品質

〇〇啾！一聲地濃縮、〇〇監製、〇〇地享受奢侈的時間、與〇〇同等級的××、〇〇的真實價值、〇〇的絕妙平衡、運用〇〇美好／優勢、高超〇〇的技術、〇〇家××的、歷經〇〇年的××、量身訂做／特製般的〇〇、一流〇〇、伴你一生、五星級的〇〇、最高等級〇〇、不惜使用〇〇、閃耀〇〇、神乎其技的〇〇、完整呈現〇〇、高〇〇、極致〇〇、高級〇〇、職人製作的〇〇、精練〇〇、極致奢華〇〇、世界通用的〇〇、帶有俐落洗鍊感的〇〇、遙不可及般的〇〇、實在的品質、專家認可的〇〇、高品味的〇〇、虛幻的〇〇、專家親授的〇〇、依嚴格標準〇〇、正宗〇〇風味、真正的〇〇、上流社會人士〇〇、餘裕／寬敞／廣闊的〇〇

■ 強調限定性、稀有性

〇〇限定、在〇〇找到××的、只有在〇〇才能取得、〇〇是無法取得的、未曾曝光的〇〇、無法再次取得、專屬於你的〇〇、售罄

就只能說抱歉了、熟客限定、導覽手冊上找不到的○○、僅限特定人士○○、數量有限、稀有的○○、緊急○○、當地○○、除此之外沒有其他○○、收藏版○○、庫存有限、重新登場！、神祕○○、全世界唯一的○○、無與倫比的○○、經由特殊管道○○、特別保存版、日本尚未販售！、取得困難、僅剩少許庫存、先搶先贏、最終○○、簡直是挖寶、本日限定的○○、夢幻級○○、終於保證有貨○○、Rare & Cult（稀有且流行）的○○、稀有度滿分、

■ 強調簡便性、簡易度、輕鬆度

○○的瞬間××、只要○○、○○，隨時××、○○的訣竅就在此！、○○的即戰力、○○秒懂、只要一個○○就××、○○（朝向某個目標）的捷徑、○分鐘就能學會、一○就可以／也沒關係、可自由○○的、隨時隨地都○○、傳授○○術、生活當中○○、輕巧的○○、在家○○、立即可用○○、全世界最容易的○○、立即○○、每個人都是○○高手、比任何人都更快○○！、不論幾次都○○、睡覺時○○、第一次的○○、便利○○、每天○○、三天捕魚、五天曬網也沒關係、快速變／擁有／成為○○、不用遷就○○、輕鬆○○、彷彿身處自己家的○○

■ 強調信賴感、安心感

○○專屬的、既然○○就要××、大家熟知的○○、○○的證明、讓我幫你○○！、○○的實績、長銷型的○○、○○保證、○○是熱賣的理由、持續受到愛用的○○、只要一通電話○○、比較後，要選就選○○、敬請放心、實力派的○○、一輩子的○○、世界公認的○○、由專業人員○○、確實有感、地方關係密切的○○、強力支援、屹立不搖的人氣、賭上自尊與榮譽、○○滿意度宣言、請看清楚、行家嚴選○○

■ 喚醒、引人注意

○○變成××時、一定會有○○、○○大幅提升／改善、○○很重要、問問○○、○○就能夠左右未來、○○了就懂、○○的人與不○○的人、○○就好了嘛！、目標零○○、○○，是真的嗎？、似乎可以在○○時大顯身手、○○決定一切、用○○拚輸贏、○○可以嗎？、○○必問的××、如果覺得○○、不要先入為主覺得○○！、只要有○○就沒問題了、全都交給○○、你會覺得○○嗎？、對○○有興趣嗎？、不要變成○○！、○○是有理由的、○○特別通知、

○○都××、○○就趁現在！、○○就在這裡、○○會變得如何呢？、對○○充滿著不安、○○要特別注意、為○○加油、讓我們一起○○、↓（箭頭）、不需要放棄、啊！○○、有的話就好了，○○、你會是哪一種人呢？、為非常時期做的○○、絕不後悔的○○、為了○○的笑容、這就是○○、既然有機會○○、步步逼近的○○、糟糕！○○了！、當然會○○、你知道正確的○○方法嗎？、因為是○○的東西嘛、好用○○、終於完成○○、為何無法○○呢？、你會用什麼標準做選擇呢？、就開始吧！○○革命、沒想到○○、你還不知道嗎？、還來得及的○○、試過了嗎？、你忘了嗎？

■ 運用第三方的意見、顧客的評價

○○認證的、經○○認證的××、效果、做的○○果然××、○○會注意到的、據說○○、○○中得知。所期望的××是、○○與××的組合／搭配太棒了！、最後選擇的是○○、與○○差異很大、○○形象的××、○○的餘韻迴盪著、我們詢問了○○！、○○真是正確選擇、○○很重要、收到○○的支持與鼓勵、○○的平衡倍受好評、不可思議的○○、○○已經是過去式了、○○都愛用、想要用一輩子的○○、顧客雀躍的聲音○○、客人會自己送上門的○○、身體也會很開心的○○、結果讓人嚇一跳、這樣看起來也不過就○○、好喜歡這裡、竟然會有這樣的○○呀！、不會讓人覺得過時的○○、對了！去問問○○！、所以我選擇了它、非常好用，所以○○、還好有用用看○○、想告訴各位○○、果然沒有○○還是不行

■ 刺激欲望、快感、願望

展現出○○風情、對○○效果有所期待、○○重現、想○○、變得想○○、光是○○是無法滿足的、進入○○的季節、希望一直都○○、提升○○度、想讓別人說：「○○！」、嚮往○○的生活、想要○○的人生、變身／變出○○、聰明利用○○、決定就要○○！、刺激○○的××、能夠完全享受到○○、打造○○、獨占○○、想要找回○○、撩撥○○心、想試一次看看、想知道更多令人憧憬的○○資訊、想讓你瞧見○○、不論幾歲，都想○○、只要用過一次○○、不論何時都想○○、愉悅／舒服感○○、舒適○○、危險氣味的○○、心情就像是○○、和去年完全不同、讓人想戀愛的○○、盡情享受所愛的○○、性感的○○、最想擁有的○○、偶像劇般的○○、美女○○、會讓人認真○○、以為看錯○○、魅惑人心的○○、快速（發展）○○、目標是達到○○、想再○○一次、更加燦爛的○○、

大受歡迎的○○、讓人焦急等待○○、

■ 運用不滿、不安的條件

瞬間消除○○、○○會不夠唷！、不需要○○！、擊退○○！、○○症候群、○○大改造、只○○會來不及、只要○○就安心了嗎？、避免受到○○侵害、○○實在太浪費、與其煩惱○○倒不如××、○○的維他命、○○發出的警訊、○○是××的天敵、○○的處理祕訣、想要制伏○○就是××、重新建立／調整／修護○○、○○關機重來（Reset）、抗○○、要持續到何時？○○、不須煩惱的○○、如果可以更早○○就、××（動作）能恣意○○（名詞）的

■ 刺激求知慾、對知識的好奇心

○○的內幕消息、○○驚人運用法、跟○○學來的××、○○研究報告、○○資訊選單、○○一次讓你看個夠、○○大公開、○○大特輯、○○大預測、只有○○才知道的、○○完全活用術、○○訓練、○○日記、○○是有理由的、祕藏在○○的××、○○熱門資訊、○○的奧義、○○的共通點、○○的告白、○○的小心機、○○的實踐法則、○○的條件、○○的真實面貌、○○之謎、因為○○的一句話、○○的祕密、○○親授的××、對○○的影響以及因應對策、贏得○○最終勝利的提示、○○驗證、支撐○○的××、該如何解讀○○呢？、你所不知的○○、○○的真心話、○○的黃金法則、珍貴○○、禁忌○○、至○○就地取材、只有○○這件事情希望你一定要知道、知道越多越想○○、簡單鐵則、小道消息、不足為外人道也○○、告訴你一個祕密的○○、不容錯過的○○

■ 運用反話表現

○○嗎？還是？、即使沒有○○也可以××、因為不是○○所以可以輕鬆面對、因為是○○所以無法放心、讓○○與××共存、○○的想法已經過時了、甚至都不覺得是○○的××、○○又××、在○○就可以××、顛覆對○○的印象、○○也能給人好印象、××（動詞）○○（名詞）的盲點、○○都算不了什麼、敢○○、必要的不是○○，而是××、出乎意料的○○、這樣的○○是會被討厭的、為了不要失敗的○○、打破舊有概念的○○、時而○○，時而××、真的有○○耶！

■ 想帶出衝擊感、強調時

○○ vs ××、壓倒性的○○、避免使用超過／過量○○、○○為之傾倒、○○從北到南、○○至極、○○才是××的必要條件、越○○越××、極品○○、○○宣言、○○大爆發、即使○○也不用在意××、○○度200%、打從心底愛上○○的理由、總之，超耐／超防○○、○○的覺悟、○○的逆襲、○○的顛峰、○○達人、○○的頂端、已準備妥當的○○、○○超強魄力、○○Power Up、不斷○○、○○無極限、連○○都說不出話、能大幅提升○○、超出○○、震撼○○的衝擊、招喚○○的××、引領○○、百年難得一遇的○○、360度○○、最熱門的○○、傳說中的○○、命定的○○、前衛大膽的○○、不吝表現出○○、莊嚴的○○、華麗的○○、終極版的○○、驚奇的○○、震驚業界、強力○○、戲劇性○○、就能○○成這樣、不會再有比這個更○○了、傑作、全身細胞都○○、成為○○的主角、新鮮的驚喜感、世界第一○○、絕對會感謝、絕妙的○○、史無前例的○○、大膽○○、不尋常的○○、只是為了○○、富有○○力、超○○、對症下藥的超有效○○、徹底○○、由○○挑戰××、優異的○○、超越○○、最高等級的○○、從根源○○、非常出眾的○○、鉑金級○○、不由得會將目光轉向的○○、強烈地○○、僅需／僅有○○

■ 展現出堅持講究、特殊感

享受○○氣氛、○○嚴選、能讓人覺得是○○的××、只有○○才能如此××、自信於○○、○○大對決！、○○的3大條件、○○的真髓、○○真實感、○○流、持續追求○○的××、集結○○的××、不停收集而來的○○、真實的○○、時尚的○○、集中奢華主義、與平時不同的○○、會想成為常客的○○、××（動詞）隱藏版的○○（名詞）、基本上就是○○、富有獨特個性的○○、映照著人生的○○、想要珍藏○○、有手作溫度的、耗時費力○○、竭盡所能○○、值得珍藏的○○、偶像劇般的○○、華美的○○、認真的○○、令人想貪心○○、可以稍微／輕鬆○○

■ 展現出附加價值（附贈、加值、更進一步）

來自（知名地名）○○、僅選出優良的○○、隨處都是○○、增添○○感、○○與××的組合、附有○○優惠／贈品、與○○合作、受惠於○○、對○○友善、○○的新魅力、○○小物、提升○○品

味、稍微改變一下○○的方式、○○有餘裕××、提升○○格調、善用○○、○○升級、守護○○的××、做出一步之遙的○○、跨領域的○○、託付○○、隱藏○○、別致的○○、巧妙的○○、更進階的○○、省／靜○○、一決勝負○○、雙重○○、絕對划算、有點○○的、會讓人有好心情的○○、更高等級的○○、私人○○、更○○一點、不只是便宜、史詩般的○○

■ 強調比較條件、比較優勢

比較一下○○、○○大對決、在○○上做出差異化、○○贏得最終勝利、會比較○○（情緒喜好）××（對象）、○○滿分！、稍微能幫助○○、相關人士震驚○○、業界○○的、敬請比較看看！、足以自豪／傲視的○○、讓原產地都汗顏的○○、有存在感的○○、比任何人都○○、比其他都○○、不輸人的○○

■ 展現出熱銷度（人氣）

○○「熱賣」、○○蜂擁而至、○○完售、○○絕佳、突破○○！、○○的活招牌、○○的推手、○○預告、你○○，我也○○、安可○○、一定要去一次○○、現正熱賣中的○○、不斷有店家斷貨的○○、暢銷○○、調貨○○、大排長龍的○○、刷新紀錄的○○、好評○○、受到地方好評的○○、○○活躍於全世界、受到廣大迴響的○○、生意興隆的○○、人氣大爆棚的○○、期待已久的○○、第一領導品牌○○、決定追加販售、殿堂級商品、人氣急遽攀升、開賣後立即○○、超夯商品、Best Sale的○○、大家都很喜愛○○、招募試用員○○、顧客不斷回訪／回購的○○、獨占話題

■ 展現出喜好、強烈嗜好

盡享○○！、變得開始期待○○、能讓人遙想○○、被○○迷得神魂顛倒、設想周到的○○、愛上○○、○○的魅力就在於××、讓○○心頭一縮、憧憬的○○、會上癮的○○、所有人都被俘虜、超想要的○○、令人心嚮往之○○、著迷／迷上○○

■ 展現出趨勢（流行）

○○的理論、○○超級必備、○○之後就是××了、○○風潮的××、也受到○○矚目的××、現正○○、當代○○、傳聞中的○○、掀起各界熱議、全民的○○、年度最受矚目的○○、符合年度形象的

○○、當季的○○、正值最佳季節的○○、新標準、○○的趨勢、流行的○○、肯定會流行

■ 展現出體驗、感受

○○讓人愛不釋手、讓○○變得更有趣、○○感超群、與○○邂逅、對抗○○超～有效！、○○讓人忍不住微笑、○○的春天來了、○○讓人放鬆、○○終於相遇、○○的舒適度、○○得心花怒放／綻放、○○的變化令人欣喜、沉浸在○○的餘韻之中、愉悅地享受○○、忘卻○○（名詞）××（動作）、舒適易居的○○、確實○○、嘆為觀止的○○、獨飲一杯酒，感受○○、有○○的實感、想要一直○○下去、毫不費力就○○、俐落洗鍊的氣場××、充滿魄力的○○、感覺心中叮咚一聲！！○○、能感到滿足的○○、讓○○出現顯著變化、已經無法放手、優雅地融合○○

■ 強調五感體驗

散發○○氣場的××、○○氣氛滿點、○○清爽／輕盈、在○○環抱下、○○讓人看得出神、○○的溫度、喚醒○○的感官、○○的舒適××、○○剪裁、○○風味、全部都是／全都可以○○、××上／成○○色的、好吃到不得了○○、耐人尋味的○○、令人陶醉○○、美味！○○、充滿美味、老媽的味道、持續閃耀發光的○○、隨風○○、放輕鬆○○、大口咬下○○、凝聚在一起○○、有光澤的○○、酷／冷酷○○、舒適的○○、○○視線、實感○○、柔軟的○○、體內○○、讓人心頭為之一震○○、全身輕鬆無比、擴散至全身的○○、欽羨的目光、端正的外觀、細緻○○、砰地一聲○○、起雞皮疙瘩的○○、黏滑的○○、融化的○○、牢牢捕獲／抓住內心、有咬勁才是王道、爆漿○○、震撼人心的○○、膨起來的○○、有如花朵盛開般○○、從氣氛就有差異、讓人銘記在心的○○、肉眼就能感受到的○○、Refresh & Relax

■ 展現出幸福感、幸運的條件

○○竟然如此讓人開心！、超適合○○、開心地聚在○○、對○○嫣然一笑、○○的機會、○○的魔法、○○天堂、○○福袋、○○祭、讓○○恢復精神、充分享受○○、HAPPY○○、令人開心的○○、戀人氣氛的○○、令人雀躍○○、幸福氛圍○○、怦然心動的○○、變得加倍快樂、交談甚歡／可以好好聊聊○○、一見鍾情○○、魔法般的○○效果

■ 強調感動

　　○○不禁××、○○得令人感激、心醉於○○、○○年來，人生第一次××、成為○○的俘虜、OH！○○、熱淚○○、沉醉於精彩的○○、讓人倒吸一口氣○○、一輩子一定要吃一次的○○、一輩子都忘不了○○、足以改變命運的○○、能為到訪者帶來幸福的○○、終於實現令人感動的○○！、因感動而噴淚、刻劃感動的○○、令人心跳不已的○○、令人心頭一震的○○、觸動心弦的○○、我鍾愛的○○、讓人忍不住拿起畫筆○○、嗨到最高點、忘卻時間○○、超越○○、無法置信○○、夢想中的○○

■ 運用數據、數字

　　○○%的人都會覺得有驚人的、○○%的××、百大○○！、隱藏在○○g中的價值、××%會想○○、嚴選○○種××、○○的×大重點、○○多半會選擇的、享受○○倍的樂趣、也能提升○○率！、讓○○能夠××的△大重點、能感覺到○○的BEST××、○○年連續××、3 大○○、TOP○○、好吃的○個關鍵字、選出的前○○名、日本百大○○、排行○○、○○白皮書

■ 表現出期間、期限、時間、季節

　　○○起終於、○○開始、○○迫在眉睫！、○○一度／一次的、○○天內、○○的時間囉！、○○到××點為止、○月特別企畫、清晨的○○、瞬間、一整天○○、○○隨時／不打烊、本次○○、All Season○○、就是今年一定要○○、當週○○、週末的○○、○○季節、短期○○、夜晚的○○、當日○○、依照慣例每○的××、往年沒有的○○、僅需○分鐘的

■ 強調價格的便宜程度

　　○○% OFF、○紅標商品特賣會、○○出清、○○元均一價、○○紀念××、○○現金回饋、○○宣傳活動、○○到滿／到飽／到滿意、○○拍賣（市集）、○○大量釋出、○○只需這個價格、○○即可追加、○○特賣、○○特價、○○大挑戰、剛好○○、○○商品最終特賣、平均一天○○、次級○○、不惜賠售的○○、現正／現在有首購優惠○○、大清倉○○、大幅○○、划算○○、價格實惠、連批發商都不可置信的價格、不讓家庭開銷緊繃○○、可以輕鬆購得的○○、○○跳樓價、盤點○○、回饋○○、一口價、庫存出清○○、

再／更○○、超級價格、全～部○○、整組更划算！、底價○○、○○全館感謝祭、直達／直接○○、僅需○○、超值份量○○、從直營工廠○○、○○清倉、店長優惠○○、合理／可以接受○○、特賣○○、破盤價○○、超便宜○○、拆售○○、半價○○、一起買○○、○○清倉特賣、省下無謂的○○、主打○○、我們○○在意是否便宜！、任選○○、合理的○○、物流手續費大幅刪減、○○有理

■ 強調無償、免費提供

免費（招待）○○、完全無需任何○○、連朋友的部分一起、0元（價格免費）、請隨意、僅限本次免費○○、免費試用品、○○而且免費！、僅限前○○名免費、不需費用的○○、不用花錢就可以○○唷！、免費供應中！、免費體驗○○、○○免費機會、希望能讓你免費○○一次、試用活動、不拿是你的損失

■ 區分目標客群

○○就是主角、○○讓人開心、超過○○歲就要、只有○○的人才能××、喜歡○○，喜歡到不行、○○歲的、從○○歲開始、就連○○也想××、就連○○都能做到這種地步、給已經無法××（動詞）○○（名詞）的你、與○○一起度過的××、給想要積極○○的××、○○派××、想要○○的人快來集合！、○○專屬的××、讓○○變特別、讓○○著迷、第一次的○○、成熟人士的○○、下班後的○○、推薦給○○的人、給所有的商務人士、總之就是想要○○的人、讓人感受不到年齡的○○、商務界常用的○○、○○必需品、支援單身○○、給喜愛真／真正／實體○○的××、我家的○○計畫

■ 運用命名

（國名）○○、（知名地名）○○、○○Soft、○○Delicate、○○之王、○○之鄉、○○來源、來自（知名地名）○○、Basic○○、○○Rich、第一名的○○、療癒的○○、最優質的○○、綠寶石級○○、黃金（金）○○、撼動人心的○○、Super（超級）○○、Star（星級）○○、名人級○○、減重○○、天使的○○、美人的○○、快速○○、微○○、頂級○○、魔法○○、整個都是○○

■ 表現出推薦、建議

○○可以拯救你、○○是關鍵、因為○○所以××最划算／最好！、可不容錯過○○、○○的神隊友、○○的基本步驟、○○就是

要這樣、○○已經是一種常識、○○也讚不絕口、○○不膩、為你的○○生活加油！、超推的○○、現在最該買的○○、現在想要○○的就是××、推薦的○○、身為擁有相同煩惱的○○、○○的聰明選擇、一直在尋找的○○、沒關係！會變得更○○、絕對就是要○○、考量使用者立場，所以○○、因為是每天都要用的○○、拿到都會很開心的○○、毫無道理地○○、我們所選擇的○○、我個人的必備○○

■ 驅使行動

○○到翻／到爽！、請不要○○、○○過就會明白、好！就用○○一決勝負！、請搜尋○○、請指名○○、○○備受矚目、敬請把握機會、開啟○○模式、來體驗○○吧！、找出○○吧！、GO！GO！○○、現在就是抉擇的時間點、現在是購買的好時機、現在請立即○○、請盡速！、別錯過！、請務必確認、想改變就趁現在、那麼，○○、請實際感受一下、犒賞自己一下、不知道不行、○○人生的第二個舞台吧！、請務必確認、○○確認！、申請程序超簡單、接下來就看你○○了、還不趕緊開始○○嗎？、預防萬一，○○、請先連至○○、大家都○○、目標！○○○、拿出勇氣○○、請詳閱

結語

　　在挑選要在本書中介紹的關鍵金句時，我經常會考量並且期望收集一些不會受到流行影響、即使時代變遷也能一直撼動人心、吸引人們目光的詞彙。因此，歷經數年，這些被選出的關鍵金句所擁有的力道還是非常強勁。我深信在任何一個時代、任何情境下，這些金句都能夠持續抓住人心、掌握情緒。

　　如果想讓商品賣得更好，就必須把詞彙的力量發揮到極致。如果能夠注意到詞彙的重要性，實際不斷地在錯誤中去嘗試，你將能深切體認到能否妥善使用這些詞彙，將會深刻地影響商品銷售狀況。

　　除了工作上的電子郵件，今天你也有收到其他電子郵件吧！你點開了哪些郵件？ 哪些是連點都沒點開就直接刪除了呢？如果是空有一張圖片的電子郵件廣告，那麼哪一種會讓你不想點開就直接刪除，又有哪些會有意願點開來看看呢？夾報廣告單堆積如山。其中，又有哪些會讓你願意抽出來看一看呢？

　　希望你可以在幾天後，再次問自己。為什麼會這樣呢？有什麼差異嗎？把目光聚焦在自己的行為上，捫心自問，自己做那些行為的理由，即可實際感受到人們都是如何在瞬間判斷、進行選擇，並且刪除不必要的東西。這樣一來，應該就可以驚喜地發現其實只要一個關鍵金句或是詞彙就會大幅影響該判斷或是選擇。

　　人們只會對那一瞬間映入眼簾的詞彙或是照片有印象，然後先判斷是否對自己有價值，接著就只會閱讀映入眼簾的那幾行訊

息,並且找出對自己有益的資訊。

在所有銷售情境中,人心都會經常變動。能否在瞬間一決勝負的激烈競爭下存活,關鍵就在於能否掌握住「熱銷關鍵金句」。

本書中介紹的「熱銷關鍵金句」約有 4000 句,應該都是你經常會在某些地方看到、聽到的詞彙吧!因此,建議你應該「現在立刻好好運用本書」,只要稍微努力一點應該就可以「輕鬆創造出會讓商品熱賣的詞句」。

此外,在各個銷售機會中,「很會銷售的人」往往會針對自己要賣的東西(商品或服務)做出幾個「勸敗金句」,並且「針對不同顧客,巧妙地區分用語」。這種「勸敗金句」就是該商品的「熱銷關鍵金句」。再者,他們不會只將真正想要傳遞的訊息傳遞一次或是兩次而已,他們非常了解這樣根本沒有傳遞到顧客身上。因此,「會把真正想要傳遞的訊息不斷地傳遞給其他人」。請你經常提醒自己,別忘了要把想要傳遞的訊息「反覆不斷地傳遞出去」。

希望你在運用本書、實際反覆嘗試創造一些詞句的過程中,透過顧客的反應,發現更多能夠熱賣的詞句模組。

最後,在我另一本著作《商品促銷全攻略:500 個促銷點子×1500 個熱賣實例》中也彙整了「500 個促銷點子」,書中有介紹以及重點解析,建議你可以與本書搭配在一起使用。該書中也有介紹我每天有意識地將「可以賣得更好的精髓」整理而成的 106 個促銷祕訣,請你有機會也務必翻閱看看。

堀田博和

99.9%的人都會用的4000句文案懶人包

作者	堀田博和
譯者	張　萍
商周集團執行長	郭奕伶
視覺顧問	陳栩椿
商業周刊出版部	
總編輯	余幸娟
責任編輯	盧珮如
封面設計	萬勝安
內頁排版	邱介惠
出版發行	城邦文化事業股份有限公司-商業周刊
地址	104台北市中山區民生東路二段141號4樓
	電話 ：(02)2505-6789　傳真：(02)2503-6399
讀者服務專線	(02) 2510-8888
商周集團網站服務信箱	mailbox@bwnet.com.tw
劃撥帳號	50003033
戶名	英屬蓋曼群島商家庭傳媒股份有限公司城邦分公司
網站	www.businessweekly.com.tw
香港發行所	城邦（香港）出版集團有限公司
	香港灣仔駱克道193號東超商業中心1樓
	電話：(852) 25086231傳真：(852) 25789337
	E-mail：hkcite@biznetvigator.com
製版印刷	中原造像股份有限公司
總經銷	聯合發行股份有限公司　電話：(02) 2917-8022
初版 1 刷	2019年12月
初版 9 刷	2024年2月
定價	380元
ISBN	978-986-7778-89-5（平裝）

[COLOR KAITEIBAN] BAKAURE KEYWORD 1000
©2014 Hirokazu Horita
First published in Japan in 2014 by KADOKAWA CORPORATION, Tokyo.
Complex Chinese translation rights arranged with KADOKAWA CORPORATION,
Tokyo through LEE's Literary Agency, Taiwan.
Complex Chinese edition copyright © 2019 by Business Weekly, a Division of Cite Publishing Ltd., Taiwan.
All rights reserved.

國家圖書館出版品預行編目資料

99.9%的人都會用的4000句文案懶人包 / 堀田博和著；
張萍譯. -- 初版. -- 臺北市：城邦商業周刊, 2019.12
　面；　公分
譯自：バカ売れキーワード1000
ISBN 978-986-7778-89-5(平裝)

1.廣告文案 2.廣告寫作 3.行銷

497.5　　　　　　　　　　　　　108017443

藍學堂

學習・奇趣・輕鬆讀